21世纪高职高专规划教材

模具材料与热处理
（第二版）

U0188261

主　编　陆宝山
副主编　邱小云
参　编　滕　琦　黄晓华　陈晓琴
主　审　梁士红

上海科学技术出版社

图书在版编目(CIP)数据

模具材料与热处理 / 陆宝山主编. —2 版. —上海：
上海科学技术出版社，2016.1(2023.9 重印)
21 世纪高职高专规划教材
ISBN 978-7-5478-2641-6

Ⅰ.①模…　Ⅱ.①陆…　Ⅲ.①模具钢—热处理—
高等职业教育—教材　Ⅳ.①TG162.4

中国版本图书馆 CIP 数据核字(2015)第 098646 号

模具材料与热处理(第二版)

主编　陆宝山

上海世纪出版(集团)有限公司
上海 科 学 技 术 出 版 社　出版、发行
(上海市闵行区号景路159弄A座9F-10F)
邮政编码 201101　www.sstp.cn
上海当纳利印刷有限公司印刷
开本 787×1092　1/16　印张 16.25
字数：360 千字
2011 年 7 月第 1 版
2016 年 1 月第 2 版　2023 年 9 月第 8 次印刷
ISBN 978-7-5478-2641-6/TG·82
定价：49.00 元

内容提要

Synopsis

　　本书从高职高专学生学习和实际应用出发,以项目任务的主干知识、实践研究和拓展提高为载体编写而成。全书由 12 个项目组成,主要内容包括金属材料的性能、金属及合金的晶体结构与结晶、金属塑性变形与再结晶、铁碳合金相图、钢的热处理和表面处理、碳素钢与合金钢、铸铁、非铁合金与其他材料、模具与模具材料概述、冷作模具材料、热作模具材料、塑料模具材料等。

　　本书可作为高职高专院校模具设计与制造专业学生教材,也可作为其他相关专业师生以及从事模具设计、制造和应用的技术人员的参考书。

　　本书按其主要内容编制了各项目课件,在上海科学技术出版社网站"课件/配套资源"栏目公布,欢迎读者登录 www. sstp. cn 浏览、下载。

第二版前言

Preface

　　《模具材料与热处理》自 2011 年出版以来,已连续重印 4 次,满足了高职高专院校模具设计与制造专业的教学需要和模具制造业发展的需求。为了进一步适应高职高专课程改革的要求,强化以职业活动为导向、以项目任务为载体,突出能力为目标的职业教育特色,结合近几年来模具材料的发展趋势和编者的教学实践情况与认真总结,对第一版教材从以下几个方面进行了修订:

　　1. 精简内容

　　坚持以"理论必需、够用"为原则,内容力求精练明了和通俗易懂,避免烦琐抽象的公式推导和冗长的过程叙述,以便于学生自学、理解。如项目一改为"金属材料的性能",删去任务一内容,重点围绕金属材料的力学性能、工艺性能、物理与化学性能而展开叙述。原项目四中"钢铁材料的生产过程"因与本项目内容联系不大,且学生比较难于理解而删除。

　　2. 调整结构

　　对第一版教材中的"碳素钢"与"合金钢"部分,为了便于学生更好地比较学习,将这两个原本分开的项目进行了合并,整合为一个完整的教学项目。另外,第一版教材中叙述不够清晰、详细的地方,也配以插图、文字进行了补充。

　　3. 更加突出实用性

　　较之第一版,本书最突出的修订创新点在于,在每一项目下均以"案例导入"开始,并切入必需的基础理论知识,配合实践与研究、拓展与提高、课题实例、课后练习,把理论知识与具体实践结合起来,力求达到以能力训练为主的核心目标。

　　4. 重视知识的更新

　　第一版教材出版后几年来,有关模具材料的技术进步和新产品、新工艺开发的内容在本书有关章节得到了更新。如项目十、项目十一中,对冷作模具钢、热作模具钢中使用的新型钢种及工厂热处理的最新实例等都做了一定的更新、补充。

本书由苏州工业职业技术学院陆宝山任主编并统稿,南京科技职业学院邱小云任副主编并配套电子课件。具体编写分工如下:苏州工业职业技术学院滕琦编写项目一、项目十二;陆宝山编写项目二~项目四;硅湖职业技术学院陈晓琴编写项目五、项目六;苏州工业职业技术学院黄晓华编写项目七、项目八;邱小云编写项目九~项目十一及附录部分。全书由苏州工业职业技术学院梁士红担任主审。

由于编者水平有限,错误和不妥之处在所难免,敬请读者批评指正。

本书按其主要内容编制了各项目课件,在上海科学技术出版社网站"课件/配套资源"栏目公布,欢迎读者登录 www.sstp.cn 浏览、下载。

编 者

目 录
Contents

项目一　　金属材料的性能

 案例导入

　　某机械厂，有一天师傅急需一块 $100\,mm \times 80\,mm \times 6\,mm$，Q235A 的钢板，徒弟从边角料里找来厚度比较合适的钢板后，便急急忙忙开动剪板机进行裁剪，结果只听到"咔嚓"一声，机器转臂断裂了。经检查发现，这块钢板是经过调质处理过的 45 钢，其强度和硬度均比退火状态的 Q235A 高出 1 倍以上，剪切时转臂产生的内应力超过了其承受能力（即力学性能），以致剪板机损坏。

　　金属材料由于具有许多良好的性能，在机械制造业中，广泛地用于制造生产和生活用品。为了能够合理地选用金属材料，设计、制造出具有竞争力的产品，必须了解和掌握金属材料的性能。

　　金属材料的性能包括使用性能和工艺性能。使用性能是指金属材料为保证机械零件或工具正常工作应具备的性能，即在使用过程中所表现出的特性，主要包括物理性能、化学性能、力学性能等。工艺性能是指材料在被加工过程中，适应各种冷热加工的性能，如热处理性能、铸造性能、锻压性能、焊接性能、切削加工性能等。

任务一　金属材料的物理性能与化学性能

【学习目标】

　　1. 了解金属材料的物理性能和化学性能的概念。

　　2. 熟悉金属材料的物理性能的内容及应用。

　　3. 熟悉金属材料的化学性能的内容及应用。

　　4. 具有辨别金属物理性能和化学性能的能力，并具有应用物理性能和化学性能解决实际问题的能力。

　　金属的物理性能是指金属固有的属性，它包含有密度、熔点、导电性、导热性、热膨胀性、磁性等。金属的化学性能是指金属在室温或高温时抵抗各种化学介质作用所表现出来的性能，它包括耐腐蚀性、抗氧化性和化学稳定性等。本任务主要研究金属材料的物理性能及化学性能的内容和应用。

一、相关知识

(一) 认识金属物理性能的内容及其应用

1. 密度

金属的密度是指单位体积金属的质量。密度是金属的特性之一,用 ρ 表示。其计算公式为

$$\rho = \frac{m}{V} \tag{1-1}$$

式中　ρ——金属材料的密度(kg/m^3);

m——金属材料的质量(kg);

V——金属材料的体积(m^3)。

不同金属的密度是不同的,大多数金属的密度都很大,密度最大的是金属锇($22.48 \times 10^3 \ kg/m^3$),但有些金属的密度较小,钠、钾能浮在水面上,密度最小的是金属锂($0.534 \times 10^3 \ kg/m^3$),常将密度小于 $5 \times 10^3 \ kg/m^3$ 的金属称为轻金属,密度大于 $5 \times 10^3 \ kg/m^3$ 的金属称为重金属。常用金属的密度见表 1-1。

表 1-1　常用金属的物理性能

金属名称	符号	密度(20℃)ρ/ ($10^3 \ kg/m^3$)	熔点/℃	热导率 λ/ [W/(m·K)]	线胀系数(0~100℃) α_l/(10^{-6}℃$^{-1}$)	电阻率(0℃)ρ/ ($10^{-8} \ \Omega \cdot m$)
银	Ag	10.49	960.8	418.6	19.7	1.5
铝	Al	2.698 4	660.1	221.9	23.6	2.655
铜	Cu	8.96	1 083	393.5	17.0	1.67~1.68(20℃)
铬	Cr	7.19	1 903	67	6.2	12.9
铁	Fe	7.84	1 538	75.4	11.76	9.7
镁	Mg	1.74	650	153.7	24.3	4.47
锰	Mn	7.43	1 244	4.98(-192℃)	37	185(20℃)
镍	Ni	8.90	1 453	92.1	13.4	6.84
钛	Ti	4.508	1 677	15.1	8.2	42.1~47.8
锡	Sn	7.298	231.91	62.8	2.3	11.5
钨	W	19.3	3 380	166.2		5.1

在体积相同的情况下,金属的密度越大,其质量也就越大。金属的密度直接关系到所制造设备的自重和效能。如发动机要求质轻和惯性小的活塞,常采用密度小的铝合金制造。在航空工业领域中,密度更是选材的关键性能指标之一。

2. 熔点

金属和合金从固态向液态转变时的温度称为熔点。纯金属都有固定的熔点。常用金属

的熔点见表1-1。

合金的熔点取决于它的化学成分,如钢和生铁虽然都是铁和碳的合金,但由于碳的质量分数不同,其熔点也就不同。熔点对于金属和合金的冶炼、铸造、焊接都是重要的工艺参数。

工业上一般把熔点低于700℃的金属称为易熔金属(如锡、铅、锌等),熔点高于700℃的金属称为难熔金属(如钨、钼、钒等)。熔点高的金属材料可以用来制造耐高温零件,在火箭、导弹、燃气轮机和喷气飞机等方面得到广泛应用。熔点低的金属材料可以用来制造印刷铅字(铅与锑的合金)、熔丝(铅、锡、铋、镉的合金)和防火安全阀等零件。

3. 导热性

金属材料能够传导热量的性能称为导热性。金属材料导热能力的大小常用热导率(亦称导热系数)λ表示。金属的热导率越大,说明其导热性就越好。

一般说来,金属越纯,其导热能力就越大。合金的导热性比纯金属差。金属的导热能力以银为最好,铜、铝次之。常用金属的热导率见表1-1。

导热性好的金属其散热性也好,如在制造散热器、热交换器与活塞等零件时,就要注意选用导热性好的金属。在制定焊接、铸造、锻造和热处理工艺时,也必须考虑金属的导热性,防止金属材料在加热或冷却过程中形成过大的内应力,造成金属材料发生变形或开裂。

4. 导电性

金属材料能够传导电流的性能,称为导电性。金属导电性的好坏常用电阻率的大小来衡量。长1 m、截面积为1 mm²的物体在一定温度下所具有的电阻值,叫作电阻率,用ρ表示,其单位是$\Omega \cdot m$。电阻率越小,导电性就越好。

导电性和导热性一样,是随合金成分的复杂化而降低的,因而纯金属的导电性总比合金好,因此,工业上常用纯铜、纯铝作导电材料,而用导电性差的铜合金(康铜)和铁铬铝合金材料作电热元件。常用金属的电阻率见表1-1。

5. 热膨胀性

金属材料随着温度变化而膨胀、收缩的特性称为热膨胀性,用线胀系数α_l和体胀系数α_v来表示。体胀系数近似为线胀系数的三倍。线胀系数α_l的计算公式如下:

$$\alpha_l = \frac{l_2 - l_1}{l_1 \Delta t} \tag{1-2}$$

式中　α_l——金属材料的线胀系数($℃^{-1}$);

l_1——金属材料的膨胀前长度(m);

l_2——金属材料的膨胀后长度(m);

Δt——金属材料温度变化量(℃)。

常用金属的线胀系数见表1-1。

在实际工作中考虑热膨胀性的地方颇多,例如:铺设钢轨时在两根钢轨衔接处应留有一定的空隙,以便使钢轨在长度方向有膨胀的余地;轴与轴瓦之间要根据膨胀系数来控制其间隙尺寸;在制定焊接、热处理、铸造等工艺时也必须考虑金属的热膨胀影响,以减少工件的变形与开裂;测量工件的尺寸时也要注意热膨胀的因素,以减少测量误差。

6. 磁性

金属材料在磁场中能被磁化的性能称为磁性。根据在磁场中受到磁化程度的不同,金属材料可分为：

　　1) 铁磁性材料　在外加磁场中,能被强烈磁化,如铁、镍、钴等。

　　2) 顺磁性材料　在外加磁场中呈现十分微弱的磁性,如锰、铬、铝等。

　　3) 抗磁性材料　能够抗拒或减弱外加磁场磁化作用的金属材料,如铜、银、铅、锌等。

　　在铁磁性材料中,铁及其合金(包括钢与铸铁)具有明显磁性。镍和钴也具有磁性,但远不如铁。铁磁性材料可用于制造变压器、电动机、仪表等;抗磁性材料则可用作要求避免电磁场干扰的零件和结构材料。

　　铁磁性材料当温度升高到某一温度时,就会失去磁性,变为顺磁体,这个转变温度称为居里点,如铁的居里点是 770℃。

(二) 认识金属材料的化学性能及其应用

金属材料的化学性能主要包括耐腐蚀性和抗氧化性。

1. 金属材料的耐腐蚀性

耐腐蚀性是金属材料在常温下抵抗氧、水蒸气及其他化学介质腐蚀破坏作用的能力。腐蚀是由于金属与周围介质发生化学或电化学作用而发生的。腐蚀作用对金属材料的危害很大,腐蚀不仅使金属材料本身受到损伤,严重时还会使金属构件遭到破坏,引起灾难性事故。这种现象在石油、化工、制药等部门更应该引起重视。

在长期的实践中,人们在金属材料防腐方面积累了非常丰富的经验,研究出多种防腐方法,大大延长金属材料的使用寿命,也使金属材料的表面更加美观。

　　1) 覆盖法防腐　它是一种把金属材料同腐蚀介质隔开,以达到防腐目的的方法。常用的有喷涂油漆(如汽车喷漆、国家体育馆"鸟巢"涂了 6 层防腐漆)、镀层(如镀锌、镀铬等)、喷塑(如硬铝表面喷塑零件)、涂油脂、发蓝处理(主要用于钟表零件、枪械零件)、搪瓷。

　　2) 提高金属本身的耐腐蚀性　此方法主要有合金化提高材料的耐腐蚀性(不锈钢)、采用化学热处理法(渗铬、渗铝、渗氮等)使金属表面产生一层耐腐蚀性强的表面层。

　　3) 电化学防腐　经常采用牺牲阳极法,即用电极电位较低的金属与被保护的金属接触,使被保护的金属成为阴极而不被腐蚀。例如在轮船机体上焊接一块锌板,来保护船体。

　　4) 干燥气体封存法　采用密封包装,在包装袋内放入干燥剂或充入干燥气体,湿度控制在 35% 以下,使金属防腐。这种方法主要用于包装整架飞机、整台发动机等。

2. 金属材料的抗氧化性

金属材料在室温或加热时抵抗氧气氧化作用的能力称为抗氧化性。金属材料的氧化随温度升高而加速,例如在金属的铸造、锻造、热处理、焊接等热加工作业时,氧化现象比较严重,不仅造成材料的过量损耗,还可能形成各种缺陷,影响加工质量。为此,常在加工工件的周围造成一种气氛,避免金属材料被氧化,提高产品质量。例如在不锈钢焊接时,采用一氧化碳气体保护焊,从工艺手段上保护焊接质量。制造热作模具的材料就要具有较好的抗氧化性。

3. 金属材料的化学稳定性

金属材料耐腐蚀性和抗氧化性的总称,称为金属材料的化学稳定性。金属材料在高温下的化学稳定性称为热稳定性,即金属材料在受热过程中保持金相组织和性能的能力。在高温条件下工作的设备,如锅炉、汽轮机、喷气发动机等设备上的部件需要选择热稳定性好的材料来制造。化学稳定性的好坏取决于耐腐蚀性和抗氧化性两方面,只要有一方面不好,金属材料的化学稳定性就不好。

二、实践与研究

（1）观察日常生活现象，并给出合理解释：

① 在商场买刀具时，发现刀具上涂油了；

② 大桥钢质护栏上涂一层油漆；

③ 钢质自来水管进行镀锌处理；

④ 自行车的把手进行镀铬处理。

（2）盒子里混装铝钉和铁钉，现在需要使用铝钉，你能把它找到吗？

（3）金属工件加热过程中测量尺寸时，从热膨胀因素考虑应如何操作？

三、拓展与提高

模具钢的耐腐蚀性、热稳定性

模具使用过程中，模具进库保管时，应在滑动表面及某些防锈部位涂抹润滑油，其他部位涂漆，防止模具的腐蚀。提高模具材料的耐蚀性能，对于节约金属、延长金属材料的使用寿命，具有现实的经济意义。合金化或进行表面处理是提高模具钢耐蚀性的主要方法。

对模具钢来说，工作条件常引起材料的温度升高致使模具性能下降。冷作模具（冷挤压模）在强烈摩擦时，局部升温可高达 400℃ 以上。热作模具工作时，升温更高，例如锤锻模可达 500～600℃，热挤压模可达 800～850℃，压铸模可达 300～1 000℃。由于经常受到高温的作用，因此要求模具材料有一定的热稳定性，主要通过合金化和表面处理来解决。

任务二 金属材料的力学性能及其测试

【学习目标】

1. 认识金属材料的力学性能及其衡量指标。

2. 掌握金属材料的力学性能指标的测试方法。

3. 具有测试金属材料的力学性能的能力。

在模具及机械设备的设计与制造中，选用金属材料时，大多以力学性能为主要依据，因此认知金属材料的力学性能是非常重要的。本任务主要是认识金属材料的力学性能及其性能指标，研究测试金属材料性能指标的方法。

一、相关知识

（一）认知金属材料的力学性能

金属材料在使用过程中，往往要受到各种外力的作用。金属材料在外力作用时表现出来的性能称为金属材料的力学性能，也称为金属材料的机械性能。要理解金属材料的力学性能，首先就必须认知载荷、变形和内力与应力的概念。

1. 载荷

金属材料在加工和使用过程中所受的外力称为载荷。根据载荷的作用性质不同,它可以分为静载荷、冲击载荷和交变载荷。

1)静载荷　指大小不变或变动很小的载荷,如起重机吊物体时,钢丝绳所受的载荷。

2)冲击载荷　指突然增加的载荷,如铁锤钉钉子时,钉子所受的载荷。

3)交变载荷　指周期性或非周期性的动载荷,如弹簧工作时所受的载荷。

2. 变形

金属材料在载荷作用下发生的尺寸或形状的变化称为变形。按去除载荷后变形是否能完全恢复的情况,变形可分为弹性变形和塑性变形。去除载荷后零件的变形能立即恢复原状,即随载荷的作用而产生、随载荷的去除而消失的变形称为弹性变形;若去除载荷后零件的变形不能完全消失而是保留一部分残余变形,这种不能恢复的残余变形称为塑性变形,也称为永久变形。根据载荷作用方式的不同,变形又可分为拉伸、压缩、剪切、扭转和弯曲等五种变形方式,如图1-1所示。

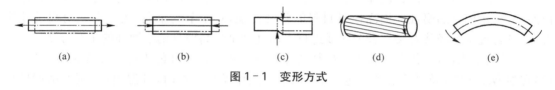

(a)　　　　　(b)　　　　　(c)　　　　　(d)　　　　　(e)

图1-1　变形方式

(a)拉伸;(b)压缩;(c)剪切;(d)扭转;(e)弯曲

3. 内力与应力

金属材料受外力作用后,为了保持其不变形,在材料内部作用着与外力相对抗的力称为内力(其数值与外力相等)。单位面积上的内力称为应力。材料在拉伸或压缩载荷作用下,其横截面上产生的应力σ为

$$\sigma = \frac{F}{A} \tag{1-3}$$

式中　F——外力(N);

　　　　A——横截面积(mm^2);

　　　　σ——应力,常用单位为MPa(N/mm^2),$1\ MPa = 10^6\ Pa$。

金属材料力学性能的高低,表征着金属抵抗各种机械损害作用能力的大小,是评定金属材料质量的主要判据,也是金属制件设计时选材和进行强度计算的主要依据。金属的力学性能主要有强度、塑性、硬度、韧性和疲劳强度等。

(二)金属材料的强度和塑性以及测试

1. 强度和塑性的测试——静拉伸试验

金属材料的力学性能强度和塑性的指标是通过作静拉伸试验测得的。静拉伸试验是对试样施加轴向拉力进行拉伸,记录拉伸力和相应的伸长量的变化关系,获取金属材料强度和塑性指标参数的试验。拉伸时一般将拉伸试样拉至断裂。

试验前,将金属材料制成一定形状和尺寸的标准拉伸试样,如图1-2所示。图中d_0为

试样原始直径(mm),l_0为试样原始标距长度(mm)。按照 GB/T 228—2002《金属材料 室温拉伸试验方法》规定:试样分为长试样和短试样。对圆形拉伸试样,长试样 $l_0 = 10d_0$,短试样 $l_0 = 5d_0$。

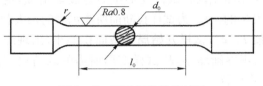

图 1-2 圆形标准拉伸试样

试验时,将标准试样装夹在拉伸试验机上(图 1-3),缓慢地施加载荷,对试样进行轴向拉伸,对拉伸过程中特殊变化的载荷进行记录,直至拉断为止。

在拉伸试验过程中,试验机自动以拉伸力 F 为纵坐标、以伸长量 ΔL 为横坐标,画出一条拉伸力 F 与伸长量 ΔL 的关系曲线,称为力-伸长曲线或拉伸曲线。图 1-4 所示为低碳钢的拉伸曲线示意图。

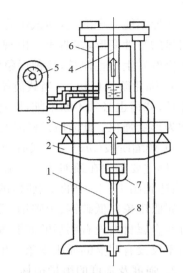

图 1-3 拉伸试验机示意图

1—试样；2—工作台；3—立柱；4—工作活塞；
5—表盘；6—拉杆；7—上夹头；8—下夹头

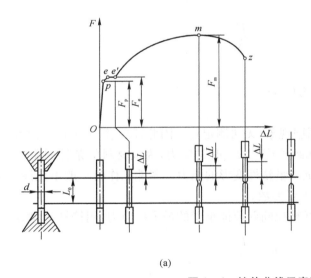

(a)　　　　　　　　　　(b)

图 1-4 拉伸曲线示意图

(a)低碳钢的拉伸曲线；(b)铸铁的拉伸曲线

由拉伸曲线可以看出,低碳钢试样的拉伸过程可分为以下几个阶段:

1) 弹性变形阶段(Op) 在拉伸试验时,若施加在试样上的载荷未超过 F_p,那么在此阶段试样所发生的变形均为弹性变形,即载荷去除后试样的形状和尺寸可以恢复原状。F_p 为试样能恢复到原始形状和尺寸的最大载荷。

2) 屈服阶段(pe) 若载荷超过 F_p 时,试样开始出现微量的塑性变形,则卸除载荷后试样的变形不能完全消失,即试样的形状和尺寸不能恢复原状。当载荷达到 F_e 时,试样开始产生明显的塑性变形,在曲线上出现了水平线段(或水平的锯齿形线段),即表示外力不增加,试样仍然发生塑性伸长,这种现象称为屈服。F_e 称为屈服载荷。

3) 强化阶段($e'm$) 当载荷超过 F_e 后,材料开始出现明显的塑性变形,同时欲使试样继续伸长,载荷也必须不断增加,即随着塑性变形量的增加,试样变形抗力也逐渐增加,这种现象称为形变强化。此阶段试样的变形是均匀发生的。F_m 为试样拉断前所能承受的最大载荷。

4) 颈缩阶段(mz) 当载荷增加到最大值 F_m 时,试样开始局部截面积缩小,出现缩颈现象,变形主要集中在颈缩部位。由于试样截面积逐渐缩小,故试样变形所需的载荷也逐渐降低,当达到图 1-4a 中的 z 点时,试样在颈缩处断裂。

屈服现象在低碳钢、中碳钢、低合金高强度结构钢和一些有色金属材料中可以观察到。但有些金属材料没有明显的屈服现象,如图 1-4b 所示的铸铁拉伸曲线。可以看出这些脆性材料不仅没有明显的屈服现象发生,而且也不产生"缩颈"。

2. 强度及强度的衡量指标

强度是指金属材料在载荷作用下,抵抗变形和破坏的能力。这种能力是用材料产生一定量的变形和破坏时所对应的应力值来度量的。由拉伸试验所测得的强度衡量指标屈服点和抗拉强度来表示。

1) 屈服点 屈服点是指试样在拉伸过程中,力不增加(保持恒定)仍能继续伸长(变形)时的应力,用符号 σ_s 表示:

$$\sigma_s = \frac{F_s}{A_0} \tag{1-4}$$

式中 σ_s——屈服点(MPa);

F_s——试样产生屈服时的拉伸力(N);

A_0——试样的原始横截面积(m^2)。

有些材料在拉伸时没有明显的屈服现象,无法测定 σ_s。因此,以试样去掉拉伸力后,其标距部分的残余伸长量达到规定原始标距长度 0.2% 时的应力,为该材料的条件屈服点,用符号 $\sigma_{0.2}$ 表示。σ_s 和 $\sigma_{0.2}$ 是表示材料抵抗微量塑性变形的能力。零件工作时一般不允许产生塑性变形。因此,σ_s 是设计和选材时的主要参数。

2) 抗拉强度 抗拉强度是指试样被拉断前所能承受的最大拉应力,用符号 σ_b 表示:

$$\sigma_b = \frac{F_b}{A_0} \tag{1-5}$$

式中 σ_b——抗拉强度(MPa);

F_b——试样被拉断前的最大拉伸力(N)。

σ_b 表征材料对最大均匀塑性变形的抗力。σ_s 与 σ_b 的比值称为屈强比,屈强比越小,零件工作时的可靠性越高,因为若超载也不会立即断裂。但屈强比太小,材料强度的有效利用率降低。σ_b 也是设计和选材时的主要参数。

3. 塑性及塑性的衡量指标

塑性是指断裂前材料发生不可逆塑性变形的能力。它是用试样在断裂前所能产生的最大塑性变形量来度量的,塑性常用的衡量指标是断后伸长率和断面收缩率。

1）断后伸长率 断后伸长率是指试样被拉断后，标距的伸长量与原始标距的百分比，用符号 δ 表示：

$$\delta = \frac{l_k - l_0}{l_0} \times 100\% \qquad (1-6)$$

式中 l_0——试样原始标距长度（mm）；

l_k——试样被拉断后的标距长度（mm）。

长试样的断后伸长率用符号 δ_{10} 表示，通常写成 δ；短试样的断后伸长率用符号 δ_5 表示。同种材料的 $\delta_5 > \delta_{10}$，但不能直接比较。

2）断面收缩率 断面收缩率是指试样被拉断后，缩颈处横截面积的最大缩减量与原始横截面积的百分比，用符号 ψ 表示：

$$\psi = \frac{A_0 - A_k}{A_0} \times 100\% \qquad (1-7)$$

式中 A_k——试样被拉断处的最小横截面积（mm^2）。

断面收缩率不受试样尺寸的影响，因此能较准确地反映出材料的塑性。一般 δ 或 ψ 值越大，材料塑性越好。塑性好的材料可用轧制、锻造、冲压等方法加工成形。另外，塑性好的零件在工作时若超载，也可因其塑性变形而避免突然断裂，提高了工作安全性。

（三）金属材料的硬度及其测试

1. 硬度的概念

硬度是指材料抵抗其他更硬物体压入其表面的能力。硬度是衡量金属软硬程度的判据。金属材料的硬度高低必须通过一定的方法进行测试。

2. 硬度的测试

材料的硬度是通过硬度试验测得的。硬度试验方法较多，生产中常用的是布氏硬度、洛氏硬度和维氏硬度试验法。

1）布氏硬度 布氏硬度试验原理如图 1-5a 所示。用直径为 D 的淬火钢球或硬质合金球作压头，放置金属材料表面，施加一定的试验载荷 F 将压头压入试件表面，保载规定的时间后，去除试验载荷，根据试件表面得到压痕直径 d 确定布氏硬度值的大小。

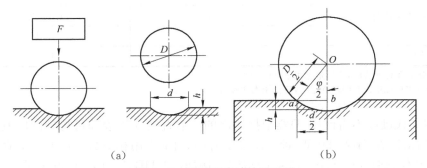

(a)　　　　　　　　　　(b)

图 1-5 布氏硬度试验原理图

用试验载荷除以压痕表面积 $A_{压}$，所得值即为布氏硬度值，用符号 HB 表示。淬火钢球为压头时，符号为 HBS；硬质合金球为压头时，符号为 HBW：

$$\mathrm{HBS(HBW)} = \frac{F}{A_{\text{压}}} = \frac{F}{\pi D h} = \frac{2F}{\pi D(D - \sqrt{D^2 - d^2})} \quad (\text{试验力 } F \text{ 的单位为 kgf}) \quad (1-8)$$

$$\mathrm{HBS(HBW)} = 0.102\frac{2F}{\pi D(D - \sqrt{D^2 - d^2})} \quad (\text{试验力 } F \text{ 的单位为 N}) \quad (1-9)$$

式中 $A_{\text{压}}$——压痕表面积(mm²);

    d、D、h——压痕平均直径、压头直径、压痕深度(mm)。

上式中只有 d 是变数,只要测出 d 值,即可通过计算或查表得到相应的硬度值。

如图 1-5b 所示的 d 与压入角 φ 的关系,布氏硬度计算公式又可写成:

$$\mathrm{HBS(HBW)} = \frac{2F}{\pi D^2\left[1 - \sqrt{1 - \sin^2\dfrac{\varphi}{2}}\right]} \quad (\text{试验力 } F \text{ 的单位为 kgf}) \quad (1-10)$$

由上式可知,为使同一硬度材料的布氏硬度值相同,必须保证 φ 和 F/D^2 均为常数,并使压痕直径 d 在 $0.25D \sim 0.6D$ 之间。

布氏硬度试验时,应根据被测金属材料的种类和试件厚度,选用不同直径的压头、试验力和试验力保持时间。按 GB/T 231.1—2009 规定,压头直径有五种(10 mm、5 mm、2.5 mm、2 mm 和 1 mm),F/D^2 的比值有七种(30、15、10、5、2.5、1.25 和 1),可根据金属材料种类和布氏硬度范围选择 F/D^2 值,见表 1-2。试验力保持时间:钢铁材料为 10~15 s,有色金属为 30 s,布氏硬度值小于 35 时为 60 s。

表 1-2   按材料和布氏硬度值选择 F/D² 值

材　料	布氏硬度值	F/D^2
钢和铸铁	<140	10
	≥140	30
铜及其合金	<35	5
	35~130	10
	>130	30
轻金属及其合金	<35	2.5(1.25)
	35~80	10(5 或 15)
	>80	10
铅、锡		1.25(1)

注:1. 当试验条件允许时,应尽量选用 ϕ10 mm 球。
     2. 当有关标准中没有明确规定时,应使用无括号的 F/D^2 值。

实验时布氏硬度不需计算,只需根据测出的压痕直径 d 查表即可得到硬度值(附录 1)。布氏硬度的标注:在 HBS(HBW)前写出硬度值,后面依次用相应数字注明压头直径(D)、试验载荷(F)和保载时间(t)(10~15 s 不标注)。例如,120HBS10/1 000/30 表示用直径10 mm 的淬火钢球作压头,在 1 000 kgf(9.807 kN)试验力作用下,保持 30 s 所测得的布氏硬度值为 120。布氏硬度试验法压痕面积较大,能反映出较大范围内材料的平均硬度,测得结果较准确、稳定,但操作不够简便。又因压痕大,故不宜测试薄件或成品件。HBS 适于测量硬度值小于 450 的材料；HBW 适于测量硬度值小于 650 的材料。目前，大多用淬火钢球作压头测量材料硬度，故主要用来测定灰铸铁，有色金属及退火、正火和调质的钢材等。

2）洛氏硬度　洛氏硬度试验原理如图 1-6 所示。它是用锥顶角为 120°金刚石圆锥体或直径为 1.588 mm 淬火钢球作压头，在初试验载荷和总试验载荷（初试验载荷＋主试验载荷）先后作用下，将压头压入试件表面，经规定保载时间后，去除主试验载荷，根据残余压痕深度增量（增量是指去除主试验载荷并保持初试验载荷的条件下，在测量的深度方向上产生的塑性变形量）来计算硬度的一种硬度试验法。

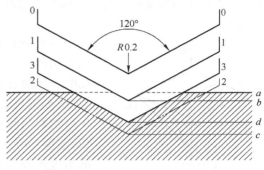

图 1-6　洛氏硬度试验原理示意图

图中 0-0 面位置为压头与试件表面未接触的位置；1-1 面位置为加初试验载荷 10 kgf（98.07 N）后，压头经试件表面 a 压入到 b 处的位置，b 处是测量压入深度的起点（可防止因试件表面不平引起的误差）；2-2 面位置为初试验载荷和主试验载荷共同作用下，压头压入到 c 处的位置；3-3 面位置为卸除主试验载荷，但保持初试验载荷的条件下，因试件弹性变形的恢复使压头回升到 d 处的位置。因此，压头在主试验载荷作用下，实际压入试件产生塑性变形的压痕深度为 bd（称为残余压痕深度增量）。用 bd 大小来判断材料的硬度高低，bd 越大，硬度越低；反之，硬度越高。为适应习惯上数值越大，硬度越高的概念，故用一常数 K 减去 bd 作为硬度值（每 0.002 mm 的压痕深度为一个硬度单位），直接由硬度计表盘上读出。

洛氏硬度用符号 HR 表示，其计算公式为

$$HR = K - \frac{bd}{0.002} \tag{1-11}$$

金刚石作压头，K 为 100；淬火钢球作压头，K 为 130。

为使同一硬度计能测试不同硬度范围的材料，可采用不同的压头和试验力。按压头和试验力不同，GB/T 230.1—2009 规定洛氏硬度的标尺有九种，但常用的是 HRA、HRB、HRC 三种，其中 HRC 应用最广。洛氏硬度表示方法为：在符号前面写出硬度值，如 62 HRC、85 HRA 等。洛氏硬度的试验条件和应用范围见表 1-3。

表 1-3　常用洛氏硬度的试验条件和应用范围

硬度符号	压头类型	总试验力 $F_总$/kgf(N)	硬度值有效范围	应用举例
HRA	120°金刚石圆锥	60(588.4)	70～88	适用于测量硬度极高的材料和成品，如硬质合金，表面淬火、渗碳钢
HRB	φ1.588 mm 钢球	100(980.7)	20～100	适用于测量硬度较低的材料和成品，如有色金属，退火、正火钢等
HRC	120°金刚石圆锥	150(1 471.1)	20～70	适用于测量硬度较高的材料和成品，如淬火钢、调质钢等

注：总试验力＝初试验力＋主试验力。

洛氏硬度试验操作简便、迅速,测量硬度范围大,压痕小,无损于试件表面,可直接测量成品或较薄工件。但因压痕小,对内部组织和硬度不均匀的材料,所测结果不够准确。因此,需在试件不同部位测定三点取其平均值。洛氏硬度无单位,各标尺之间没有直接的对应关系。

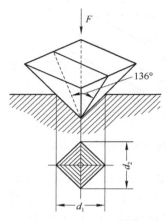

图 1-7 维氏硬度试验原理示意图

3) 维氏硬度(HV) 维氏硬度试验原理与布氏硬度试验原理相似。区别在于维氏硬度的压头是用两相对面夹角为136°的金刚石正四棱锥体。试验时,在规定试验载荷 F 作用下,压头压入试件表面,保持一定时间后,卸除试验载荷,测量压痕两对角线长度 d_1 和 d_2,求其平均值,用以计算出压痕表面积,如图1-7所示。单位压痕表面积所承受试验载荷的大小即为维氏硬度值,用符号 HV 表示,单位为 kgf/mm^2。维氏硬度值不需计算,一般是根据压痕对角线长度平均值查 GB/T 4 340.1—2009 附表得出。维氏硬度习惯上不标单位,其表示方法为:在符号 HV 前面写出硬度值,HV 后面依次用相应数字注明试验力和保持时间(10～15 s 不标)。例如 640HV30/20,表示在 30 kgf(294.2 N)试验力作用下,保持 20 s 测得的维氏硬度值为 640。

维氏硬度试验法所用试验力小,压痕深度浅,轮廓清晰,数字准确可靠,故广泛用于测量金属镀层、薄片材料和化学热处理后的表面硬度。维氏硬度值在10～1 000HV,所以可测量从很软到很硬的材料。但维氏硬度试验不如洛氏硬度试验简便、迅速,不适于成批生产的常规试验。三种硬度值与强度的近似关系见附录 2 和附录 3。

(四)金属材料的韧性及其测试

强度、塑性、硬度等力学性能指标是在静载荷作用下测定的。可是有些零件在工作过程中受到的是动载荷,如锻锤的锤杆、冲床的冲头等,这些工件除要求强度、塑性、硬度外,还应有足够的韧性。

韧性是指金属材料抗冲击载荷作用而不破坏的能力,韧性的性能指标是通过冲击试验确定的。工件所受的冲击载荷有两种,一种是大能量冲击载荷(少次冲击后工件断裂),一种是小能量冲击载荷(多次冲击后工件断裂)。下面分两种情况研究和测试金属材料的韧性。

1. 大能量少次冲击的材料的韧性指标测试

大能量少次冲击的材料的韧性指标测试常用的冲击试验方法是摆锤式一次冲击试验法,它是在专门的摆锤试验机上进行的。按照 GB/T 229—2007《金属材料 夏比摆锤冲击试验方法》规定,将被测材料制成标准冲击试样,如图 1-8 所示。

冲击试验原理图如图 1-9 所示,试验时,将试样缺口背向摆锤冲击方向放在试验机支座上,摆锤举至 h_1 高度,具有位能 mgh_1,然后使摆锤自由落下,冲断试样后,摆锤升至高度 h_2,此时摆锤的位能为 mgh_2,摆锤冲断试样所消耗的能量,即试样在冲击载荷一次作用下折断时所吸收功,称为冲击吸收功,用符号 A_K 表示(U 形缺口试样用 A_{KU},V 形缺口试样用 A_{KV}),A_K 值不需计算,可由冲击试验机刻度盘上直接读出。

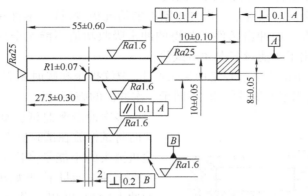

图 1-8　夏比 U 形缺口试样

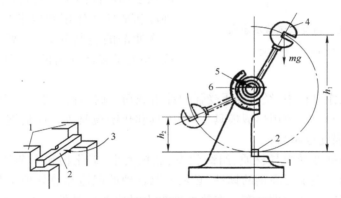

图 1-9　摆锤式冲击试验原理示意图

1—支座；2—试样；3—冲击方向；4—摆锤；5—指针；6—刻度盘

冲击试样缺口处最小单位横截面积上的冲击吸收功,称为冲击韧度,用符号 a_K 表示：

$$A_\mathrm{K} = mgh_1 - mgh_2 = mg(h_1 - h_2) \tag{1-12}$$

$$a_\mathrm{K} = \frac{A_\mathrm{K}}{A} \tag{1-13}$$

式中　a_K——冲击韧度；

　　　A——试样缺口底部最小横截面积（cm^2）。

冲击吸收功越大,材料韧性越好。冲击吸收功与温度有关。A_K 值随温度降低而减小。冲击吸收功还与试样形状、尺寸、表面粗糙度、内部组织和缺陷等有关。因此,冲击吸收功一般作为选材的参考,而不能直接用于强度的计算。

应当指出,冲击试验时,冲击吸收功中只有一部分消耗在断开试样缺口的截面上,冲击吸收功的其余部分则消耗在冲断试样前,缺口附近体积内的塑性变形上。因此,冲击韧度不能真正代表材料的韧性,而用冲击吸收功 A_K 作为材料韧性的判据更为适宜。国家标准现已规定采用 A_K 作为韧性判据。

2. 小能量多次冲击材料的韧性指标测试

在实际工作中,金属材料经过一次冲击断裂的情况极少,许多零件在工作时都要经受小能量多次冲击,由于在一次冲击条件下测得的冲击吸收功值不能完全反映这些零件或金属的性能指标,因此提出了小能量多次冲击试验。

金属在多次冲击下的破坏过程是由裂纹产生、裂纹扩张和瞬时断裂三个阶段组成的,其破坏是每次冲击损伤积累发展的结果,不同于一次冲击的破坏过程。

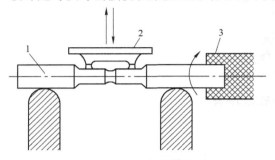

图 1-10　多次冲击弯曲试验示意图

1—试样;2—锤头;3—橡皮夹头

多次冲击弯曲试验如图 1-10 所示。试验时将试样放在试验机支座上,使试样受到试验机锤头的小能量多次冲击。测定被测试样在一定冲击能量下,开始出现裂纹和最后破裂的冲击次数,并以此作为其多次冲击抗力指标。研究结果表明:多次冲击抗力取决于金属的强度和塑性两项指标,随着条件的不同,其强度和塑性的作用和要求是不同的。小能量多次冲击的脆断问题,主要取决于金属的强度;小能量多次冲击的韧断问题,主要取决于金属的塑性。

由于模具在工作过程中,经常要承受强烈冲击载荷,须把冲击韧度作为一个重要的性能指标,如冷作模具的冲头、锤用热锻模具、冷镦模具和热镦模具等。模具钢的韧性越高,脆断危险越小,热疲劳强度也越高。

模具钢的冲击韧度受模具材质、组织状态、晶粒大小、碳化物和夹杂的特征以及内应力状态等因素的影响。为了提高钢的韧性,必须采取合理的锻造和热处理工艺,利用锻造的加工特点,使碳化物破碎,并合理分布。在热处理淬火时应防止晶粒过于长大。合理的冷却速度,防止内应力的产生,这些都有利于提高模具钢的韧性。

(五) 金属材料的疲劳强度及其测试

1. 认识金属材料的疲劳现象

许多机械零件,如轴、齿轮、弹簧等,都是在交变应力和应变作用下工作的,常见的交变应力是对称循环应力,其最大值 σ_{max} 和最小值 σ_{min} 的绝对值相等,即 $\sigma_{max}/\sigma_{min}=-1$,如图 1-11 所示。许多零件工作时承受的应力值通常都低于制作材料的屈服点或规定残余伸长应力,零件在这种循环载荷作用下,经过一定循环次数后就会产生裂纹或发生突然断裂,这种现象叫作疲劳。

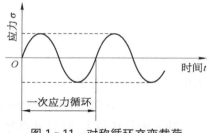

图 1-11　对称循环交变载荷

疲劳断裂与静态力作用下的断裂不同。在疲劳断裂前都不产生明显的塑性变形,断裂是突然发生的,因此具有很大的危险性,常常造成严重的事故。因此,研究疲劳现象对于正确使用材料,进行合理设计具有重要意义。

研究表明:疲劳断裂首先是在零件应力集中局部区域产生的,其先形成微小的裂纹核心,即微裂源,随后,在循环应力作用下,裂纹继续扩展长大。由于疲劳裂纹不断扩展,使零件的有效工作面逐渐减小,因此在裂纹所在的断面上,零件所受应力不断增加。当应力超过材料的断裂强度时,则发生疲劳断裂,形成最后瞬断区。疲劳断裂的断口如图 1-12 所示。

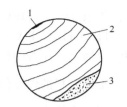

图 1-12　疲劳断口示意图

1—裂纹源;2—裂纹扩展区;
3—断裂区

2. 疲劳的衡量指标——疲劳强度

金属材料疲劳是用疲劳强度来表征的,金属材料在循环应力作用下能经受无限次循环而不断裂的最大应力值,称为金属材料的疲劳强度(σ_r)。它是疲劳试验测量出来的,在工程实践中,对于黑色金属,循环基数为 10^7;对于有色金属,循环基数为 10^8。σ_r 中的 r 是循环特征系数,对称循环应力的疲劳强度用 σ_{-1} 表示。许多试验结果都表明,金属的疲劳强度随着抗拉强度的提高而增加,结构钢当 $\sigma_b \leqslant 1\,400\,\text{MPa}$ 时,其疲劳强度约为抗拉强度的 1/2。

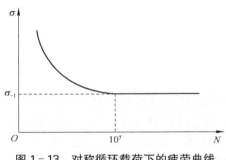

图 1-13　对称循环载荷下的疲劳曲线

疲劳断裂是在循环应力作用下,经一定循环次数后发生的。在循环载荷作用下,金属承受一定的循环应力。和断裂时相应的循环次数 N 之间的关系,可以用曲线来描述,这种曲线称为 σ-N 曲线,如图 1-13 所示。

由于大部分机械零件的损坏都是由疲劳造成的,因此消除或减少疲劳失效,对于提高零件使用寿命有着重要意义。影响疲劳强度的因素很多,除设计时在结构上注意减小零件应力集中外,还应降低零件表面粗糙度,这样可减少缺口效应,提高疲劳强度。采用表面热处理,如高频淬火、表面形变强化(喷丸、滚压、内孔挤压等)、化学热处理(渗碳、渗氮、碳氮共渗)等都可改变零件表层的残余应力状态,提高零件疲劳强度。

热作模具常常是在急冷急热条件下工作,必定发生不同程度的冷热疲劳,因此,冷热疲劳抗力也应作为热作模具材料的一项重要性能指标。

二、实践与研究

(1)测试低碳钢(10 钢)和铸铁(HT150)的强度和塑性的衡量指标。

(2)正确选用硬度测试方法,对下列材料进行硬度测试:铜合金、铝合金、铸铁件、齿轮的表面和心部、废凸模(Cr12Mo)。

(3)某私营企业自制一批水泥砖,需要检验这批水泥砖的硬度是否达到样品的硬度。请你用一个小铁球作试验,应怎样做?

三、拓展与提高

材料硬度值的比较

硬度是检验毛坯、成品的重要性能指标,零件图纸中都标注有硬度要求。如机械零件与工具的硬度值范围:一般刀具、量具要求 60～65 HRC;弹性零件要求 40～52 HRC;机械结构零件要求 25～45 HRC。

HBS、HRC、HV 因测定方法不同,其硬度值也不同。那么如何比较不同硬度值的大小呢? 除通过直接查阅硬度值换算表外,还可以用以下经验公式进行近似换算:

金属材料的硬度值在 200～600 HBW 范围内时:$HRC \approx \frac{1}{10} HBW$;

当硬度值小于 450 HBW 时:$HBW \approx HV$。

例如,当材料的硬度值为 450 HBW 时,若换算为洛氏硬度,则约为 45 HRC。

但对于 HRA 和 HRB 的硬度值与 HRC 和 HB 以及 HV 所表示的硬度值仍需要进行查表比较。

任务三　认识金属材料的工艺性能

【学习目标】
1. 了解金属材料的工艺性能的概念。
2. 熟悉金属材料的工艺性能的内容。
3. 具有识别金属材料工艺性能好与差的能力。

零件的整个生产过程比较复杂,涉及多种加工方法,因而要求材料具有对相应的加工方法的适应性。金属材料的工艺性能是指金属材料在加工制造过程中,适应各种冷、热加工工艺的性能,也就是金属采用某种加工方法制成成品的难易程度。它包括铸造性能、压力加工性能、焊接性能、热处理性能等。本任务主要研究金属材料的工艺性能的内容及影响因素。

一、相关知识——金属材料的工艺性能内容及影响因素

1. 铸造性能及影响因素

铸造是将金属熔化为液体,浇注入铸型的空腔,冷却后获得相应的工件毛坯的工艺过程,金属熔化后是否易于铸造成优良铸件的性能称为金属的铸造性能。衡量金属铸造性能的主要指标是流动性、收缩性和成分偏析。

1) 流动性　熔融金属的流动能力。金属的流动性好,铸造是容易充满铸型,可浇注形状复杂的零件。影响流动性的主要是化学成分。钢铁材料中含磷量越高,流动性就越好。由于铸铁的含磷量比铸钢高,所以铸铁的流动性比铸钢好。

2) 收缩性　铸件在冷却过程中体积和尺寸减小的现象。铸件的收缩会产生收缩应力,导致缩孔、疏松、变形,甚至裂纹。一般铸铁的收缩率为 1.0%,而铸钢的收缩率为 2.0%。

3) 成分偏析　金属凝固后内部组织和化学成分不均匀的现象。偏析的存在,使铸件各部分的力学性能产生差异,影响铸件的质量。铸铁的偏析比铸钢小。

2. 压力加工性能及影响因素

金属材料在压力加工中承受压力发生变形而不破坏的能力称为压力加工性能。它包括锻造性能、轧制性能、拉制性能和冲压性能。

金属材料的压力加工性能的好坏主要与金属的塑性和变形抗力有关。一般塑性越好,

变形抗力越小,金属的压力加工性能就越好。例如,黄铜和铝合金在室温状态下就有良好的压力加工性能;钢一般在加热状态下锻造性能较好。好的锻造性,不仅减少了模具钢的机械加工余量、节约钢材,而且改善了模具钢内部组织缺陷,如气孔、疏松、碳化物偏析等,所以压力加工质量好坏直接影响模具的质量。

3. 焊接性能及其影响因素

将两部分金属材料通过加热、加压使其牢固结合为一体的工艺方法称为焊接。金属材料对焊接加工的适应能力称为焊接性。焊接性能好的金属能获得没有裂缝、气孔等缺陷的焊缝,并且焊接接头具有一定的力学性能。金属材料的化学成分对金属的焊接性能有影响,低碳钢具有良好的焊接性能,高碳钢、不锈钢、铸铁和铝的焊接性能较差。对模具行业来说,有些模具要求在工作条件最苛刻部分堆焊上特种耐磨和耐蚀材料,有些模具力求在使用过程中采用堆焊工艺进行修复,对这些模具就要求选用焊接性好的模具材料,以简化焊接工艺。焊接性好可以避免焊前预热和焊后处理工艺。为了更好地适应焊接工艺的需要,相应地发展了一批焊接性良好的模具材料。

4. 切削加工工艺性能及其影响因素

切削加工是用刀具切削金属材料毛坯,使其达到一定形状、尺寸精度和表面粗糙度的零件的工艺方法。常用的切削加工方法有车削、铣削、镗削、刨削和磨削及钳工。

金属材料在切削加工中的难易程度称为切削加工性能,切削加工性能好的金属材料的切削使刀具磨损小、切削量大、加工表面比较光洁。切削加工性能的好坏与金属的硬度、导热性、加工硬化、内部组织结构等有关。尤其是硬度对切削加工性能的影响最大,硬度在170～230HBS的金属材料切削加工性能最好。就钢铁材料而言,铸铁的切削加工性能比钢要好。模具制品有时要求很高的表面质量、低的表面粗糙度及高的精度,所以对切削性能和抛光性能均有较高要求,这就要求模具钢的质量更高、杂质少、组织均匀以及无纤维方向。

5. 热处理工艺性能及其影响因素

金属材料的热处理(heat treatment)是改变其性能的主要途径。金属材料的热处理性能是指材料在热处理时的难易程度和产生热处理缺陷的倾向。热处理性能主要包括淬透性、淬硬性、回火稳定性、回火脆性、过热倾向、氧化脱碳倾向、变形倾向和开裂倾向等。影响金属材料热处理性能的因素主要是材料的化学成分和原始组织。

在模具失效事故中,热处理所造成的因素占总失效的52%左右,热处理工艺性能的好坏对模具质量有较大影响。它要求热处理变形小、淬火温度范围宽、过热敏感性小、脱碳敏感性低、淬火开裂倾向低等,特别要求要有足够的淬硬性和淬透性。淬硬性主要取决于钢的含碳量,它保证了模具的硬度和耐磨性,对表面硬度要求高的冷作模具(冲裁、拉深模具等),淬硬性要求较高。淬透性主要取决于钢的化学成分、合金元素含量和淬火前的组织状态,它保证了大尺寸模具的强韧性及断面性能的均匀性,对于一些大截面、深型腔,并且要求整个截面性能均匀一致的热锻模来说,往往更多地考虑其淬透性。

二、实践与研究

分组参观工厂铸造、锻造、焊接及切削加工车间,了解生产大致过程,回校后分组交流各个车间的生产特点。

三、拓展与提高

钢制的零件毛坯为什么要进行反复的锻造

机械制造时,对一些受力大或重要的钢制件毛坯进行反复细致的锻造,主要目的是形成锻造流线,如图 1-14a 所示,曲轴锻造流线使曲线分布合理,提高力学性能。其次通过锻造使晶粒细化,消除组织缺陷。

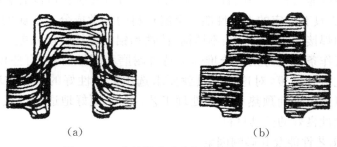

(a)　　　　　　　　　　　　　　(b)

图 1-14　曲轴锻造流线与切削加工流线

(a)曲轴锻造流线;(b)曲轴切削加工流线

而铸造后的曲轴直接进行切削加工的流线如图 1-14b 所示,流线间断不连续,与锻造得到的曲轴力学性能存在显著的差异。

❀ 思考与练习 ❀

1. 银的导电性比铜和铝好,为什么电线一般用铜和铝制而不用银?

2. 汽车的车身喷涂油漆起什么作用?

3. 现测得长、短两根圆形截面标准试样的 δ_{10} 和 δ_5 均为 30%,求两试样拉断后的标距长度。两试样中哪一根塑性好,为什么?

4. 在洛氏硬度的测量过程中,为什么要加预载荷?

5. 定性绘出铸铁和低碳钢的拉伸曲线,比较它们的区别。

6. 下列情况应采用什么方法测定硬度,写出硬度值符号:
   ①钳工用锤子的锤头;②硬质合金刀片;③机床尾座上的淬火顶尖;
   ④机床床身铸铁毛坯;⑤铝合金气缸体;⑥钢件表面很薄的硬化层。

7. 下列硬度要求或写法是否正确,为什么?
   ①15~18 HRC;②530~620HBS;③70~75 HRC;
   ④HRC50 kgf/mm²;⑤230~360HBW;⑥800~850HV。

8. 根据钢材的有关标准规定,15 钢的力学性能指标应不低于下列数值:$\sigma_b \geqslant 375$ MPa,$\sigma_s \geqslant 225$ MPa,$\delta_5 \geqslant 27\%$,$\Psi \geqslant 55\%$。现将购进的 15 钢制成 $d_0 = 10$ mm 的圆形截面的短试样,经拉伸试验测得:$F_b = 36$ kN,$F_s = 22.7$ kN,$l_k = 68$ mm,$d_k = 6$ mm,试问这批 15 钢的力学性能是否合格?

9. 金属的疲劳断裂是怎样产生的? 如何提高材料的疲劳强度?

项目二　　金属及合金的晶体结构与结晶

 案例导入

  在玻璃板上滴一滴饱和的氯化铵溶液,放在投影仪上(或用放大镜)观察由液体向固体转变的结晶过程。随着液体的蒸发,首先液滴的最外层或较薄处形成一圈细小的等轴晶体,接着以等轴晶体为核心开始向各个方向生长成为柱状的晶体。这些向液滴中心生长的柱状晶体生长很快,但其他方向生长的柱状晶体速度慢,这样便形成了明显的方向性。随着由液体向固体转变的进行,在液滴的中心部位形成了不同位向的等轴晶体,这些等轴晶体由于在液滴中心的溶液量已较少,蒸发较快,直接在溶液中形成了不同位向的等轴晶体。当溶剂蒸发速度较快时,各个等轴晶体快速向液滴中心发展并相互接触,形成一个完整的固体,由液态向固态转变的结晶过程结束。

  研究表明:金属材料的性能与金属的化学成分和内部组织结构有着密切的联系。同一种材料,加工工艺不同将具有不同的内部结构,从而具有不同的性能。因此,研究金属与合金的内部结构及其变化规律,是了解金属材料性能、正确选用金属材料、合理确定加工方法的基础。

任务一　　纯金属的晶体结构

【学习目标】

  1. 了解晶体和非晶体概念及其特性。

  2. 掌握纯金属常见的晶体结构及特点。

  3. 了解金属的实际晶体中的缺陷及其作用。

  4. 具有根据金属组织分析金属性能的能力。

一、相关知识

(一) 晶体学的基本知识

1. 晶体与非晶体

固态物质按其内部原子或分子聚集状态不同,可分为晶体和非晶体两大类。

晶体是组成物质的原子(离子或分子)在三维空间作有规律的周期性排列的物质,如金刚石、石墨及固态金属与合金。而非晶体是组成物质的原子(离子或分子)在三维空间作无规律排列的物质,如沥青、玻璃、松香等。

显然,气体和液体都是非晶体。在液体中原子亦处于紧密聚集状态,但不存在长程的周期性排列。固态的非晶体实际上是一种过冷状态的液体,只是物理性质不同于通常的液体而已。玻璃就是一个典型的例子,故往往将非晶态的固体称为玻璃体。从液体到非晶态固体的转变是逐渐过渡的,没有明显的凝固点(反之亦然,无明显的熔点);而液体转变为晶体则是突变的,有一定的凝固点和熔点。

非晶体的另一特点是沿任何方向测定其性能,所得结果都是一致的,不因方向而异,称为各向同性或等向性,这主要是由于非晶体中原子是无规律排列的,从统计学的观点看,非晶体在不同的方向原子的密度几乎相等,原子之间的距离也就相等,原子抵抗外力作用的能力也就相同,因而在不同的方向上具有相同的性能。晶体就不一样,沿着单个晶体不同的方向所测得的性能并不相同,如导电性、导热性、热膨胀性、弹性、强度、光学数据以及外表面的化学性质等,表 2-1 列举了几种金属晶体沿其不同方向测得的机械性能,表现出或大或小的差异,称为各向异性或异向性。晶体的异向性是因其原子的规则排列而造成的,由于原子的规则排列,致使晶体在不同的方向上原子的密度不同,原子之间的距离就不相同,原子抵抗外力作用的能力就不相同,因而在不同的方向上就具有不同的性能。

表 2-1　单晶体的异向性

类　别	弹性模量/(MN/m^2)		抗拉强度/(MN/m^2)		延伸率/%	
	最大	最小	最大	最小	最大	最小
Cu	191 000	66 700	346	128	55	10
α-Fe	293 000	125 000	225	158	80	20
Mg	50 600	42 900	840	294	220	20

2. 晶体的结构

1) 晶格与晶胞　为了便于分析晶体中原子排列规律,可将原子近似地看成一个固定不动的刚性小球,并用假想的线条(直线)将各个原子中心连接起来,便形成一个空间的格子。这种抽象的、用于描述原子在晶体中规则排列的空间几何图形,称为晶格(图 2-1b)。晶格中直线的交点称为结点。晶格是由一些最基本的几何单元周期重复排列而成的,这种最基本的几何单元称为晶胞(图 2-1c)。

2) 晶格常数、晶面和晶向　分析晶胞即可从中找出晶体的特征及排列规律。晶胞大小和形状可用晶胞的三条棱边长 a、b、c(单位为 Å,1 Å $= 10^{-8}$ cm)和棱边夹角 α、β、γ 来描述，其中 a、b、c 称为晶格常数，α、β、γ 称为晶角（图 2-1c）。

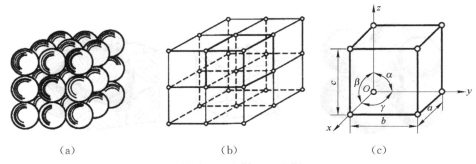

图 2-1　原子排列及晶格、晶胞示意图

（a）原子排列模型；（b）晶格；（c）晶胞及晶胞的参数

在晶体中，任意两个原子之间的连线所指方向称为晶向；由一系列原子所组成的平面称为晶面。研究晶面、晶向有助于研究晶体的生长、变形、相变以及性能等方面的问题。

（二）纯金属常见的晶格类型

在金属晶体中，金属键使原子（离子）的排列趋于尽可能紧密，构成高度对称性的简单的晶体结构，最常见的金属晶体结构有三种典型，即面心立方结构（代号 A1）、体心立方结构（代号 A2）、密排六方结构（代号 A3）。除了少数例外，绝大多数金属属于这三种结构。

1. 面心立方结构（A1）

在元素周期表中约有 20 种金属具有这种结构。图 2-2 表示面心立方结构的晶胞，可见，面心立方晶格的阵点上只有一个金属原子，结构简单。

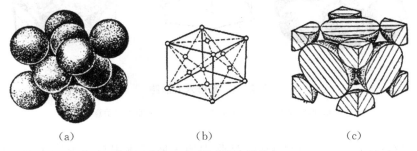

图 2-2　面心立方晶胞

（a）钢球模型；（b）质点模型；（c）晶胞中原子数示意图

在面心立方结构中，面心立方晶格的晶胞为一立方体，立方体的八个顶角和六个面中心上各排列一个原子，但每个面上的原子只有 1/2 属于该晶胞，每个角上的原子只有 1/8 属于该晶胞。一个晶胞中包含的原子数为 $8 \times 1/8 + 6 \times 1/2 = 4$，其晶格常数 $a = b = c$。属于这种晶格类型的金属有 γ-铁、铝（Al）、铜（Cu）、镍（Ni）、金（Au）、银（Ag）等。

2. 体心立方结构（A2）

体心立方晶格的晶胞为一立方体，立方体的八个顶角各排列一个原子，立方体中心有一个原子,如图 2-3 所示。一个晶胞中包含的原子数为 $8\times 1/8+1=2$,其晶格常数 $a=b=c$。属于这种晶格类型的金属有 α-铁、铬(Cr)、钨(W)、钼(Mo)、钒(V)等。

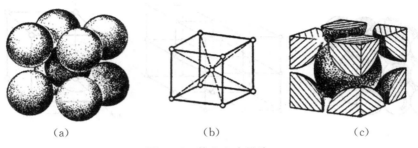

(a)　　　　　　　　(b)　　　　　　　　(c)

图 2-3　体心立方晶胞

(a) 钢球模型;(b) 质点模型;(c) 晶胞中原子数示意图

3. 密排六方结构(A3)

密排六方结构的晶胞如图 2-4 所示。密排六方可看成是由两个简单六方晶胞穿插而成。密排六方晶格的晶胞为六方柱体,柱体的 12 个顶角和上、下面中心上各排列一个原子,在上、下面之间还有三个原子,如图 2-4 所示。属于这种晶格类型的金属有镁(Mg)、锌(Zn)、铍(Be)、α-钛等。

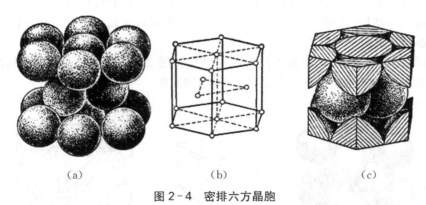

(a)　　　　　　　　(b)　　　　　　　　(c)

图 2-4　密排六方晶胞

(a) 钢球模型;(b) 质点模型;(c) 晶胞中原子数示意图

晶格类型不同,原子排列的致密度(晶胞中原子所占体积与晶胞体积的比值)也不同。体心立方晶格的致密度为 68%,而面心立方晶格和密排六方晶格的致密度均为 74%。晶格类型发生变化,将引起金属体积和性能的变化。

大部分金属只有一种晶格类型,但也有少数金属具有两种或几种晶格类型,如铁、锰、钛、钴等,这些金属在固态下,随温度或压力的变化,金属会由一种晶体结构转变为另一种晶体结构,这种现象称为多晶型性转变或同素异构转变,正因为铁具有同素异构转变现象,钢和铸铁才可以进行热处理,得以广泛应用。

(三) 实际金属晶体的缺陷

上述晶体结构是一种理想的结构,可看成是晶胞的重复堆砌,这种晶体称为理想晶体,由于许多因素的作用,实际金属晶体远非理想完美的晶体,结构中存在许多类型的缺陷。按照缺陷在空间的几何形状及尺寸,晶体缺陷可分为点缺陷、线缺陷和面缺陷。结构的不完整性会对晶体的性能产生重大的影响,特别是对金属的塑性变形、固态相变以及扩散等过程都起着重要的作用。

1. 点缺陷

点缺陷是指在三维空间各方向上尺寸都很小,约为一个或几个原子间距的缺陷,属于零维缺陷,如空位、间隙原子、异类原子等。晶格中没有原子的结点称为空位;位于晶格间隙之中的原子叫间隙原子,如图2-5所示;挤入晶格间隙或占据正常结点的外来原子称为异类原子。

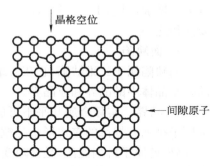

图2-5 晶格畸变示意图

在上述点缺陷中,间隙原子最难形成,而空位却普遍存在。空位的形成主要与原子的热振动有关。当某些原子振动的能量高到足以克服周围原子的束缚时,它们便有可能脱离原来的平衡位置(晶格的结点)而迁移至别处,结果在原来的结点上形成了空位。塑性变形、高能粒子辐射、热处理等也能促进空位的形成。

在点缺陷附近,由于原子间作用力的平衡被破坏,使其周围的其他原子发生靠拢或撑开的不规则排列,这种变化称为晶格畸变。晶格畸变将使材料产生力学性能及物理化学性能的改变,如强度、硬度及电阻率增大,密度减小等。

2. 线缺陷

线缺陷是指在二维尺寸很小而第三维尺寸相对很大的缺陷,属于一维缺陷。晶体中的线缺陷就是各种类型的位错。这是晶体中极为重要的一类缺陷,它对晶体的塑性变形、强度和断裂起着决定性的作用。位错是晶体原子平面的错动引起的,即晶格中的某处有一列或若干列原子发生了某些有规律的错排现象。位错的基本类型有两种:刃型位错和螺型位错。这里仅介绍刃型位错。

刃型位错,如图2-6所示为刃型位错示意图。由图可见,晶体的上半部多出一个原子面(称为半原子面),它像刀刃一样切入晶体,其刃口即半原子面的边缘便为一条刃型位错线。位错线周围会造成晶格畸变。严重晶格畸变的范围约为几个原子间距。

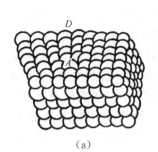

(a)

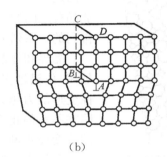

(b)

图2-6 刃型位错示意图

晶体中的位错的数量可用位错密度 ρ 来表示,即以单位体积中位错线的总长度来表示,

单位是 cm/cm³(或 cm⁻²),计算公式如下:

$$\rho = \frac{L}{V} \tag{2-1}$$

在退火金属中,位错密度一般为 $10^6 \sim 10^{10}$ cm⁻²。在大量冷变形或淬火的金属中,位错密度大大增加,可达 $10^{11} \sim 10^{12}$ cm⁻²,因而金属的强度将会增高,提高位错密度是金属强化的重要途径之一。

3. 面缺陷

面缺陷属于二维缺陷,它在二维方向上尺寸很大,第三维方向上尺寸很小。最常见的面缺陷是晶体中的晶界和亚晶界。

1) 晶界　实际金属几乎不可能为理想的单晶体,而是多晶体,即为大量外形不规则,内部原子排列有规律的多边形小晶粒组成的晶体,如图 2-7 所示。晶粒和晶粒的交界称为晶界,晶界处原子排列混乱,晶格畸变程度较大,如图 2-8 所示。在多晶体中,晶粒间的位向差大多为 $30° \sim 40°$,晶界宽度一般在几个原子间距到几十个原子间距内变动。

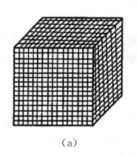
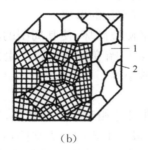

(a)　　　　　　　　　　(b)

图 2-7　单晶体和多晶体的结构示意图

(a) 单晶体;(b) 多晶体
1—晶粒;2—晶界

图 2-8　晶界的结构示意图

晶粒Ⅰ　　晶粒间界　　晶粒Ⅱ

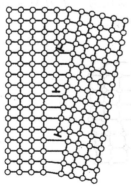

图 2-9　亚晶界的结构示意图

2) 亚晶界　多晶体里的每个晶粒内部也不是完全理想的规则排列,而是存在着很多尺寸很小(边长为 $10^{-8} \sim 10^{-6}$ m)、位向差也很小($< 1° \sim 2°$)的小晶块,这些小晶块称为亚晶粒。亚晶粒之间的交界叫亚晶界,如图 2-9 所示。它实际上由垂直排列的一系列刃型位错(位错墙)构成。

晶界和亚晶界均可以同时提高金属的强度和塑性。晶界越多,位错越多,强度越高;晶界越多,晶粒越细小,金属的塑性变形能力越大,塑性越好。在实际晶体结构中,上述晶体缺陷并不是静止不变的,而是随着温度及加工过程等各种条件的改变而不断变动。它们可以产生运动和交互作用,而且能合并和消失。结构的不完整性会对晶体的性能产生重大的影响,特别是对金属的塑性变形、固态相变以及扩散等过程都起着重要的作用。

二、实践与研究

（1）用油泥制成直径相同的小球，制作面心立方晶胞、体心立方晶胞和密排六方晶胞的模型，并根据测量计算不同模型的晶格常数和致密度，对其结果进行讨论。

（2）制作点缺陷和线缺陷模型，观察晶格畸变现象。

三、拓展与提高

铁的同素异构转变

人们都知道铁在固态下，会发生多晶型性转变，铁在912℃以下为体心立方结构，称为α-Fe，在912～1 394℃具有面心立方结构，称为γ-Fe，温度超过1 394℃到熔点，又变成体心立方结构，称为δ-Fe。由于不同晶体结构的致密度不同，当金属由一种结构转变成另一种结构时，将伴随有比容的跃变，即体积的突变。如图2-10所示是纯铁加热时的膨胀曲线，请在图中找到铁的多晶型性转变的温度，并解释图中曲线的变化（主要对多晶型性转变温度处的曲线进行解释）。

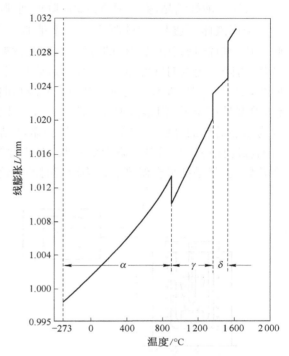

图2-10 纯铁加热时的膨胀曲线

任务二 纯金属的结晶

【学习目标】

1. 了解研究纯金属结晶过程的方法——热分析法。

2. 了解纯金属结晶过程——形核和核长大。

3. 掌握控制金属晶粒大小的因素和细化晶粒的方法，明确晶粒大小对金属力学性能的影响。

4. 具有应用纯金属结晶过程理论解决实际问题的能力。

金属材料微观的原子结构的排列状况，不仅与金属的加工过程有关，而且与金属由液态到固态的凝固过程有关。了解金属的结晶过程，掌握有关规律，对于控制铸件的质量、提高金属制品的性能等，都是很重要的。本任务主要认识纯金属的凝固过程，由于一般情况下固态金属是晶体，所以金属的凝固过程通常也称为结晶过程。

一、相关知识

(一)过冷现象与冷却曲线

金属熔液要结晶,就必须使其温度降低到理论结晶温度 T_m 以下,这在实践中也得到证明。

金属液体不透明,它的凝固过程不能直接观察,通常是应用一定的实验方法来间接了解。热分析法是其中最常用的方法,它的装置如图 2-11 所示,将金属熔化成液体,然后缓慢冷却,每隔一定的时间测量一次温度,最后将实验结果绘制在温度-时间坐标图上,获得冷却曲线,如图 2-12 所示。此曲线是纯铁的冷却曲线(部分),当凝固进行时,曲线中出现一个平台,温度是1 538℃。但熔液温度先降至1 538℃以下若干度后再上升形成平台,温度的回升是因为结晶潜热的释放。这个平台维持到熔液结晶完毕,随后温度继续下降。实际上这个平台的温度比理论凝固温度略为低一些,在非常缓慢冷却的条件下,相差很小,故一般忽略这个差异,也就是把平台温度看作为冷凝时的理论温度。

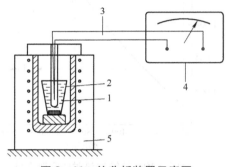

图 2-11　热分析装置示意图

1—金属;2—坩埚;3—热电偶;
4—测温仪表;5—电炉

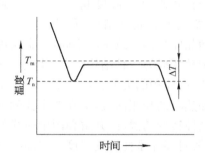

图 2-12　纯铁的冷却曲线(部分)

纯金属的实际开始凝固温度 T_n 总是低于理论凝固温度 T_m,这种现象称为过冷。T_m 与 T_n 之差 ΔT 称为过冷度。ΔT 不是一个恒定值,它与冷却速度、金属的性质以及纯度等许多因素有关。对于同一种金属熔液,冷却速度越大,过冷度越大。实际上,金属都是在过冷情况下结晶的,过冷是金属结晶的必要条件。

热力学定律指出:自然界的一切自发转变过程,总是由一种较高能量状态趋向于能量较低的状态。所以在恒温下,只有那些引起体系自由能降低的过程才能自发进行。

(二)纯金属的结晶过程

金属的结晶过程包括晶核形成和晶核长大两个基本过程。在液态金属中,存在着大量尺寸不同的短程有序的原子集团,它们是不稳定的,当液态金属过冷到一定温度时,一些尺寸较大的原子集团开始变得稳定,而成为结晶核心,称为晶核。形成的晶核都是按各自方向吸附周围原子自由长大,在已形成的晶核长大的同时,又有新的晶核形成并逐渐长大,如此形核不断长大,直至液相耗尽,各晶核长成的晶体(晶粒)相互接触为止,全部结晶完毕。结晶后的固态金属一般是由许多外形不规则、位向不同、大小不同的晶粒组成的多晶体,每个晶粒由一个晶核长大而成,晶粒与晶粒的界面称为晶界。结晶过程中晶核数目越多,晶粒越细小；反之，晶粒越粗大。如图 2-13 所示纯金属结晶过程示意图。

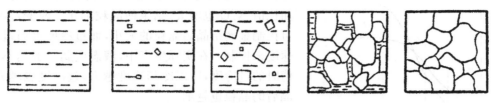

图 2-13 纯金属结晶过程示意图

1. 形核

晶核的形成有两种形式：一种是自发形核（均质形核），即晶体核心是从液体结构内部自发长出的；另一种为非自发形核（异质形核），即晶核依附于金属内存在的各种固态的杂质微粒而生成。能起非自发形核作用的杂质，必须满足"结构相似，尺寸相当"机械工程材料的原则，只有当杂质的晶体结构与晶格参数与结晶金属的相似或相当时，它才能成为非自发核心的基底并在其上长出晶核。此外，有些难熔杂质虽然其晶格结构与结晶金属的晶体结构相差很远，但在这些杂质表面上存在着一些细微的凹孔和裂缝，这些凹孔和裂缝因有时能残留未熔金属也可能成为非自发形核的中心。通常自发形核和非自发形核是同时存在的，在实际金属和合金中，非自发形核比自发形核更重要，往往起优先及主导的作用。

2. 晶核长大

在过冷态金属中，一旦晶核形成就立即开始长大。过冷度稍大一些时，特别是存在有杂质时，晶核只在生长的初期可以具有规则外形，随即晶体优先沿一定方向长出类似树枝状的空间骨架，如图 2-14 所示。

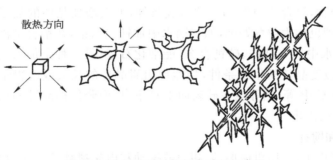

散热方向

图 2-14 树枝状晶体长大过程示意图

（三）晶粒的大小及其控制因素

金属的结晶过程是晶核不断形成和长大的过程，晶粒的大小是形核率 N（单位时间、单位体积所形成晶核数目）和长大速度 G（单位时间内晶核长大的线速度）的函数，影响形核率和长大速度的重要因素是冷却速度（或过冷度）和难熔杂质。金属结晶时的形核率 N 及长大速度 G 与过冷度密切相关，如图 2-15 所示。在一般过冷度下（图中实线部分），形核率与长大速度都随着过冷度的增加而增大；但当过冷度增大到一定值后，形核率和长大速度都会随着它的增大而下降（图中虚线部分）。过冷度较小时，形核率变化低于长大速度，晶核长大速度快，金

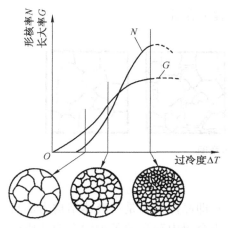

图 2-15 形核率 N 及长大速度 G 与过冷度 ΔT 的关系

属结晶后得到比较粗大的晶粒。随着过冷度的增加，形核率与长大速度均会增大，但前者的增大更快，因而比值 N/G 也增大，结果使晶粒细化。改变过冷度，可控制金属结晶后晶粒的大小，而过冷度可通过冷却速度来控制。在实际生产中，液态金属一般达不到极值时的过冷度，所以冷却速度越大，过冷度也越大，结晶后的晶粒也越细。

生产中采用的控制晶粒大小的方法有以下几种。

1. 增加过冷度

上述结晶理论可知，提高液态金属的冷却速度是增大过冷度从而细化晶粒的有效方法之一。如在铸造生产中，采用冷却能力强的金属型代替砂型、降低金属型的预热温度等，均可提高铸件的冷却速度，增大过冷度。此外，提高液态金属的冷却能力也是增大过冷度的有效方法。如在浇注时采用高温出炉、低温浇注的方法也能获得细的晶粒。近 20 年来，随着超高速(达 $10^5 \sim 10^{11}$ K/s)急冷技术的发展，已成功地研制出超细晶金属、亚稳态结构的金属、非晶态金属等具有优良力学性能和特殊物理、化学性能的新材料。如将液态金属连续流入旋转的冷却轧辊之间，急冷后可获得几毫米宽的非晶态金属材料薄带。非晶态金属具有特别高的强度、优异的软磁性能和韧性、高的电阻率、良好的抗蚀性等优良性能。

2. 变质处理

变质处理就是向液态金属中加入某些变质剂(又称孕育剂)，以细化晶粒和改善组织，达到提高材料性能为目的。变质剂的作用有两种：一种是变质剂加入液态金属时，变质剂本身或它们生成的化合物，符合非自发晶核的形成条件，大大增加晶核的数目，这一类变质剂称为孕育剂，相应处理也称为孕育处理，如在钢水中加钛、钒、铝，在铝合金液体中加钛、锆等都可细化晶粒，在铁水中加入硅铁、硅钙合金，能细化石墨；另一种是加入变质剂，虽然不能提供人工晶核，但能改变晶核的生长条件，强烈地阻碍晶核的长大或改善组织形态，如在铝硅合金中加入钠盐及 CuP 等，钠等能在硅表面上富集，从而降低初晶硅的长大速度，阻碍粗大硅晶体形成，细化了组织。

3. 附加振动和搅拌

在金属结晶过程中，采用机械振动、超声波振动和电磁搅拌等方法可破碎正在长大的树枝晶，形成更多的结晶核心，获得细小的晶粒。但应注意，铸型振动使金属的晶粒细化只是靠近型壁的振动和液面的振动在起作用，而消耗大量的能量使铸型整体振动是没必要的。振动的时间应该使游离的晶粒不会由于熔化而消失，能多形成沉淀为止。

二、实践与研究

(1) 用热分析法测定纯铜在不同条件(冷却介质为水和空气)下冷却的冷却曲线(在一个坐标系中绘出)，比较其冷却曲线，进行讨论。

(2) 对上述实践所得铜晶体进行硬度测试，比较其结果，并对其结果进行讨论。

三、拓展与提高

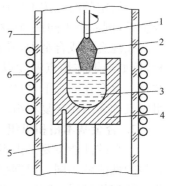

图 2 - 16　提拉法制备
单晶示意图

1—籽晶；2—晶体；3—熔液；
4—坩埚；5—热电偶；
6—感应线圈；7—石英管

垂直提拉法制取单晶体

单晶体不仅在研究工作中十分需要，并在工业生产中应用也日益广泛。单晶是电子元件和激光元件的重要原料。近年，金属单晶开始应用于某些特殊要求的场合，如喷气发动机叶片等，因此单晶制取是一项重要的技术。

由于在凝固时一般会形成许多晶核，故通常得到的是多晶体。单晶制备的基本要求就是使液体凝固时只存在一个晶核，由它生长成可供使用的单晶材料或零件。垂直提拉法是制备大单晶的主要方法，其操作原理如图 2 - 16 所示。

先将坩埚中的原料加热熔化，并使其温度保持在稍高于材料的熔点之上。将籽晶夹在籽晶杆上。然后将籽晶杆下降，使籽晶与液面接触，接着缓慢降低温度，同时使籽晶杆一边旋转，一边向上提拉，这样液体就以籽晶为晶核不断结晶生长而形成单晶。

任务三　合金的晶体结构与结晶

【学习目标】

1. 了解合金的一些基本概念及合金的晶体结构中的基本相和组织的类型、特点。
2. 掌握分析合金结晶过程的工具——相图。
3. 掌握合金结晶过程的分析。
4. 具有利用合金相图估计材料相关工艺性能的能力。
5. 具有分析合金冷却过程中组织和性能的能力。

纯金属因强度、硬度等力学性能较低，在应用上受到一定的限制，所以实际上使用的金属材料大多数是合金。合金的晶体结构和结晶过程都比纯金属复杂，本任务只研究合金的基本相和基本组织，分析简单的二元合金相图，从而剖析二元合金的结晶过程以及二元合金相图的应用。

一、相关知识

（一）合金的晶体结构

1. 合金的基本概念

合金是指由两种或两种以上的金属元素（或金属与非金属元素）组成的，经熔炼、烧结或其他方法组合而成并具有金属特性的物质。

组成合金最基本的独立的物质称为组元（简称元）。通常组元就是指组成合金的元素。例如普通黄铜的组元铜和锌、铁碳合金的组元是铁和碳。按组元的数目，合金分为二元合金、三元合金和多元合金等。

由给定的组元按不同比例配制出一系列不同成分的合金,这一系列合金就构成了一个合金系,例如由不同铁、碳含量的合金所构成铁碳合金系。

在纯金属或合金中,具有相同化学成分、晶体结构和相同的物理性能的组成部分称为相,例如纯铜在熔点温度以上或以下,分别为液相和固相,而在熔点温度时,则为液、固两相共存。合金在固态下,可以是均匀的单相组织,也可以是两相或两相以上的多相组织,这种组织又称为两相或复相组织。所谓组织是指由一种或多种相构成的总体。

2. 合金基本相和组织

合金的性能主要是由组成合金的各相的形态、分布、数量、大小等决定的,组成相不同,材料的性能就不同。根据组成相结构特点的不同,可将合金基本相和组织分为固溶体、金属化合物和机械混合物三种类型。

1) 固溶体 合金中的固溶体是指组成合金的一种金属元素的晶格中溶入其他元素的原子而形成均匀一致的固态相。如 α-Fe 中溶入碳原子便形成称为铁素体的固溶体。固溶体中含量较多的元素称溶剂或溶剂金属;含量较少的元素称溶质或溶质元素。固溶体保持其溶剂金属的晶格类型。按溶质原子在溶剂晶格中所处的位置不同,固溶体可分为置换固溶体和间隙固溶体两类。溶质原子置换部分溶剂晶格结点上原子而形成的固溶体称为置换固溶体,如图 2-17a 所示。溶质原子位于溶剂晶格的间隙中所形成的固溶体称间隙固溶体,如图 2-17b 所示。

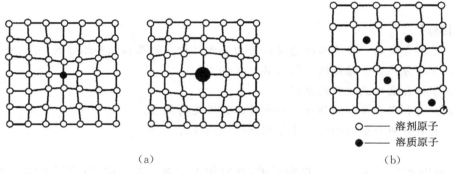

○ —— 溶剂原子
● —— 溶质原子

（a）　　　　　　　　　（b）

图 2-17　固溶体中晶格畸变示意图

（a）置换固溶体；（b）间隙固溶体

无论是置换固溶体还是间隙固溶体,由于溶质原子与溶剂原子的直径大小不同,因此溶质原子的溶入,使固溶体的晶格发生畸变,从而使合金的塑性变形的抗力增加。这种通过形成固溶体使金属的强度与硬度提高的现象称为固溶强化。适当控制固溶体中溶质的含量,可以显著提高金属材料强度及硬度,同时保持良好的塑性和韧性。所以固溶体的综合力学性能很好,常常作为结构合金的基本相。固溶强化是提高金属材料力学性能的重要途径之一。

2) 金属间化合物 组成合金的组元间发生相互作用而形成的具有不同于原组元的一种新物质称为金属间化合物。所谓金属间化合物是金属与金属,或金属与非金属(N、C、H、B、Si 等)之间形成的具有金属特性的化合物的总称。如铁碳合金中的 Fe_3C,黄铜中的 $CuZn$,合金钢中的 Cr_7C_3 和 $Cr_{23}C_6$ 等。

金属间化合物根据形成条件及其结构特点,常见的有正常价化合物、电子化合物、间隙相和间隙化合物。金属间化合物晶格形式不同于任何组元,一般具有复杂的晶体结构,故金属间化合物熔点高、硬而脆,它是许多合金的重要组成相。金属化合物通常以细小颗粒状弥散分布在金属的基体上,从而使金属的强度、硬度和耐磨性提高,塑性和韧性降低,这种现象称为弥散强化。

3)机械混合物　在合金中,由两种或两种以上的相按一定的质量分数组成的物质叫机械混合物,在混合物中,各组成部分可以是纯金属、固溶体或金属化合物各自混合,也可以是它们之间的混合。混合物中的各相仍保持自己原有的晶格。机械混合物在显微镜下可以明显地分辨出各自组成部分的形态。混合物的性能主要取决于各自组成部分的性能,以及它们的形态、大小及数量。工业上生产的大多数合金都是机械混合物,如锡、钢、生铁等。

(二)二元合金的结晶

合金的组元有两个或两个以上,合金的结晶过程比纯金属要复杂,成分和温度对合金的组织都有影响,一次研究合金的结晶过程就是研究合金的温度、成分、组织的关系,相图是表示合金系中的合金状态与温度、成分之间关系的图解,利用相图可以知道各种成分的合金在不同温度下存在哪些相,各个相的成分及其相对量。以下从最简单的二元合金相图开始研究。

1. 二元合金相图的测定

相图是指全面反映合金的组织随温度和成分变化关系的图。相图一般是通过实验测定的。现以 Cu-Ni 合金为例,说明用热分析法测定二元合金相图的过程。

(1)配制一系列不同成分的 Cu-Ni 合金。合金配得越多,图形越精确。

(2)测定上述合金的冷却曲线,如图 2-18a 所示。

(3)找出各冷却曲线上的临界点(即金属发生结构转变的温度,也就是合金结晶开始和终了的温度)。纯铜和纯镍是在恒温下结晶的,只有一个临界点;其他合金都是在一个温度范围内进行结晶的,故有两个临界点。

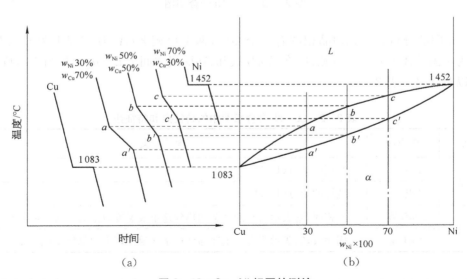

图 2-18　Cu-Ni 相图的测绘

(a) Cu-Ni 合金冷却曲线;(b) Cu-Ni 合金相图

（4）将上述的临界点标在温度-成分坐标图中的相应位置上。

（5）把各合金的开始结晶和终了结晶点分别连接起来，就得到 Cu-Ni 合金相图，如图 2-18b 所示。

2. 二元合金相图的分析

二元相图有很多种，这里只简单介绍二元匀晶相图的分析和二元共晶相图的种类。

1）二元匀晶相图　凡是二组元在液态和固态下均能完全（即无限）相互溶解的二元合金相图称为匀晶相图，如 Cu-Ni、Fe-Ni、Au-Ag 等合金均属于这类相图。这些合金系的合金在结晶过程中，从液相中结晶出来的固体都是固溶体。Cu-Ni 合金相图如图 2-19 所示。

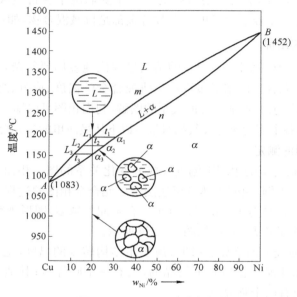

图 2-19　Cu-Ni 合金相图

（1）相图的分析。二元匀晶相图有三个相区，两个单相区（AmB 线以上为液相 L，AnB 线以下为 α 固溶体区），一个双相区（在 AmB 线和 AnB 线之间为 $L+\alpha$）。相图中的特征点和特征线以及含义见表 2-2。

表 2-2　Cu-Ni 合金相图中的特征点和特征线

类　别	点或线	含　义
特征点	A 点	纯铜的熔点（1083℃）
	B 点	纯镍的熔点（1452℃）
特征线	AmB 线	液相线，它表示所有的合金加热到这条线温度以上时都转变成液相
	AnB 线	固相线，它表示所有合金冷却到这条线温度以下时都转变成固相

（2）合金冷却过程的分析。现以 $w_{Ni}=20\%$ 的 Cu-Ni 合金为例，分析合金的冷却过程。如图 2-21 所示，当合金以非常缓慢的冷却速度冷却至 AmB 线（t_1）时，从液相中结晶出固相

α 固溶体,随着温度的下降,在 $t_1 \sim t_2$ 之间时,从液相中不断结晶出 α 相,α 相的量不断增多,剩余液相的量不断减少,同时液相和固相的成分也将通过原子扩散不断改变。当温度缓冷至 t_2 温度时,液相和固相的成分分别沿着液相线和固相线变为 L_2 和 α_2 点,原成分为 L_1、α_1 的液相和固相通过原子的扩散变为成分为 L_2、α_2 的液相和固相。当温度缓冷至 t_3 时,结晶即将结束,液相数量趋于零。原成分为 L_2、α_2 的液相和固相通过原子的扩散(分别沿着液相线和固相线)变为成分为 L_3、α_3 的液相和固相。结晶终了时,获得与原合金成分相同的 α 固溶体,此后不再发生变化。

如上所述,固溶体在每一温度下的结晶必须有组元间的相互扩散。欲使扩散过程充分进行,就需非常缓慢的冷却。然而在实际生产中,液态合金浇入铸型之后,冷却速度较大,而且原子在固相中的扩散比在液相中困难得多,在每一温度下扩散过程尚未充分进行,温度就已下降,这种偏离平衡结晶条件的结晶,称为不平衡结晶。不平衡结晶使液相和固相不能达到每一温度下相图(液相线和固相线)所要求的成分,最终将得到先结晶的内层与后结晶的外层成分不均匀的 α 固溶体,这种一个固溶体晶粒中成分不均匀的现象称为晶内偏析。由于固溶体结晶是以树枝状方式进行的,故又称枝晶偏析。严重的枝晶偏析会使合金力学性能下降,尤其是使塑性和韧性显著降低。偏析也会使合金的抗蚀性能降低。

2) 二元共晶相图　　二元共晶相图是指具有共晶转变的二元相图,所谓共晶转变是指在一定条件下(恒温恒成分),由液相中同时结晶出两种固相的转变。常见的二元共晶相图有以下两种,一种是合金在结晶时析出纯组元,以典型的 Al - Si 合金系为例介绍,另一种是合金在结晶时析出固溶体,以典型的 Pb - Sn 合金为例介绍。

(1) Al - Si 合金相图,如图 2 - 20 所示。

① 相图的分析。相图中的相区分析:整个相图共有三个相,液相 L,固相 Al 和固相 Si,形成的相区有单相区,液相 L,双相区,(Al＋L) 区、(Si＋L) 区和 (Al＋Si) 区。

相图中的特征点和特征线分析见表 2 - 3。

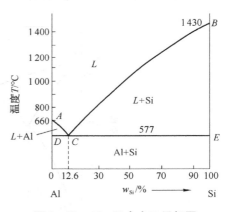

图 2 - 20　Al - Si 合金二元相图

表 2 - 3　Al - Si 合金二元相图中的特征点和特征线

类　别	点或线	含　　义
特征点	A 点	铝的熔点(660℃)
	B 点	硅的熔点(1 430℃)
	C 点	共晶转变成分点(12.6%Si,577℃)
特征线	ACB 线	液相线,液相线以上的合金均为液相
	$AECFB$ 线	固相线,在固相线以下,合金全都是固相
	ECF 线	共晶转变线,当合金冷却到此线所对应的温度时,合金将发生共晶转变,由成分为 12.6%Si 的液相在 577℃时反应生成混合物 (Al＋Si),此线合金处于三相共存状态。共晶转变反应式为:$L_{12.6\%\,Si} \xrightleftharpoons{577℃} Al＋Si$

② Al‐Si 合金的分类。根据 Al‐Si 合金的成分和室温组织的特点可将合金分为：

共晶 Al‐Si 合金——w_{Si}=12.6%Si 的 Al‐Si 合金，室温下的平衡组织为机械混合物（Al+Si）。

亚共晶 Al‐Si 合金——w_{Si}<12.6%的 Al‐Si 合金，室温下的平衡组织为 Al+（Al+Si）。

过共晶 Al‐Si 合金——w_{Si}>12.6%的 Al‐Si 合金，室温下的平衡组织为 Si+（Al+Si）。

③ 典型的 Al‐Si 合金的冷却过程分析。含硅量为10%合金的冷却过程，从液相区冷却至室温的相转变为 $L \rightarrow L+Al \rightarrow Al+Si$，组织转变为 $L \rightarrow L+Al \rightarrow Al+（Al+Si）$。含硅量小于12.6%的合金冷却过程都与此合金的冷却过程相似。

含硅量为12.6%合金的冷却过程，从液相区冷却至室温的相（组织）转变为 $L \rightarrow L+（Al+Si） \rightarrow Al+Si$。共晶组织在显微镜下多为两相层片交替而成。

含硅量为50%合金的冷却过程，从液相区冷却至室温的相转变为 $L \rightarrow L+Si \rightarrow Al+Si$，组织转变为 $L \rightarrow L+Si \rightarrow Si+（Al+Si）$。含硅量大于12.6%的合金冷却过程都与此合金的冷却过程相似。

（2）Pb‐Sn 合金相图，如图2‐21所示。

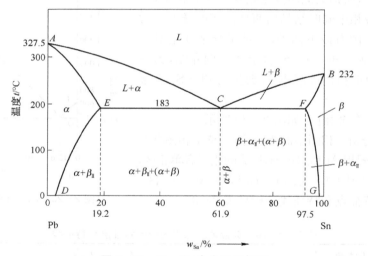

图2‐21　Pb‐Sn 合金二元相图

① 相图的分析。相图中的相区分析：合金在冷却过程中，有液相 L、固溶体 α 相（即 Sn 溶解在 Pb 的晶格中所形成的固溶体）和固溶体 β 相（即 Pb 溶解在 Sn 的晶格中所形成的固溶体），α_{II} 和 β_{II} 是次生相。共晶转变得到的产物机械混合物（$\alpha+\beta$）。相图中的相区，三个单相区为 L 相区、α 相区、β 相区，三个双相区为（$L+\alpha$）相区、（$L+\beta$）相区、（$\alpha+\beta$）相区。一条三相共存线 ECF，（$L+\alpha+\beta$）。

相图中的特征点和特征线分析见表2‐4。

表 2-4　Pb-Sn 合金二元相图中的特征点和特征线

类别	点或线	含　义
特征点	A 点	纯铅的熔点（327.5℃）
	B 点	纯锡的熔点（323℃）
	C 点	共晶转变点（61.9%Sn，183℃）
	E 点	α 固溶体的最大溶解度点（19.2%Sn）
	F 点	β 固溶体的最大溶解度点（2.5%Pb）
特征线	ACB 线	液相线，在液相线以上所有合金均为液相
	AECFB 线	固相线，在固相线以下所有合金均为固相
	ECF 线	共晶转变线，共晶转变的反应式为：$L_C \xrightarrow{183℃} \alpha_E + \beta_F$
	ED 线	α 固溶体的溶解度曲线，一定成分合金在冷却过程中随温度的下降，溶解度减小，将会析出 β_{II} 次生相
	FG 线	β 固溶体的溶解度曲线，一定成分合金在冷却过程中随温度的下降，溶解度减小，将会析出 α_{II} 次生相

② Pb-Sn 合金的分类。根据 Pb-Sn 合金的成分和室温组织的特点可分为：

共晶 Pb-Sn 合金——w_{Sn}＝61.9%的 Pb-Sn 合金，室温下的平衡组织为机械混合物（α＋β）。

亚共晶 Pb-Sn 合金——19.2%＜w_{Sn}＜61.9%的 Pb-Sn 合金，室温下的平衡组织为 $\alpha + \beta_{II} + (\alpha + \beta)$。显微镜下的次生相大多数在析出相上粒状弥散分布。

过共晶 Pb-Sn 合金——61.9%＜w_{Sn}＜97.5%的 Pb-Sn 合金，室温下的平衡组织为 $\alpha_{II} + \beta + (\alpha + \beta)$。

以组元 Pb 为主的 Pb-Sn 合金——w_{Sn}＜19.2%，室温下的平衡组织为 α 或 $\alpha + \beta_{II}$。

以组元 Sn 为主的 Pb-Sn 合金——w_{Sn}＞97.5%，室温下的平衡组织为 β 或 $\alpha_{II} + \beta$。

对于典型的 Pb-Sn 合金（共有五个典型合金）的冷却过程分析，它与 Al-Si 合金冷却过程分析方法相同，此处不再叙述。

3. 合金的性能与合金的相图的关系

合金的性能取决于合金的成分和组织，合金的某些工艺性能（如铸造性能）还与合金的结晶特点有关。而相图既可表明合金成分与组织间的关系，又可表明合金的结晶特点。因此，合金相图与合金性能之间存在一定的联系。了解相图与性能的联系规律，就可以利用相图大致判断出不同成分合金的性能特点，并作为选用合金、制定工艺的依据。

1) 合金的力学性能与相图的关系　图 2-22 表示了在匀晶相图和共晶相图中合金强度和硬度随成分变化的一般规律。

当合金形成单相固溶体时，其强度和硬度随成分呈曲线变化，合金性能与组元性质及溶质元素的溶入量有关。当溶剂和溶质一定时，溶质的溶入量越多，固态合金晶格畸变越大，则合金的强度、硬度越高。一般，形成单相固溶体的合金具有较好的综合力学性能，但达到的强度、硬度有限。

对于形成复相组织的合金，在两相区内，合金的强度和硬度随成分呈直线关系变化，大致是两相性能的算术平均值。在共晶点处，若形成细小、均匀的共晶组织时，其强度和硬度可达到最高值，图2-22中虚线所示。

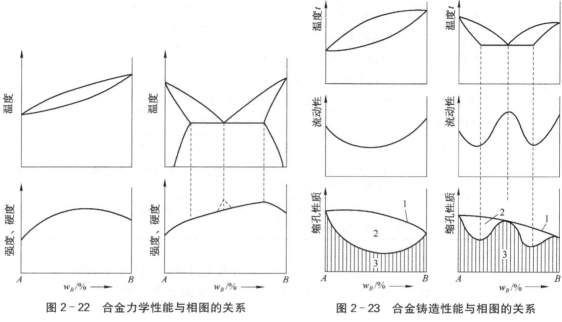

图2-22　合金力学性能与相图的关系　　　图2-23　合金铸造性能与相图的关系

1—缩孔总体积；2—分散缩孔；3—集中缩孔

2）合金铸造性能与相图的关系　铸造性能主要是指液态合金的流动性以及产生缩孔的倾向性等。从图2-23中可看出，液相线与固相线之间距离越宽，合金的流动性越差，形成分散缩孔倾向及晶内偏析的倾向越大，铸造性能越差。所以铸造合金的成分常取共晶成分或在其附近的合金。

二、实践与研究

（1）分别测量纯铜、含锌量为32%的黄铜、含锌量为38%的黄铜的硬度，讨论实践结果。

（2）认真研究Pb-Sn合金相图，选择五个典型的合金，分别分析其从液态到室温的冷却过程（相转变和组织转变），哪个合金铸造性能最好，为什么？

三、拓展与提高

金属铸锭的组织与性能

合金铸件（或铸锭）的质量，不仅在铸造生产中，而且对几乎所有的合金制品都是重要的，因此，应该了解铸锭的组织及其形成规律以及控制因素。金属凝固后晶粒较为粗大，通常是宏观可见的。图2-24

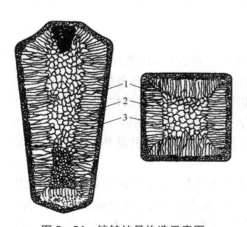

图2-24　铸锭结晶构造示意图

1—细晶区；2—柱状晶区；3—中心等轴晶区

为合金铸锭截面的典型宏观组织，它是由表层细晶粒区、柱状晶区和中心等轴晶区三部分所组成的。

（一）表层细晶粒区

当液态金属刚刚浇入铸锭模时，由于模壁温度很低，使表层液态金属得到剧烈的冷却，产生较大的过冷度，加之模壁有促进形核的作用因而在靠近模壁的液体中大量形核，得到表面细晶粒。模壁的冷却能力愈大，铸锭的表面层晶粒愈细。细晶区的晶粒细小，组织致密，力学性能很好。但纯金属铸锭表面细晶区的厚度一般很薄，因此没有多大实际意义。

（二）柱状晶粒区

表层细晶粒区形成之后，由于模壁温度已升高而不能提供较大的过冷度，且模壁也与液体金属隔开而无法再起促进形核的作用，因而不可能再继续形成细晶区。但液固界面附近的较小过冷度对该处晶核的长大很有利，又由于沿着与模壁垂直的方向散热最快，故这些晶核垂直模壁方向快速择优生长，从而形成粗大的柱状晶区。柱状晶区的组织比较致密，但在柱状晶之间的界面平直、结合较弱，并该界面处还常聚集有低熔点杂质和非金属夹杂物，使该处的结合更弱，钢材在热轧或热锻时往往易沿着这些脆弱面破裂。

（三）中心等轴晶粒区

随着柱状晶粒的生长，通过已结晶的柱状晶层和模壁向外散热的速度愈来愈慢，且此时散热方向性已不明显（即不利于柱状晶生长），铸锭内部剩余的液体温度趋于均匀。当心部液体降至熔点以下时，该区域未熔的固态杂质等就作为现成晶核而长大。由于在温度较均匀的条件下晶核向各个方向的长大速度基本相同，于是就形成了等轴晶粒区。等轴晶粒各个方向的性能较为均匀，无明显的脆弱面，但等轴晶粒区的组织比较粗大、疏松，常有很多微小的孔隙，因而力学性能较低。钢铁等塑性较低的材料，希望得到致密细小的等轴晶粒；而塑性良好的铝、铜等有色金属则希望得到柱状晶区（因柱状晶区较致密，且塑性良好的金属在轧制时不易发生开裂）。

合金铸锭的组织与合金的成分和浇注条件等因素有关，变更这些因素可以改变三晶区的相对厚度和晶粒大小，甚至获得只由两晶区和一个晶区所组成的铸锭。通常有利于柱状晶区发展的因素有快的冷却速度、高的浇注温度和方向性的散热等。有利于等轴晶区发展的因素有慢的冷却速度、低的浇注温度、均匀散热、变质处理和应用物理的方法等。

思考与练习

1. 金属常见的晶格类型有哪几种？它们的晶体结构有哪些差异？

2. 简述液态金属的结晶条件和结晶的基本规律。

3. 金属结晶后晶粒的大小与哪些因素有关？它们如何影响？

4. 金属的结晶与金属的同素异构转变有何异同？

5. 合金的基本组织有哪些？它们对合金的性能有何影响？

6. 晶粒的大小对金属力学性能有何影响？如何细化晶粒？

7. 实际金属晶体存在哪些缺陷？这些缺陷对金属的性能有何影响？

8. 纯金属的冷却曲线和合金的冷却曲线有何不同？为什么？

9. 解释下列名词：晶格畸变、固溶强化、弥散强化、晶粒、晶界、临界点、相。

10. 下列说法是否正确，为什么？

    (1) 凡是由液体凝固成固体的过程都叫结晶。

    (2) 金属结晶时冷却速度越快，晶粒越细小。

    (3) 薄壁铸件的晶粒比厚壁铸件的晶粒细小。

11. 如图 2-25 所示的 A-B 二元合金相图中，单相区的组织都已标好，根据已标出的相完成下列问题：

    (1) 标出①～④空白区域中的相。

    (2) 说明 Z 合金的缓慢冷却过程及室温下的组织组成。

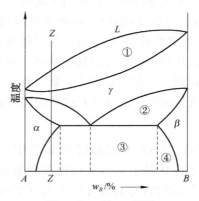

图 2-25　第 11 题图

项目三　　金属塑性变形与再结晶

 案例导入

　　在工业生产中，经冶炼而得到的金属锭，如钢锭、铝合金锭或铜合金锭等，大多要经过轧制、挤压、冷拔、锻造、冲压等压力加工方法（图3-1），使金属产生塑性变形而获得成品或半成品，以供用户使用。通过塑性变形不仅可以把金属材料加工成各种形状和尺寸的制品，而且还可以改变金属的组织和性能。

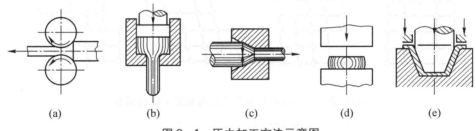

(a)　　　　(b)　　　　(c)　　　　(d)　　　　(e)

图3-1　压力加工方法示意图

(a) 轧制；(b) 挤压；(c) 冷拔；(d) 锻造；(e) 冷冲压

　　本项目主要研究金属塑性变形的机理、塑性变形过程中的组织、结构与性能的变化规律，对改进金属材料加工工艺，提高产品质量和合理使用金属材料都具有重要意义。

任务一　认知金属的塑性变形

【学习目标】
1. 了解单晶体塑性变形的方式和机理。
2. 掌握多晶体塑性变形的机理和特点。
3. 了解金属材料的蠕变变形。
4. 具有利用金属塑性变形的规律解决实际问题的能力。

　　由金属材料的结晶过程可知,实际使用的金属材料多为多晶体,但多晶体中的每一个晶粒实际都是相当于一个单晶体。由于单晶体的塑性变形较简单,认识单晶体的塑性变形的基本过程,就有助于进一步了解多晶体的塑性变形。本任务主要研究金属塑性变形方式、机理以及多晶体塑性变形的特点。

一、相关知识

(一) 单晶体的塑性变形

　　当单晶体受外力作用而发生变形时,其内部原子的移动情况如图3－2所示。单晶体未受外力作用时,原子处于平衡位置(图3－2a)。当切应力较小时,晶格发生弹性畸变,原子偏离平衡位置(图3－2b),若此时去除外力,则切应力消失,晶格的弹性畸变也随之消失,晶体恢复到原始状态,即产生弹性变形;若切应力继续增大到超过原子间结合力,则在某个晶面两侧的原子将发生相对滑动,滑动量为原子间距的整数倍(图3－2c),此时如果使切应力消失,晶格畸变可以恢复,但已经滑移的原子不能回复到原来位置,即产生塑性变形(图3－2d)。如果切应力继续增大,在其他晶面上的原子也产生滑动,从而使晶体的塑性变形继续下去,实现单晶体的塑性变形。

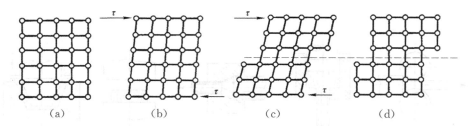

图3－2　金属晶体变形前后其内部原子移动情况

(a) 变形前；(b) 弹性变形；(c) 弹-塑性变形；(d) 塑性变形

　　如图3－2c、d所示的这种塑性变形方式称为滑移。金属塑性变形主要是通过滑移进行的,滑移是金属变形最基本的方式。在滑移过程中,原子移动所沿的晶面称为滑移面,原子移动所沿的晶向称为滑移方向。

　　研究表明,晶体发生滑移时,并不是上、下两部分晶体的整体相对滑移,而是通过(位于滑移面上的)位错沿滑移方向逐步运动来实现的。如图3－3所示,当刃型位错在切应力作用下移动到晶体另一端(即移出晶体表面)时,就在表面产生一个原子间距大小的滑移台阶。当大量位错移出晶体表面时,就会造成宏观的塑性变形。

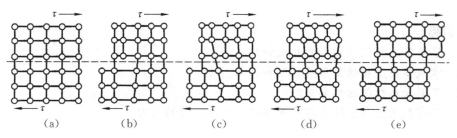

图3－3　通过刃型位错移动造成滑移示意图

　　试验证明,通过位错运动产生的晶体滑移要比如图3-2所示的整体滑移所需的切应力小得多(相差数百倍甚至上千倍)。这是由于位错具有容易运动的特性,即位错移动时,只是位错中心附近的原子移动,且每次移动距离小于一个原子间距,就可使位错前进一个原子间距,所以只需很小的切应力即可使其移动,并产生滑移变形。原子的滑移总是沿密排面进行,主要是由于密排面之间的面间距最大,原子间结合力最小,因而滑移阻力最小。可以证明密排方向也是滑移阻力最小的方向,所以滑移面、滑移方向是原子排列密度最大或较大的晶面和晶向。

　　一个滑移面和一个滑移方向组成一个滑移系。滑移系越多,金属的塑性变形越易进行。不同晶格类型的金属,滑移系及滑移系数量不同。滑移系越多,晶体受力时,发生滑移的可能取向越多。若某滑移系由于某种原因受阻,其他的滑移系还可以开动,从而使该晶体具有很好的滑移灵便性,即具有很好的塑性。所以面心立方晶体如铝、铜、γ-Fe的塑性都很好,而密排六方晶体如锌、镁等都很脆。

(二)多晶体的塑性变形

　　多晶体中的每一个晶粒(相当于单晶体)的塑性变形基本与单晶体类似,多晶体塑性变形的方式仍然是滑移,塑性变形的机理是晶体中的位错在切应力的作用下,沿一定的晶面和晶向发生滑动而实现金属的塑性变形。但由于晶界的存在及各晶粒的取向不同,使得多晶体的塑性变形更为复杂。

1. 晶界的作用

　　多晶体中由于晶界的存在,使多晶体塑性变形难进行。对有三个晶粒的晶体进行拉伸后(图3-4),可以看到变形明显不均匀,靠近晶界处变形量较小,远离晶界处变形量较大,变形后晶粒呈竹节状。这表明晶界对塑性变形有阻碍作用。这种阻碍作用是由于晶界处原子排列不规则,使得位错难以越过晶界,而滑移变形是通过位错运动实现的,所以晶界的存在使多晶体的滑移变得困难,使强度提高。晶界越多,阻碍塑性变形、提高强度的作用愈大。

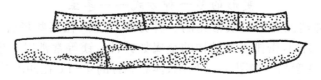

图3-4　多晶体拉伸后的竹节状变形

2. 晶粒位向不同的影响

　　多晶体中晶粒位向不同,使塑性变形难进行。当外力作用于多晶体时,由于晶体的各向异性,位向不同的各个晶粒所受应力并不一致,而作用在每个晶粒的滑移系上的分切应力更因晶粒位向不同而差异很大,因此各晶粒不是同时开始变形,处于有利方位的晶粒首先发生滑移,处于不利方位的晶粒却还未开始滑移,而且不同位向的晶粒的滑移系取向也不同,滑移方向也不同,故滑移不可能从一个晶粒延续到另一个晶粒中。但多晶体中每个晶粒都处于其他几个晶粒的包围之中,它的变形必然与其邻近晶粒相互协调配合,不然就难以进行变形,甚至不能保持晶粒之间的连续性,会造成空隙而导致材料的断裂,这样就使多晶体的变形通常比单晶来得困难,故其屈服应力高于单晶时的屈服应力。即晶粒取向差对滑移有阻碍作用。

根据多晶体塑性变形的特点可知,多晶体的塑性变形应是各个晶粒相互协调的结果。显然,晶粒愈细,则单位体积中的晶界愈多,不同位向的晶粒也愈多;因而,位错运动的阻碍愈多,塑性变形愈困难,金属的强度愈高。细晶粒金属不但强度高,而且塑、韧性也较粗晶粒金属高。这是由于晶粒尺寸愈小,则晶粒中位错塞积群可容纳位错的数量愈少,由此引起的应力集中愈小,这样,当相邻晶粒的位错运动受阻时,就不易在晶界附近引起开裂;并且,晶粒愈细,晶粒内部与晶界附近的变形差愈小,变形愈均匀,这也使该处的应力集中较小,不易产生裂纹,故断裂前可承受较大的塑性变形。由此可知合金中的固溶强化就不难解释了。

(三) 蠕变

在较高温度下,即使材料所受应力小于屈服强度,也会随时间延长而缓慢地发生塑性变形,这种现象称为蠕变。由蠕变引起的断裂称为蠕变断裂。

一般,熔点高的金属发生蠕变的温度较高(碳钢和合金钢的蠕变温度分别为 300℃ 和 400℃左右)。蠕变与温度升高后金属原子间结合力减小、晶界强度下降及位错移动阻力减小等有关。在实际生产中,蒸汽锅炉及管道、高温条件下工作的紧固螺栓等零、构件易发生蠕变变形和断裂,热作模具的零部件也存在蠕变现象。

二、实践与研究

(1) 自制单晶体塑性变形原子模型,比较研究晶体一部分相对于另一部分发生整体滑移和位错滑移的区别。

(2) 以体心立方为例,找出晶面间距最小的晶面和原子间距最小的晶向。

(3) 将同样尺寸的铜板和锌板沿长度方向的中线弯曲成150°,比较其难易程度,并进行讨论。

三、拓展与提高

变形的另一种方式——孪生

滑移是金属晶体塑性变形时最常见的一种方式,此外,在某些场合,金属晶体还借"孪生"进行塑性变形。例如,密排六方结构的金属如锌、镉、镁等常常以孪生方式变形,在变形后的组织中出现"形变孪晶",如图 3-5 所示;体心立方的 α-Fe 在冲击载荷的作用下或在低温下也常常会借孪生变形,面心立方结构金属一般不发生孪生。由此可见,孪生是在晶体难以进行滑移时而发生的另一种塑性变形方式。

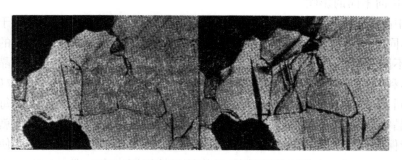

图 3-5　锌拉伸过程中形成的孪晶的生长

图3-6分别表示出晶体经滑移后和经孪生变形后的外形变化情况。可见孪生不同于滑移：

（1）它使一部分晶体发生了均匀的切变，而不像滑移那样集中在一些滑移面上进行。

（2）孪生变形后，晶体的变形部分与未变形部分构成了镜面对称的位向关系，而滑移变形后，晶体各部分的相对位向不发生改变。

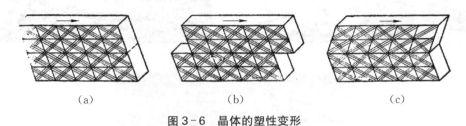

（a）　　　　　　　（b）　　　　　　　（c）

图3-6　晶体的塑性变形

（a）未变形；（b）滑移；（c）孪生

孪生的这一特点可有利于晶体的塑性变形，因为形成孪晶改变晶体的位向，从而使晶体的滑移系处于更有利于发生滑移的位置，这样，晶体就能进一步借滑移而继续变形。

任务二　金属塑性变形对金属组织和性能的影响

【学习目标】

1. 了解金属塑性变形对金属组织的影响。
2. 掌握金属塑性变形对金属性能的影响。
3. 具有应用加工硬化现象解决实际问题的能力。

一、相关知识

（一）金属塑性变形对金属组织的影响

1. 显微组织的变化

经塑性变形后，金属的显微组织发生明显的改变，各晶粒中除了出现大量滑移带外，其晶粒形状也逐步发生变化，如图3-7所示。

随着变形量的增加，原来的等轴晶粒沿变形方向逐渐伸长，变形量越大，晶粒伸长的程度也越显著。当变形量很大时，各晶粒已不能辨别开来而呈现出一片如纤维状的条纹，称为纤维组织，纤维组织的分布方向即金属的流变伸展的方向。因此，冷变形金属的组织与所观察的试样截面位置有关，由于纤维组织的形成，金属的性能变成各向异性。在沿着纤维的方向上抗拉强度较大，抗剪强度较小；在垂直于纤维的方向上，抗剪强度较大，抗拉强度较小。

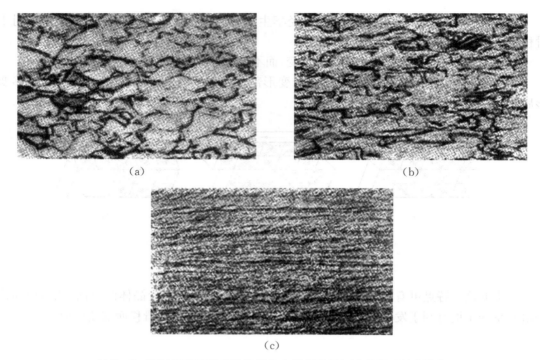

图 3-7 铜材经不同程度冷轧后的光学显微组织及薄膜透射电镜像

(a) 压缩率 30% 300×；(b) 压缩率 50% 300×；(c) 压缩率 99% 300×

2. 变形金属的亚结构

在晶粒被拉长、压扁的同时,晶粒内部的位错密度也急剧增加,并在许多金属中,位错还会相互缠绕在一起形成亚晶界(图3-8),将晶粒分割成更多、更细小的亚晶粒(比形变前的亚晶粒尺寸减小 600~1 000 倍),形变亚晶界大大限制了晶体中位错的移动,使位错的滑移变形很难进行,提高塑性变形的抗力,这是造成形变强化的主要原因。实践表明,变形程度愈大,则位错密度增加愈多,亚晶粒细化程度愈高,形变强化现象也就愈显著。此外塑性变形还使金属中的空位数量明显增加。

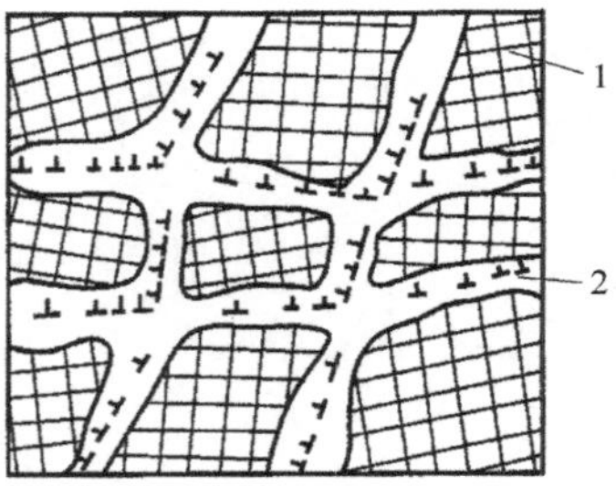

图 3-8 形成亚组织示意图

1—亚晶粒；2—亚晶界

(二) 塑性变形后金属性能的变化

由于塑性变形造成金属内部组织结构的变化,因此必然导致有关性能的改变。

1. 金属机械性能的变化

图 3-9 是铜材经不同程度冷轧后的强度和塑性变化情况。由图可见塑性变形后,金属的强度、硬度上升,塑性、韧性下降,此现象称为形变强化或加工强化。

形变强化的实际意义在于:

(1) 形变强化是一种重要的强化途径,对加热、冷却中无相变(即不能热处理强化)的材料,形变强化是唯一的能使材料整体强化的途径。

(2) 保证冷变形加工的顺利进行,如图 3-10 所示的线材拉拔中,如拉丝模右侧线材的强度与左侧一样,则变形会集中在已被拔细的右侧中进行,使之很快被拉断。

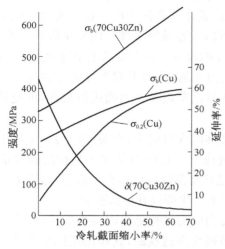

图 3-9 冷轧对铜材拉伸性能的影响

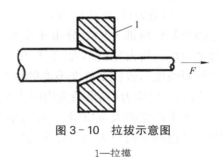

图 3-10 拉拔示意图

1—拉摸

但由于已变形部分会发生形变强化,使变形自动转移至未变形部分,保证拉拔过程正常进行。用薄板冷冲压杯状件的过程也与此类似。变形产生的空位使金属的电阻增大。

2. 形成形变织构(择优取向)

金属发生塑性变形时,各晶粒的位向会沿着变形方向发生转变。当变形量很大时(大于 70%),各晶粒的位向将与外力力方向趋于一致,晶粒趋向于整齐排列,称这种现象为择优取向,所形成的有序化结构称为形变织构。形变织构会使金属性能呈现明显的各向异性,各向异性在多数情况下对金属后续加工或使用是不利的。例如,用有织构的板材冲制筒形零件时,由于不同方向上的塑性差别很大,使变形不均匀,导致零件边缘不齐,即出现所谓"制耳"现象,如图 3-11 所示。但织构在某些情况下是有利的,例如制造变压器铁心的硅钢片,利用织构可使变压器铁心的磁导率明显增加,磁滞损耗降低,从而提高变压器的效率。

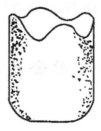

图 3-11 冲压件的制耳

3. 塑性变形后内应力的变化

残留于金属中的内应力可在结晶、固态相变、塑性变形、冷却或加热中形成。由塑性变形造成的内应力可分成以下三类。

1）第一类内应力(宏观内应力)　第一类内应力又称宏观内应力,宏观内应力是指金属材料的各部分(如表面和心部)由于变形不均匀而造成在宏观范围内互相平衡的内应力。当零件中的宏观内应力与工作时承载的应力方向一致时,容易使工件提前发生破坏。此外,宏观内应力还常会造成零件加工、使用中形状或尺寸的改变。例如原先存在宏观内应力的板状零件,将上表层去掉之后,由于破坏了原来的应力平衡,从而引起零件的弯曲变形。但许多情况下也可利用宏观内应力来提高工件寿命,如对汽车板弹簧表面进行喷丸,可使其表面产生残余压应力,从而显著提高工件的疲劳寿命。

2）第二内应力(微观内应力)　第二内应力又称微观内应力,微观内应力是金属中相邻晶粒之间及晶粒内部不同部分由于变形不均匀造成的。此应力存在于晶粒之间或晶粒内部。微观内应力所占比例不大(小于10%),但在某些局部区域可达很大数值(接近甚至超过金属的屈服强度),致使工件在不大的外力下,就可能产生裂纹并导致断裂。

3）第三类内应力(晶格畸变内应力)　第三类内应力又称晶格畸变内应力,此应力是由于塑性变形中产生的大量位错、空位等引起的晶格畸变而造成的,其作用范围小于几千个原子间距。晶格畸变内应力均占总应力的90%左右。

二、实践与研究

(1) 分别测量拉深钢筒的毛坯材料和拉深好的钢筒的硬度,比较其硬度的高低,并解释之。

(2) 将钢锭进行冷轧,然后直接进行筒形件的拉深,将会出现拉深件的边缘凹凸不齐,试试看,解释之。

三、拓展与提高

形变强化的应用

你知道耐腐蚀性能很好的奥氏体型不锈钢是一种应用很广泛的不锈钢吗？它是不能通过热处理强化的一种材料,只有通过加工硬化(形变强化)来提高强度。另外,你知道坦克的履带在行驶中为什么具有高的硬度和良好的耐磨性吗？那是因为坦克的履带在使用前经过处理,形成一种塑性、韧性较好的组织,但强度、硬度较低,当它在使用时,由于受到地面的冲击,产生形变强化,从而使其具有高硬度和良好的耐磨性。

任务三　冷变形金属在加热时组织和性能的变化

【学习目标】

1. 了解冷变形金属在不同加热条件下组织和性能的变化。
2. 掌握再结晶退火的工艺参数确定和作用。
3. 掌握再结晶温度的确定方法和影响因素。
4. 具有应用再结晶退火解决实际问题的能力。

一、相关知识

（一）概述

金属塑性变形后,晶格发生了弹性畸变(如宏观、微观内应力引起的晶格变形及位错、空位等造成的晶格畸变),使金属处于高能量不稳定状态。金属有自发地恢复到变形前低能量状态的趋势。但这要通过原子移动才能实现。低温下由于原子活动能力很弱,这个转化不能或很难发生。如果给变形金属加热,则原子活动能力增强,变形金属从高能量状态向低能量状态的转化容易进行。在加热过程中,塑性变形的金属将依次发生回复、再结晶和晶粒长大三个过程。其组织和性能的变化如图 3-12 所示。

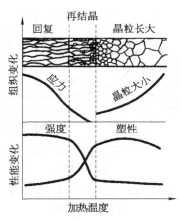

图 3-12　冷变形金属在加热时组织和性能的变化

（二）回复

当加热温度较低时[为$(0.25\sim0.3)T_{熔}$,K],原子活动能力较弱,只能回复到平衡位置,冷变形金属的显微组织没有明显变化,其力学性能变化也不大,但残留应力显著降低,其物理和化学性能也基本恢复到变形前的情况,称这一阶段为回复。

由于回复加热温度较低,晶格中的原子仅能作短距离扩散。因此,金属内凡只需要较小能量就可开始运动的缺陷将首先移动,如偏离晶格结点位置的原子回复到结点位置,空位在回复阶段中向晶体表面、晶界处或位错处移动,使晶格结点恢复到较规则形状,晶格畸变减轻,残留应力显著降低。但因亚组织尺寸未有明显改变,位错密度未显著减少,即造成冷变形强化的主要原因尚未消除,因而力学性能在回复阶段变化不大。

生产中,利用回复现象可将已产生冷变形强化的金属在较低温度下加热,使其残留应力基本消除,而保留了其强化的力学性能,这种处理称为低温去应力退火。例如,用深冲工艺制成的黄铜弹壳,放置一段时间后,由于应力的作用,将产生变形。因此,黄铜弹壳经冷冲压后必须进行 260℃ 左右的去应力退火。又如,用冷拔钢丝卷制的弹簧,在卷成之后要进行 200～300℃ 的去应力退火,以消除应力使其定型。

（三）再结晶

1. 再结晶过程和再结晶温度

当继续升高温度时,由于原子活动能力增大,金属的显微组织发生明显的变化,破碎的、被拉长或压扁的晶粒变为均匀细小的等轴晶粒,这一变化过程也是通过形核和晶核长大方式进行的,故称再结晶。但再结晶后晶格类型没有改变,所以再结晶不是相变过程。

经再结晶后金属的强度、硬度显著降低,塑性、韧性大大提高,冷变形强化得以消除。再结晶过程不是一个恒温过程,而是在一定温度范围内进行的。通常再结晶温度是指再结晶开始的温度(发生再结晶所需的最低温度),它与金属的预先变形度及纯度等因素有关。金属的预先变形度越大,晶体缺陷就越多,则组织越不稳定,因此开始再结晶的温度越低。当预先变形度达到一定量后,再结晶温度趋于某一最低值(图 3-13),这一温度称为最低再结晶温度。实验证明,各种纯金属的最低再结晶温度与其熔点间的关系如下:

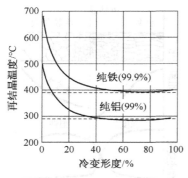

图 3-13　金属的再结晶温度与
冷变形度关系

$$T_{再} \approx 0.4T_{熔}, \qquad (3-1)$$

式中　$T_{再}$——纯金属的最低再结晶温度(K);

　　　$T_{熔}$——纯金属的熔点(K)。

金属中的微量杂质或合金元素(尤其是高熔点的元素),常会阻碍原子扩散和晶界迁移,从而显著提高再结晶温度。例如,纯铁的最低再结晶温度约为 450℃,加入少量的碳形成低碳钢后,再结晶温度提高到 500~650℃。

由于再结晶过程是在一定时间内完成的,所以提高加热速度可使再结晶在较高的温度下发生;而延长保温时间,可使原子有充分的时间进行扩散,使再结晶过程能在较低的温度下完成。

2. 再结晶退火和再结晶退火后的晶粒大小

将冷塑性变形加工的工件加热到再结晶温度以上,保持适当时间,使变形晶粒重新结晶为均匀的等轴晶粒,以消除变形强化和残留应力的退火工艺称为再结晶退火。此退火工艺也常作为冷变形加工过程中的中间退火,以恢复金属材料的塑性便于后续加工。为了缩短退火周期,常将再结晶退火加热温度定在最低再结晶温度以上 100~200℃。

冷变形金属经过再结晶退火后的晶粒大小,对其力学性能有很大影响。再结晶退火后的晶粒大小主要与加热温度、保温时间和退火前的变形度有关。

1)加热温度与保温时间　再结晶退火加热温度越高,原子的活动能力越强,越有利于晶界的迁移,故退火后得到的晶粒越粗大,如图 3-14 所示。此外,当加热温度一定时,保温时间越长,则晶粒越粗大,但其影响不如加热温度大。

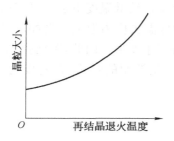

图 3-14　再结晶退火温度对
晶粒大小的影响

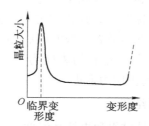

图 3-15　再结晶退火时的晶粒大小与
变形程度的关系

2)变形度　如图 3-15 所示,当变形度很小时,由于金属的晶格畸变很小,不足以引起再结晶,故晶粒大小没有变化。当变形度在 2%~10% 范围时,由于变形度不大,金属中仅有部分晶粒发生变形,且很不均匀,再结晶时形核数目很少,晶粒大小极不均匀,因而有利于晶粒的吞并而得到粗大的晶粒,这种变形度称为临界变形度。生产中应尽量避开在临界变形度范围内加工。当变形度超过临界变形度后,随着变形度的增大,各晶粒变形越趋于均匀,再结晶时形核率越来越高,故晶粒越细小均匀。但当变形度大于 90% 时,晶粒又可能急骤长大,这种现象是因形成织构造成的。

为了生产中使用方便,通常将加热温度和变形度对再结晶后晶粒度的影响用一个称为再结晶全图的空间图形来表示(图 3-16)。再结晶全图是制定金属变形加工和再结晶退火工艺的主要依据。

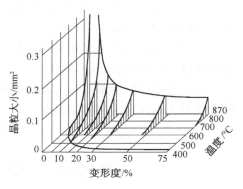

图 3-16　纯铁的再结晶全图

(四) 晶粒长大

在再结晶后,若继续升高温度或延长保温时间,则再结晶后均匀细小的晶粒会逐渐长大。晶粒的长大,实质上是一个晶粒的边界向另一个晶粒迁移的过程,将另一晶粒中的晶格位向逐步地改变为与这个晶粒的晶格位向相同,于是另一晶粒便逐渐地被这一晶粒"吞并"而成为一个粗大晶粒,如图 3-17 所示。

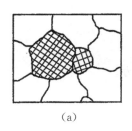 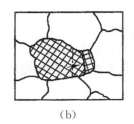 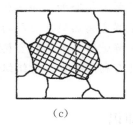

图 3-17　晶粒长大示意图

(a) "吞并"长大前的两个晶粒;(b) 晶界移动,晶格位向转向,晶界面积减小;
(c) 大晶粒吞并小晶粒,合并成一个晶粒

通常,经过再结晶后获得均匀细小的等轴晶粒,此时晶粒长大的速度并不很快。若原来变形不均匀,经过再结晶后得到大小不等的晶粒,由于大小晶粒之间的能量相差悬殊,因此大晶粒很容易吞并小晶粒而越长越大,从而得到粗大的晶粒,使金属力学性能显著降低。晶粒的这种不均匀急剧长大现象称为二次再结晶或聚合再结晶。

二、实践与研究

(1) 取两个拉深成形的筒形件,将其中一个测试硬度后放置炉内加热到 150℃后随炉冷却,冷却到室温后测试其硬度,比较此筒形件处理前后硬度的变化。将另一个筒形件测试硬度后加热到 400℃,随炉冷却,冷却到室温后测试其硬度,比较其硬度的变化。对两种加热温度下工件硬度的变化进行比较,讨论实践的结果。

(2) 在冷冲压成形过程中,凡需要多次冲压(多次弯曲、多次拉深等)才能成形的工件,在每次冲压后都需要进行退火处理,为什么?

三、拓展与提高

金属再结晶温度的测定

冷变形金属开始进行再结晶的最低温度称为再结晶温度,它可以用不同的方法来测定,其中常用的有:

1)金相法 以显微镜中观察到第一个新晶粒或者晶界因凸出形核而出现锯齿状边缘的退火温度定为再结晶温度。

2)硬度法 以硬度-退火温度曲线上硬度开始显著降低的温度定为再结晶温度。有时也将硬度-退火温度曲线上软化50%的退火温度定为再结晶温度。

工业生产中则通常以经过大变形量(70%以上)的冷变形金属,经1 h退火能完全再结晶的最低退火温度定为再结晶温度。

任务四 金属材料的热变形加工

【学习目标】

1. 了解金属冷加工和热加工的概念。
2. 了解金属热塑性变形的过程。
3. 了解进行热加工的金属组织和性能的变化。
4. 具有利用热加工对组织的影响解决实际问题的能力。

一、相关知识

(一)金属材料的冷加工和热加工

金属材料的冷加工和热加工并非是按变形时是否加热及加热温度高低来区分的。所谓热加工是指在再结晶温度以上的变形加工。冷加工则是指在再结晶温度以下的变形加工。例如对于钨,其再结晶温度为1 200℃,故在1 200℃以下的变形加工仍属冷加工变形;而锡、铅的再结晶温度均在室温以下,故对锡、铅而言,室温下的变形加工已属热加工。工业生产中还有介于冷、热加工之间的温加工。金属材料在冷加工时产生的塑性变形为冷塑性变形,而热加工时所产生的塑性变形为热塑性变形。

(二)金属的热塑性变形过程

由于热加工变形是在再结晶温度以上进行的,故在变形过程中,金属在发生塑性变形的同时,也在发生着回复与再结晶过程(这种回复与再结晶称动态回复与动态再结晶),即硬化过程与软化过程同时在发生着(图3-18),并且变形结束后,仍可继续进行未完成的再结晶过程。由于再结晶速度极快(如某含微量硼、$w_C = 0.6\%$的钢,在1 200℃加热,并于920℃终轧后,在900℃下只需停留1 min即可完成再结晶),故一般情况下,热加工变形后,再结晶过程都能完成。热加工后的组织、性能为再结晶后的组织、性能,即不发生形变强化。但若变形速率过快,变形温度较低,变形后冷却过快,则再结晶过程不能完成,变形后会有一定程度的形变强化留下。

(三)热塑性变形加工对金属的组织和性能的影响

热塑性变形加工是金属成形的重要工艺,它虽然不会使金属材料发生加工硬化,但能消除铸造材料中的某些缺陷,如将气孔和疏松焊合,改善夹杂物与脆性相的形态、大小和分布,

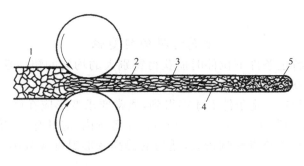

图 3-18　钢在热轧时奥氏体的变形和再结晶示意图

1—原晶粒；2—变形晶粒；3—再结晶形成的小晶粒；
4—残留的变形晶粒；5—全部新晶粒

部分消除某些偏析,将粗大的柱状晶和树枝晶变成细小、均匀的等轴晶粒等,其结果使材料的致密性和机械性能有所提高,因此材料经热加工后较铸态具有较佳的机械性能。

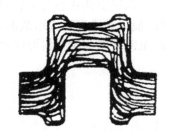

图 3-19　曲轴的热加工流线分布示意图

金属材料经热塑性变形加工后,由于夹杂物、第二相、偏析、界面(晶界、相界等)等沿流变方向分布,在经侵蚀的宏观磨面上会出现流线或热加工纤维组织(图 3-19)。这种纤维组织的存在,会使材料的机械性能呈现各向异性,顺着纤维的方向较垂直流线方向的力学性能要高,尤其是塑性、韧性更为明显。热加工时的变形量越大,则热加工后所显示的各向异性程度就越大,因此在锻造时,必须使锻造毛坯具有合理的流线分布,以保证工件的使用性能。一般情况下,应使流线与工件工作时的最大拉应力方向一致,与切应力或冲击力方向垂直,并尽量使流线沿工件外形轮廓连续分布。

与冷变形加工相比,热变形加工的主要优点是:

(1) 金属在高温下变形抗力低、塑性好,易进行变形量较大的变形加工,并可对一些室温下不能变形加工的金属(如钛、钨、镁、钼等)进行变形加工。

(2) 热塑性变形中,不需像冷变形那样,进行中间退火,生产效率高。

(3) 可明显改善材料的组织,提高性能。由于热变形可使钢的强度、韧性提高,故工程上受力较大且带有冲击性质的工件(如齿轮、轴、模具等),大多数要通过锻造成型。热变形加工的缺点主要是:工件表面氧化严重,表面光洁度较差,尺寸精度较低,一般不适于薄小件的变形加工。

一般的热变形加工如锻造、热轧,对提高钢的强韧性较为有限。

二、实践与研究

(1) 在钳工实训时,我们制作一把小锤子,锤头的加工第一步就是对锤头的毛坯料进行锻造加工,然后才进行切削加工,对锻造好的毛坯(长方体)的表面进行侵蚀和磨面,观察其流线组织。

(2) 分析热挤压成形和冷挤压成形后的工件性能上的区别。

三、拓展与提高

金属材料的超塑性

某些金属材料在特定条件下拉伸时能获得特别大的均匀的塑性延伸,例如其延伸率大于 200%,甚至大于 1 000%,这种性能称超塑性。

材料的超塑性必须在一定条件下才能得到,通常要求变形应在 $(0.5 \sim 0.65)T_{熔}$ 的温度范围内进行,应变速率控制在 $0.01 \sim 0.000\ 1$ mm/s 范围内,应具有微细的等轴晶粒。温度和晶粒尺寸对材料的超塑性获得影响较大,适当的提高变形温度或减小晶粒尺寸有利于金属材料获得超塑性。

超塑性金属材料的显微组织特点通常应是具有微细晶粒的两相组织。微细晶粒意味着单位体积内存在着大量的晶界,而晶界对超塑性变形起着重要作用:高温下相邻晶粒能沿晶界相对滑动和回转;晶界还是很好的空位的源和湮没阱,而应力导致的空位移动正是产生扩散性塑性变形所不可缺少的。由于超塑性变形在高温下进行,持续相当长的时间,材料的晶粒易长大,为防止晶粒长大,需利用第二相的存在来阻碍晶粒长大、稳定材料的细晶粒组织。

在超塑性状态对金属材料进行成形加工,即所谓超塑性成形,可显著改善材料的成形性,使金属成形的应用范围大为扩大,并能减少加工费用和最大限度地节约原材料。超塑性甚至使某些金属材料可以像玻璃及热塑性塑料那样在加热状态进行吹制成型。

思考与练习

1. 晶体发生滑移时,为何沿密排面、密排方向进行?
2. 什么是冷变形强化(加工硬化)现象?试用生产实例来说明冷变形强化现象的利弊。
3. 某铸铁曲轴轴颈过渡圆角处经滚压后,轴的使用寿命较原来明显延长,试对此现象给予解释。
4. 为何细晶粒金属不但强度高,而且塑性也较好?
5. 为何承受较大冲击载荷的零件都需经锻造成型,而不是铸造成型?
6. 已知纯铝的熔点是 660℃,黄铜的熔点是 950℃。试估算纯铝和黄铜的最低再结晶温度,并确定其再结晶退火温度。
7. 从金属学观点如何区分热变形加工和冷变形加工?为什么在某些热变形加工过程中也会产生冷变形强化和晶粒粗大现象?

项目四　　铁碳合金相图

 案例导入

　　1863年，英国金相学家和地质学家展示了钢铁在显微镜下的六种不同的金相组织，证明了钢在加热和冷却时，内部会发生组织改变，钢中高温时的相在急冷时可转变为一种较硬的相。法国人奥斯蒙德确立的铁的同素异构理论，以及英国人奥斯汀最早制定的铁碳相图，为现代热处理工艺初步奠定了理论基础。

　　在现代工业中，最广泛应用的金属材料是钢铁材料，钢铁材料是以铁和碳为主要元素的合金，故称为铁碳合金，不同成分的铁碳合金具有不同的组织和性能。本项目主要研究铁碳合金的基本组织、铁碳合金的相图。

任务一　认识铁碳合金的基本组织

【学习目标】
1. 了解纯铁的多晶型性转变。
2. 了解铁碳合金的基本相和组织。
3. 具有辨别铁碳合金基本相和组织的能力。

　　铁碳合金是以铁和碳为主，并含有少量硅、锰、硫、磷元素的合金，这些组成元素之间相互作用会形成具有一定特性的相和组织。本任务主要研究铁碳合金的基本相和组织的特点和性能。

一、相关知识

(一) 纯铁的多晶型性转变(同素异构转变)

　　纯铁在固态下，随着温度的变化，有几种晶格类型。如图4-1所示。

　　由图可见，当纯铁由液态冷却至1 583℃(纯铁的熔点)时，将发生结晶，结晶产物为具有体心立方晶格的 δ-Fe；冷至1 394℃时，δ-Fe将发生同素异构转变，转变为具有面心立方晶格的 γ-Fe；当冷却至912℃时，γ-Fe发生同素异构转变，变为具有体心立方晶格的 α-Fe，

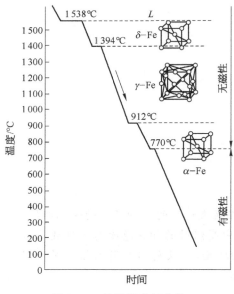

图 4-1　纯铁的冷却曲线

此后不再发生变化。δ-Fe、γ-Fe、α-Fe 是纯铁的三种同素异构体。

同素异构转变过程与液态金属结晶过程类似,也是一个形核、长大过程。习惯上将这种固态下的相转变过程称为重结晶。每进行一次重结晶,就可使晶粒细化一次。

图 4-1 中的三个平台,是由于纯铁发生相变时,单位时间放出的相变潜热与环境吸收的热量达到平衡所致。

(二)铁碳合金的基本相和基本组织

铁碳合金中由于铁和碳在固态下相互作用,形成铁碳合金的基本相和基本组织。它们主要有铁素体、奥氏体、渗碳体、珠光体和莱氏体。

1. 铁碳合金的基本相

铁碳合金的基本相有铁素体、奥氏体和渗碳体。

1) 铁素体(F)　铁素体是碳溶解在体心立方晶格 α-Fe 中所形成的间隙固溶体,代号为 F。铁素体保持了 α-Fe 的晶体结构,仍为体心立方晶格。铁素体中碳的溶解度为:在 727℃ 达到最大(0.0218%),室温下则几乎为零。由于铁素体中溶入的碳很少,固溶强化效果很弱,故铁素体的性能与 α-Fe 类似,即强度、硬度很低,而塑性很好。铁素体在钢中一般是作为基体。铁素体的主要力学性能指标如下:$\sigma_b = 180 \sim 280$ MPa;$\sigma_{0.2} = 100 \sim 170$ MPa;HBS $= 50 \sim 80$;$\delta = 30\% \sim 50\%$;$A_K = 120 \sim 160$ J。

在显微镜下观察,铁素体晶粒呈白亮色的等轴多边形,如图 4-2 所示。770℃ 是铁素体的磁性转化温度,在 770℃ 以下具有铁磁性,在 770℃ 以上则失去磁性。

图 4-2　铁素体显微组织(200×)

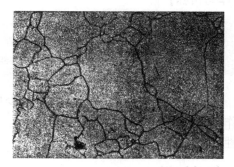

图 4-3　奥氏体的显微组织(200×)

2) 奥氏体(A)　奥氏体是碳溶于面心立方晶格 γ-Fe 中形成的间隙式固溶体,代号为 A,在 Fe-Fe$_3$C 相图中,奥氏体存在于 727~1495℃ 之间。碳在奥氏体中的最大溶解度为 2.11%(1148℃),727℃ 时降为 0.77%。奥氏体的显微组织也呈等轴多边形(图 4-3),无铁磁性。奥氏体的硬度很低(170~220HBS),塑性很好($\delta = 40\% \sim 50\%$),易发生塑性变形,适合冷、热压力加工。尤其是锻压加工都是将钢铁材料加热到奥氏体去进行锻压。

3) 渗碳体(Fe$_3$C)　渗碳体是铁和碳相互化合形成的金属化合物,它的晶体结构不同于原组元的结构,是一种复杂的晶体结构,用 Fe_3C 表示。渗碳体中碳的质量分数为 6.69%,熔点为 $1227℃$(计算值),不发生同素异构转变。渗碳体在 $230℃$ 以下具有弱铁磁性,$230℃$ 以上则失去铁磁性。

渗碳体在不同的相变条件下,其形貌可呈片状、长条状、网状、颗粒状或球状等。渗碳体的形貌与分布对钢的性能影响很大。渗碳体的硬度极高($950\sim1050HV$),可刻划玻璃,但极脆,塑性、韧性几乎为零。渗碳体在钢中数量较少,主要起强化作用。

2. 铁碳合金的基本组织(多相组织)

铁碳合金的基本组织有珠光体和莱氏体。

1) 珠光体(P) 珠光体是铁素体和渗碳体组成的机械混合物,碳的平均质量分数为 0.77%。珠光体的强度($\sigma_b = 770\ MPa$)较高,硬度($180\sim200HBS$)适中,有一定的塑性($\delta\approx20\%\sim35\%$)和韧性($a_{KU}\approx40\ J/cm^2$),是一种综合力学性能较好的组织。珠光体适于压力加工及切削加工。铁碳平衡相图中的珠光体是层片状的组织,如图4-4所示。

图4-4 珠光体显微组织(400×)

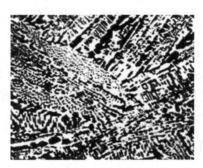

图4-5 低温莱氏体的显微组织(100×)

2) 莱氏体(Ld、Ld') 莱氏体可分为高温莱氏体(Ld)和低温莱氏体(Ld')。高温莱氏体是由奥氏体和渗碳体组成的机械混合物。低温莱氏体是由珠光体和渗碳体组成的机械混合物。莱氏体组织由于含碳量高($w_C = 4.3\%$),Fe_3C 相对量也较多(约占 64% 以上),故莱氏体的性能与渗碳体相似,即硬而脆。铁碳平衡相图中的莱氏体是珠氏体团分布在渗碳体基体上的组织,如图4-5所示。

二、实践与研究

从显微组织图片上看,铁素体和奥氏体没区别,你用什么方法将铁素体和奥氏体区分开?仔细看看低温莱氏体的组织图片,你能指出图片中珠光体和渗碳体吗?试试看。

三、拓展与提高

渗碳体的结构

渗碳体是铁碳合金中重要的间隙化合物,其碳原子与铁原子半径之比为 0.61。渗碳体的结构为复杂的斜方晶格(图4-6),熔点 $1227℃$,硬度高,塑性和韧性差。

有趣的是渗碳体中的含碳量测量值为 6.69%,而根据

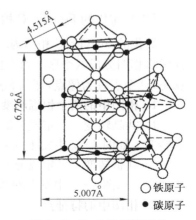

○铁原子
●碳原子

图4-6 Fe_3C 的晶格形式

Fe_3C 分子式计算碳的理论百分含量为 6.67%,还有 0.02% 碳原子会在哪里呢?

任务二   铁碳合金相图

【学习目标】
1. 了解铁碳合金相图的基本结构和相图中的特殊点和线的含义。
2. 了解铁碳合金的分类。
3. 掌握典型的铁碳合金的结晶过程分析。
4. 掌握含碳量对铁碳合金组织和性能的影响。
5. 了解铁碳合金相图的应用。
6. 具有利用铁碳合金相图分析不同合金组织随温度变化的能力。
7. 具有应用铁碳合金相图解决实际问题的能力。

铁碳合金相图是不同成分铁碳合金的组织随温度变化关系的图,它是研究铁碳合金结晶过程的工具。本任务主要研究分析铁碳合金相图,利用此相图分析铁碳合金的结晶过程,了解不同成分的铁碳合金的组织和性能的变化,并对铁碳合金相图的应用作一些介绍。

一、相关知识

(一)铁碳合金的相图概述

铁碳合金的相图是在缓慢加热或缓慢冷却的情况下,不同成分的铁碳合金的状态或组织随温度变化的图形,它是通过实验测出来的。铁和碳是组成合金的组元,对于含碳量大于 6.69% 的合金由于脆性大,没有使用价值,因此目前使用的是含碳量为 0~6.69% 的这部分简化的图,即 $Fe-Fe_3C$ 相图。为了研究方便,由于相图中左上角部分的组织变化对钢铁材料选用及热处理影响不大,所以进行省略,从而得到工业上应用最广的简化的 $Fe-Fe_3C$ 相图(图 4-7)。

(二)简化的 $Fe-Fe_3C$ 相图的分析

简化的 $Fe-Fe_3C$ 相图为二元合金的相图,横坐标为成分,纵坐标为温度。相图中的特征线将相图分成八个区。每个区中的点都表明一定成分合金在一定温度下所处的相或组织状态,这个点称为像点,即状态点。

1. 相图中的两个恒温转变——共晶转变和共析转变

1)共晶转变   一定成分的一个液相在一定温度下同时生成两个固相,这种转变称为共晶转变。如图 4-7 中发生的共晶转变是在 1148℃时,$L_{4.3\%C} \longrightarrow A_{2.11\%C} + Fe_3C_{6.69\%C}$。

2)共析转变   一定成分的一个固相在一定温度下同时生成两个固相,这种转变称为共析转变。如图 4-7 中发生的共析转变是在 727℃时,$A_{0.77\%C} \longrightarrow F_{0.0218\%C} + Fe_3C_{6.69\%C}$。

2. 相图中的特征点

相图中有些点具有特殊的含义,这些点的成分、温度和含义见表 4-1。

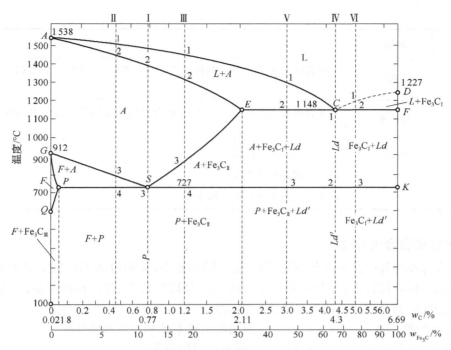

图 4-7 简化的 Fe-Fe₃C 相图

表 4-1 铁碳相图中特征点及含义

特征点	温度/℃	成分（C 的质量分数)/%	含 义
A	1 538	0	纯铁的熔点
D	1 227	6.69	渗碳体的熔点
C	1 148	4.3	共晶转变点
S	727	0.77	共析转变点
E	1 148	4.3	奥氏体的最大溶解度点
G	912	0	纯铁的同素异构转变点
P	727	0.0218	铁素体的最大溶解度点

3. 相图中的特征线

相图中有些线具有特殊的含义，这些线含义见表 4-2。

表 4-2 相图中的特征线及含义

特征线	名称	含 义
ACD	液相线	所有的铁碳合金在此线以上都处于液态，当合金冷却到此线温度时，开始结晶出固相(A 或 Fe₃C)
AECF	固相线	任何成分的铁碳合金冷却到此线以下温度时，全部结晶为固相，加热到此线温度时，合金开始熔化

(续表)

特征线	名称	含　　　义
ECF	共晶线	凡是含碳量大于 2.11% 的铁碳合金缓冷至该线，均发生共晶转变，生成莱氏体
PSK	共析线	凡是含碳量大于 0.0218% 的铁碳合金缓冷至该线均发生共析转变，生成珠光体
ES	A_{cm}线	奥氏体的溶解度曲线
PQ		铁素体的溶解度曲线
GS	A_3	铁素体和奥氏体的相互转化线

(三) 铁碳合金的分类

铁碳合金在冷却中由于成分不同，将发生不同的相变，从而得到不同的室温组织。按照室温组织的不同，可将铁碳合金分为工业纯铁、钢(包括亚共析、共析和过共析钢)和白口铸铁(包括亚共晶、共晶和过共晶白口铸铁)三大类。

1) 工业纯铁 ($w_C < 0.0218\%$)　室温组织为铁素体和三次渗碳体。

2) 钢 ($0.0218\% < w_C < 2.11\%$)　按室温组织分为：

(1) 亚共析钢，室温组织为 $P+F$ ($0.0218\% < w_C < 0.77\%$)；

(2) 共析钢，室温组织为 P ($w_C = 0.77\%$)；

(3) 过共析钢，室温组织为 $P+Fe_3C_{II}$ ($0.77\% < w_C < 2.11\%$)。

3) 白口铸铁 ($2.11\% < w_C < 6.69\%$)　按室温组织分为：

(1) 亚共晶白口铁，室温组织为 $Ld' + P + Fe_3C_{II}$ ($2.11\% < w_C < 4.3\%$)；

(2) 共晶白口铁，室温组织为 Ld' ($w_C = 4.3\%$)；

(3) 过共晶白口铁，室温组织为 $Ld' + Fe_3C_I$ ($4.3\% < w_C < 6.69\%$)。

(四) 典型的铁碳合金的冷却过程及其组织

1. 共析钢(0.77%C)的冷却过程分析(图4-7的Ⅰ号合金)

如图4-7所示的Ⅰ号合金(0.77%C)从液态冷却至室温可知，其冷却过程中的相变过程为：$L \rightarrow L+A \rightarrow A \rightarrow A+F+Fe_3C \rightarrow F+Fe_3C$。共析钢的结晶过程及组织变化如图4-8所示。

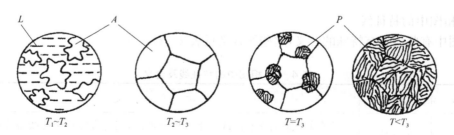

图4-8　共析钢结晶中的组织转变示意图

当合金由液态缓慢冷却至液相线 1 点时，开始从液相 L 中结晶出树枝状初晶奥氏体，以后随温度不断降低，初晶奥氏体不断长大，同时又不断形成新的奥氏体晶核。此过程中，液相的成分始终沿液相线变化,固相奥氏体的成分则沿固相线变化。冷却至 2 点时,结晶结束,液相全部变为等轴多边形的奥氏体,如图 4-8 所示(此奥氏体的成分为 $w_C = 0.77\%$)。在 2~3 点的冷却中,因是在单相区,所以没有相变,并且奥氏体的成分及晶粒、形貌也不发生变化。冷却至 3 点时,到达共析转变温度,奥氏体的成分又恰为共析成分,此奥氏体满足了发生共析转变的条件,于是奥氏体发生共析转变:$A_{0.77\%C} \longrightarrow F_{0.0218\%C} + Fe_3C_{6.69\%C}$,共析转变产物为珠光体。其中的铁素体和渗碳体常称为共析铁素体和共析渗碳体。珠光体的立体形貌呈片层状。在 3 点以下继续冷却时,共析铁素体对碳的溶解度沿 PQ 线不断降低,于是由共析铁素体中析出 Fe_3C_{III}。Fe_3C_{III} 与共析渗碳体混在一起,难以分辨,且数量极少,可忽略不计,故最终室温组织仍为珠光体,如图 4-8 所示。共析钢的组织变化可表示为:$L \rightarrow L+A \rightarrow A \rightarrow A+P \rightarrow P$(此组织变化箭头式给出的均为组织组分,下同)。

图 4-4 是珠光体的光镜显微组织,白条(较宽)为铁素体。由于放大倍数较低,渗碳体条与其两侧的相界线分不开,故呈黑色条状。片层相互平行的区域称为一个珠光体团,每个奥氏体晶粒可形成几个珠光体团。可计算出珠光体中铁素体的质量分数为 88%,渗碳体为 12%。

由于珠光体是由铁素体和渗碳体混合而成,故珠光体的性能介于铁素体和渗碳体之间:$180 \sim 280 HBS$,$\sigma_b = 750 \sim 950\,MPa$,$\delta = 20\% \sim 50\%$,片状珠光体的硬度是一般切削加工希望获得的硬度。片状珠光体中的渗碳体经专门热处理后还可变为球状。

2. 亚共析钢(0.45%C)的冷却过程分析(图 4-7 的 II 号合金)

如图 4-7 所示可知,以合金 II ($w_C = 0.45\%$) 为代表的亚共析钢冷却中的相变过程为:$L \rightarrow L+A \rightarrow A \rightarrow A+F \rightarrow A+F+Fe_3C \rightarrow F+Fe_3C$。其结晶过程中的组织变化如图 4-9 所示。

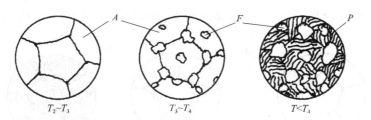

$T_2 \sim T_3$　　　　　　$T_3 \sim T_4$　　　　　　$T < T_4$

图 4-9　亚共析钢组织转变示意图

合金 II 在 3 点以上的结晶与合金 I 一样,结晶结束后得到的组织都是等轴状奥氏体。当冷却至 3 点时,开始由奥氏体中析出铁素体(称先共析铁素体,记为 $F_先$),先共析铁素体主要择优在奥氏体晶界处形成,如图 4-9 所示。随温度降低,先共析铁素体增多,奥氏体减少。铁素体成分沿 GP 线变化,奥氏体成分沿 GS 线,由 3 点向 S 点变化(此过程中,部分奥氏体转变为含碳量较低的铁素体后,使剩余奥氏体的含碳量上升)。当剩余奥氏体成分变为 S 点时,奥氏体满足了发生共析转变的条件 ($T = 727℃$,$w_C = 0.77\%$),于是转变为珠光体。继续降温时,铁素体(包括先共析铁素体与共析铁素体)的成分沿 PQ 线变化,还要析出 Fe_3C_{III},但一般都忽略不计(原因与共析钢相同,以后不再说明)。故最终室温组织为 $F_先 + P$。亚共析钢结晶过程的组织变化可用下式表示,即 $L \rightarrow L+A \rightarrow A \rightarrow A+F_先 \rightarrow A+F_先+P \rightarrow F_先+P$。

图 4-10b 是合金 II 的显微组织,其中黑色的是珠光体,白色块状组织是先共析铁素体,由于放大倍数太低,珠光体中铁素体和渗碳体的片层未能区分开,故整体成黑色。所

有亚共析钢室温组织均为 $F_先 + P$（或写成 $F + P$），只是含碳量越高，珠光体量越多，先共析铁素体量越少。此外，亚共析钢的含碳量较低时，铁素体呈块状（图 4－10a）；含碳量高时，铁素体近似呈网状（图 4－10c）。

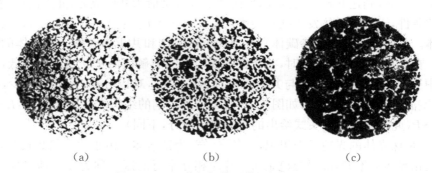

图 4－10　亚共析钢的显微组织（200×）

(a) 0.20%C 钢；(b) 0.45%C 钢；(c) 0.7%C 钢

应当指出，先共析铁素体与共析铁素体都是同一种相，它们的晶格类型、成分完全相同，只是由于析出条件不同，使二者形貌不同，一个呈块状，一个呈片状。一般形貌不同的相即为不同的组织，但此共析铁素体与共析渗碳体共同构成了具有片层相同特征的共析组织。

3. 过共析钢(1.20%C)的冷却过程分析(图 4－7 的Ⅲ号合金)

如图 4－7 所示可知，过共析钢（$w_C = 1.2\%$ 的合金Ⅲ为例）在冷却时的相变过程为：$L \to L + A \to A \to A + Fe_3C \to F + Fe_3C$。合金Ⅲ结晶中的组织变化如图 4－11 所示。

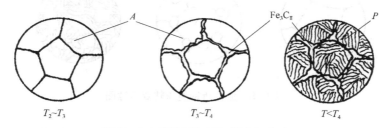

图 4－11　过共析钢组织转变示意图

在 3 点以上，结晶产物也为等轴状奥氏体。冷却至 3 点时，与奥氏体最大溶解度曲线 ES 相交，奥氏体由饱和状态变为过饱和，故由奥氏体中析出渗碳体，即 $Fe_3C_Ⅱ$。二次渗碳体也是择优沿奥氏体晶界析出，并呈网状（图 4－11）。

在 3、4 点之间，随温度下降，奥氏体减少，二次渗碳体增多，奥氏体溶解度下降（奥氏体析出富碳的渗碳体后，剩余奥氏体的含碳量自然下降），其成分沿 ES 线变化。当温度到达 4 点（727℃）时，奥氏体成分变至 S 点。与合金Ⅱ一样，满足了发生共析转变的条件，于是剩余奥氏体发生共析转变，全部转变为珠光体。此时，组织是由珠光体和沿原奥氏体晶界分布的网状二次渗碳体组成，如图 4－11 所示。在 4 点以下，与亚共析钢一样，铁素体（指共析铁素体）也会析出三次渗碳体，忽略不计。合金Ⅲ的室温组织为 $P + Fe_3C_Ⅱ$。过共析钢冷却中的组织变化可用下式表示：$L \rightarrow L + A \rightarrow A \rightarrow A + Fe_3C_{II} \rightarrow P + Fe_3C_{II}$。

图4-12是$w_C = 1.3\%$钢的显微组织，其中黑色组织是珠光体，白色网状组织是二次渗体。当$w_C < 1.0\%$时，呈断续的网，$w_C > 1.2\%$时，二次渗碳体呈连续的网（脆性极大的渗碳体呈连续网状分布对钢的强度、塑性和韧性有着极其不利的影响）。

所有过共析钢的室温慢冷组织均为$P + Fe_3C_{II}$，只是含碳量越高，Fe_3C_{II}量越多，可算得，$w_C = 2.11\%$时，Fe_3C_{II}数量达到最大（22.6%）。

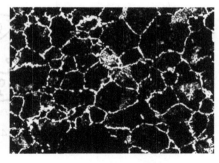

图4-12　过共析钢的显微组织（200×）

4. 共晶白口铁（4.3%C）冷却过程分析（图4-7的Ⅳ号合金）

如图4-7所示的Ⅳ号合金即共晶白口铸铁（$w_C = 4.3\%$）结晶中的相变过程可表示为：$L \rightarrow L + A + Fe_3C \rightarrow A + Fe_3C \rightarrow Fe_3C + F$。共晶白口铸铁结晶中的组织变化如图4-13所示。当合金Ⅳ由液态冷却至1点时，此液态合金满足了发生共晶转变的条件（即L的成分为共晶成分，温度为1148℃），于是，由液相同时结晶出奥氏体和渗碳体两个固相，即莱氏体Ld。莱氏体具有两相相间的共晶组织特征（图4-13），其中呈短棒状或颗粒状的是奥氏体，相互连通的是基体渗碳体。在1、2点间，合金进入奥氏体、渗碳体两相区，在此区内，随温度下降，共晶奥氏体中的溶碳能力下降，故从奥氏体中析出二次渗碳体，但析出的二次渗碳体与共晶渗碳体混在一起不易辨认，故其不作为一种组织。此时合金的组织形态与共晶转变刚结束时一样，仍是短棒状或颗粒状奥氏体分布在渗碳体基体上，所以仍称莱氏体。

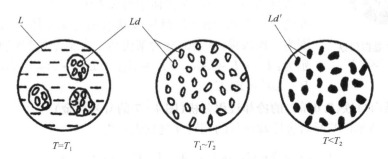

L　　　Ld　　　Ld'

$T = T_1$　　　$T_1 \sim T_2$　　　$T < T_2$

图4-13　共晶白口铁组织转变示意图

冷却至3点时，共晶体中剩余奥氏体满足了发生共析转变的条件，于是转变为珠光体，其室温组织如图4-5所示。由于室温组织仍保持着高温莱氏体共晶组织的特征，只是短棒状或颗粒状原为奥氏体，现为珠光体，故将这种组织称为低温莱氏体，记为Ld'。Ⅳ号合金冷却中的组织变化过程可概括为：$L \rightarrow L + Ld \rightarrow Ld \rightarrow Ld'$。

5. 亚共晶白口铁（3.0%C）的冷却过程分析（图4-7的Ⅴ号合金）

图4-7中Ⅴ号合金（3.0%C）的相变过程可表示为：

$$L \rightarrow L + A \rightarrow L + A + Fe_3C \rightarrow A + Fe_3C + Fe_3C_{II} \rightarrow A + Fe_3C + F + Fe_3C_{II} \rightarrow F + Fe_3C + Fe_3C_{II}$$

亚共晶白口铸铁的结晶过程中的组织变化如图4-14所示。

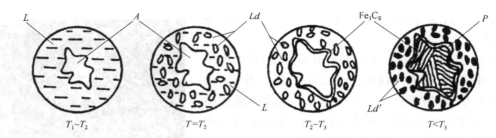

图 4-14　亚共晶白口铁组织转变示意图

　　当液态合金冷却至 1 点时，开始由液态中结晶出树枝状初晶奥氏体。在 1、2 点之间，随温度下降奥氏体不断增多，液相减少；液相与奥氏体的成分分别沿液相线、固相线变化。冷却至 2 点时(1 148℃)时，树枝状初晶奥氏体尚未发育完全(即尚未生长成等轴状奥氏体)，剩余液相已全部转变为莱氏体，于是树枝状奥氏体的形貌就被保留下来。转变结束后的组织为树枝状奥氏体和莱氏体，莱氏体形状与共晶白口铸铁相同。

　　由 2 点向 3 点的冷却中，奥氏体(初晶奥氏体和共晶奥氏体)都将沿奥氏体晶界析出二次渗碳体。其中，初晶奥氏体析出的二次渗碳体可与其他组织区别开，而共晶奥氏体析出的二次渗碳体(与共晶合金一样)很难与共晶渗碳体分辨。冷却至 3 点即共析水平线时，剩余的初晶奥氏体和共晶奥氏体均将发生共析转变，转变为珠光体。

图 4-15　亚共晶白口铁的显微组织(100×)

　　3 点以下组织不再发生变化，最终室温组织为 $Ld' + Fe_3C_{II} + P$，如图 4-14 所示。其中珠光体呈树枝状(是剩余初晶奥氏体转变得到的，并不包括莱氏体中的珠光体)。图 4-15 为亚晶白口铸铁的显微组织，图中黑色树枝状组织是珠光体，珠光体边缘的白圈为二次渗碳，其余部分为莱氏体。合金 V 的组织变化可概括表示为：$L \rightarrow L + A_初 \rightarrow L + A_初 + Ld \rightarrow A_初 + Ld + Fe_3C_{II} \rightarrow P + Ld' + Fe_3C_{II}$。

6. 过共晶白口铁(5.0%C)的冷却过程分析(图 4-7 的 VI 号合金)

　　如图 4-7 所示的 VI 号合金冷却过程的相转变过程表示为：

$$L \rightarrow L + Fe_3C_I \rightarrow L + A + Fe_3C + Fe_3C_I \rightarrow$$
$$A + Fe_3C + Fe_3C_I \rightarrow A + Fe_3C + F + Fe_3C_I \rightarrow F + Fe_3C + Fe_3C_I$$

图 4-16 为合金 VI($w_C = 5.0\%$)的组织变化过程示意图。

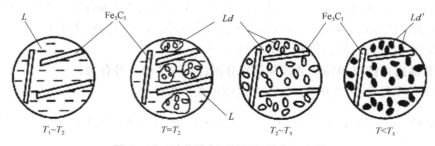

图 4-16　过共晶白口铁组织转变示意图

在 1、2 点之间，由液相中结晶出长条状渗碳体，即 Fe_3C_I，如图 4-16 所示。冷却至 2 点（1 148℃）时，剩余液相的成分变为共晶成分，于是发生共晶转变，转变结束后的组织为 Fe_3C_I+Ld。在随后的冷却中，莱氏体将转变为低温莱氏体（与合金 Ⅳ、Ⅴ 一样），最终室温组织为 Fe_3C_I+Ld'，如图 4-16 所示。共晶白口铸铁的显微组织如图 4-17 所示。

图 4-17　过共晶白口铁的显微组织（100×）

共晶白口铸铁的组织变化可概括为：$L \rightarrow L+Fe_3C_I \rightarrow Fe_3C_I+Ld \rightarrow Fe_3C_I+Ld'$。所有过共晶白口铁的室温组织均是由低温莱氏体和一次渗碳体组成。不同的是随含碳量的增加，组织中的一次渗碳体量不断地增多。

（五）含碳量对铁碳合金平衡组织和力学性能的影响

1. 含碳量对铁碳合金平衡组织的影响

从铁碳相图上可以看出：不同含碳量的铁碳合金，具有不同的室温组织，但任何成分的铁碳合金在室温下的组织均由铁素体和渗碳体两相组成。只是随含碳量的增加，铁素体量相对减少，而渗碳体量相对增多，并且渗碳体的形状和分布也发生变化，因而形成不同的组织。室温时，随含碳量的增加，铁碳合金的组织变化如下：$F \rightarrow F+P \rightarrow P \rightarrow P+Fe_3C_{II} \rightarrow P+Fe_3C_{II}+Ld' \rightarrow Ld' \rightarrow Ld'+Fe_3C_I \rightarrow Fe_3C$。

2. 含碳量对铁碳合金性能的影响

根据含碳量对钢的组织的影响，在室温组织中共含有 F、Fe_3C（Fe_3C_{II} 和 Fe_3C_I）、P、Ld' 几个组成相和组织，但组成相只有 F 和 Fe_3C。塑性最好的、强度和硬度最低的是 F，Fe_3C 的硬度最高，脆性最大，因此合金中 F 含量越高，Fe_3C 含量越少，合金的塑性韧性就越好，硬度就越低，反之，硬度越高，塑性越差。如图 4-18 所示，当 $w_C < 0.9\%$ 时，随含碳量增加，钢的强度和硬度直线上升，而塑性和韧性不断下降。这是由于随含碳量的增加，钢中渗碳体量增多，铁素体量减少所造成的。当 $w_C > 0.9\%$ 以后，二次渗碳体沿晶界已形成较完整的网，因此钢的强度开始明显下降，但硬度仍在增高，塑性和韧性继续降低。为保证工业用钢具有足够的强度，一定的塑性和韧性，钢的含碳量一般不超过 1.3%。$w_C > 2.11\%$ 的白口铸铁，由于组织中有大量的渗碳体，硬度高，塑性和韧性极差，既难以切削加工，又不能用锻压方法加工，故机械工程上很少直接应用。

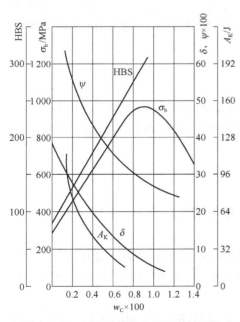

图 4-18　含碳量对钢力学性能的影响

（六）铁碳合金相图的应用

由于铁碳合金相图能表明材料的组织与成分、温度之间的关系，因此它在选材、铸造、锻造、焊接和热处理等方面都得到广泛的应用。

铸造工艺确定时可根据 $Fe-Fe_3C$ 相图确定合金的浇注温度,一般在液相线以上 $50\sim100℃$ 进行浇注比较好。由相图可知,共晶成分的合金熔点最低,结晶温度范围最小,故流动性好、分散缩孔少、偏析小,因而铸造性能最好。所以,在铸造生产中,共晶成分附近的铸铁得到了广泛的应用。常用铸钢的含碳量规定在 $w_C=0.15\%\sim0.6\%$ 之间,在此范围的钢,其结晶温度范围较小,铸造性能较好。

碳钢在室温时是由铁素体和渗碳体组成的复相组织,塑性较差,变形困难,当将其加热到单相奥氏体状态时,可获得良好的塑性,易于锻造成形。含碳量越低,其锻造性能越好。而白口铸铁无论是在低温还是高温,组织中均有大量硬而脆的渗碳体,故不能锻造。

铁碳合金的焊接性与含碳量有关,随含碳量增加,组织中渗碳体量增加,钢的脆性增加,塑性下降,导致钢的冷裂倾向增加,焊接性下降。含碳量越高,铁碳合金的焊接性越差。

由于铁碳合金在加热或冷却过程中有相的变化,故钢和铸铁可通过不同的热处理(如退火、正火、淬火、回火及化学热处理等)来改善性能。根据 $Fe-Fe_3C$ 相图可确定各种热处理工艺的加热温度。

铁碳合金相图所表明的成分、组织与性能之间的关系,为合理选用钢铁材料提供了依据。对要求塑性、韧性好的各种型材和建筑用钢,应选用含碳量低的钢;对承受冲击载荷,并要求较高强度、塑性和韧性的机械零件,应选用含碳量为 $0.25\%\sim0.55\%$ 的钢;对要求硬度高、耐磨性好的各种工具,应选用含碳量大于 0.55% 的钢;形状复杂、不受冲击、要求耐磨的铸件(如冷轧辊、拉丝模、犁铧等),应选用白口铸铁。

二、实践与研究

在老师的指导下,学生分组完成:利用显微镜分别观察 $0.45\%C$、$0.77\%C$、$1.2\%C$、$3.0\%C$、$5.0\%C$ 铁碳合金的显微组织。并对它们进行硬度测试,对观察和测量结果进行讨论。

三、拓展与提高

使用铁碳合金相图应注意的问题

在使用铁碳合金相图时,应注意以下几个问题:

(1) 相图使用的条件。该相图反映的是在极缓慢加热或冷却的平衡条件下,铁碳合金的相状态,而实际生产中的加热或冷却速度却较快,此时,不能用 $Fe-Fe_3C$ 相图分析问题。

(2) 相图提供的信息。$Fe-Fe_3C$ 相图只能给出平衡条件下的相、相的成分和各相的相对重量,不能给出相的形状、大小和分布。

(3) 合金元素对相图使用的影响。相图只反映铁碳二元合金中相的平衡状态,而实际生产中使用的钢和铸铁,除了铁和碳以外,往往含有或有意加入了其他元素,当其他元素的含量较高时,相图将发生变化。

思考与练习

1. 判断下列说法是否正确，并简述原因：

(1) 一次渗碳体、二次渗碳体、三次渗碳体、共析渗碳体、共晶渗碳体是五种不同的相；

(2) 因为一次渗碳体、二次渗碳体、三次渗碳体、共析渗碳体、共晶渗碳体都是渗碳体，所以它们属于同一种组织；

(3) 珠光体、莱氏体与奥氏体、铁素体一样也有自己的晶格类型，也是一个相。

2. 指出共析铁素体与先共析铁素体的异同之处，它们是否属于两种相？

3. 默画 Fe-Fe_3C 相图，并标出各点和水平线的温度与成分；用相组分和组织组分填写相图。

4. 用组织示意图和箭头式描述含碳量为 0.30%、0.65% 和 0.9% 的钢的冷却过程。

5. 为何 10 钢适于通过冷加工成型，60、T8 钢适于锻造成型，而铸铁则不适于锻造成型？

6. 既然 45 钢与 60 钢的室温组织都是 $F+P$，为何 60 钢的强度、硬度较 45 钢高？

项目五　　钢的热处理和表面处理

案例导入

　　打铁时为什么要趁红浸入水中冷却？铁匠们知道是为了使打出来的工具更耐用。我国河北省易县燕下都出土的公元前 6 世纪的两把剑和一把戟，其显微组织中存在马氏体，说明是经过淬火热处理的。我国出土的西汉(前 206—公元 25)中山靖王墓中的钢铁宝剑，其心部的碳的质量分数为 0.15%～0.20%，而表面却达 0.60% 以上，说明当时已应用了渗碳热处理工艺。可见，我国钢的热处理工艺历史悠久。

　　钢的热处理是一门古老而又现代的工艺，是尽可能发挥钢材性能的工艺手段。模具工作者必须掌握这一门工艺，以便正确选择模具材料，正确制定模具材料的热处理工艺，以达到提高模具寿命的目的。

任务一　钢在加热时的组织转变

【学习目标】
　　1. 了解钢的热处理的概念、方法和热处理的工艺曲线。
　　2. 掌握钢在加热时的组织转变过程及影响因素。
　　3. 具有分析钢在加热时的组织转变对热处理结果影响的能力。

一、相关知识

(一) 钢的热处理概述

　　钢的热处理是将钢在固态下进行加热、保温和冷却，以改变其内部组织，从而获得所需要性能的一种工艺方法。

　　钢的热处理是提高钢的使用性能和改善工艺性能的重要加工工艺方法。因此，在机械制造中绝大多数的零件都要进行热处理。例如，机床工业中 60%～70% 的零件要进行热处理，汽车、拖拉机工业中 70%～80% 的零件要进行热处理，各种量具、刃具、模具和滚动轴承几乎 100% 要进行热处理。可见,热处理在机械制造工业中占有十分重要的地位。

钢的热处理按目的、加热条件和特点不同,分为以下三类:

钢的整体热处理,特点是对工件整体进行穿透加热。常用的方法有退火、正火、淬火、回火。

钢的表面热处理,特点是对工件表层进行热处理,以改变表层组织和性能。常用的方法有感应加热表面淬火、火焰加热表面淬火。

钢的化学热处理,特点是改变工件表层化学成分、组织和性能。常用的方法有渗碳、渗氮、渗铝、渗铬、渗硼、碳氮共渗等。

热处理方法虽然很多,但都是由加热、保温和冷却三个阶段组成的,通常用热处理工艺曲线表示,如图 5-1 所示。因此,要了解各种热处理工艺方法,必须首先研究钢在加热(包括保温)和冷却过程中组织变化的规律。

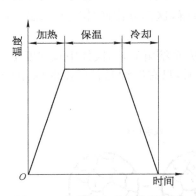

图 5-1　热处理工艺曲线示意图

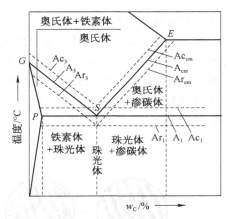

图 5-2　钢的相变点在 Fe-Fe₃C 相图上的位置

(二) 钢在加热时的组织转变

钢的热处理的第一个阶段是加热阶段,它的目的是使钢奥氏体化,得到均匀的细小的奥氏体组织,钢奥氏体化的温度应参照铁碳合金的相图。

1. 钢的奥氏体化在相图中的临界点

由 Fe-Fe₃C 相图可知,A_1、A_3、A_{cm} 线是碳钢在极其缓慢加热和冷却时的相变温度线,因此这些线上的点都是平衡条件下的相变点。

但实际生产中,加热和冷却并不是极其缓慢的,因此实际发生组织转变的温度与 A_1、A_3、A_{cm} 有一定偏离。实际加热时各相变点用 Ac_1、Ac_3、Ac_{cm} 表示;冷却时各相变点用 Ar_1、Ar_3、Ar_{cm} 表示,如图 5-2 所示。

2. 奥氏体的形成过程

将钢件加热到 Ac_3 或 Ac_1 温度以上,以获得全部或部分奥氏体组织的操作,称为钢的奥氏体化。亚共析钢必须加热到 Ac_3 以上,而过共析钢必须加热到 Ac_{cm} 以上才能得到全部奥氏体,但它们和共析钢一样在 Ac_1 温度时都发生 $P\rightarrow A$ 转化的过程。下面以共析钢为例,说明奥氏体的形成过程。

共析钢在 A_1 点以下为珠光体组织,珠光体组织中铁素体具有体心立方晶格,在 A_1 点时

$w_C = 0.02118\%$；渗碳体具有复杂晶格，其 $w_C = 6.69\%$。当加热到 Ac_1 点以上时，珠光体转变为具有面心立方晶格，其 $w_C = 0.77\%$ 的奥氏体。因此，珠光体向奥氏体的转变必须进行晶格改组和铁、碳原子的扩散，其转变过程遵循形核和核长大的基本规律。奥氏体形成过程可归纳为四个阶段，如图 5-3 所示。

1) 奥氏体晶核的形成(图 5-3a)　奥氏体晶核优先在铁素体和渗碳体相界面上形成。这是由于相界面处原子排列比较紊乱，处于能量较高状态。而且奥氏体含碳量介于铁素体和渗碳体之间，故在两相的相界面处为奥氏体形核提供了条件。

2) 奥氏体晶核的长大(图 5-3b)　奥氏体晶核形成后，由于铁素体、奥氏体的晶核和渗碳体相界面处存在碳浓度差，致使碳原子的扩散，其相邻铁素体的体心立方晶格改组为奥氏体的面心立方晶格，同时与其相邻的渗碳体不断溶入奥氏体中，使奥氏体晶核逐渐长大，与此同时又有新的奥氏体晶核形成，并长大。此阶段一直进行到铁素体全部转变为奥氏体为止。

3) 残余渗碳体的溶解(图 5-3c)　由于渗碳体的晶体结构和含碳量与奥氏体有很大差异，所以当铁素体全部消失后，仍有部分渗碳体尚未溶解，这部分渗碳体随着保温时间的延长，将逐渐溶入奥氏体中，直至完全消失为止。

4) 奥氏体成分的均匀化(图 5-3d)　残余渗碳体完全溶解后，奥氏体中碳浓度是不均匀的，在原渗碳体处碳浓度较高，而原铁素体处碳浓度较低，只有继续延长保温时间，通过碳原子的扩散，才能得到成分均匀的奥氏体。

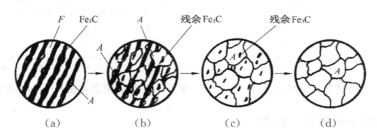

图 5-3　共析钢奥氏体形成过程示意图

(a) A 晶核形成；(b) A 晶核长大；(c) 残余渗碳体溶解；(d) A 均匀化

亚共析钢和过共析钢的奥氏体形成过程与共析钢基本相同。但是，由于这两类钢的室温组织中除了珠光体以外，亚共析钢中还有先共析铁素体，过共析钢中还有先共析二次渗碳体，所以要想得到单一奥氏体组织，亚共析钢要加热到 Ac_3 线以上，过共析钢要加热到 Ac_{cm} 线以上，以使先共析铁素体或先共析二次渗碳体完成向奥氏体的转变或溶解。

由上可知，热处理的保温，不仅是为了将工件热透，而且也是为了获得成分均匀的奥氏体组织，以便冷却后能得到良好的组织和性能。

3. 奥氏体晶粒的长大及影响因素

1) 晶粒长大过程　钢在加热时，不论原来钢的晶粒粗或细，奥氏体化刚完成，都能得到细小的奥氏体起始晶粒。但是随着加热温度的升高，奥氏体起始晶粒之间会通过相互吞并继续长大。钢在具体加热条件下获得的奥氏体晶粒称为奥氏体的实际晶粒。

奥氏体晶粒的大小对热处理冷却产物性能有很大影响，奥氏体晶粒越细小，热处理转变得到的产物晶粒也越细小,其强度、塑性、韧性都比较好,反之,热处理后其性能就越差。

2)影响晶粒长大的因素 尽管奥氏体晶粒长大是一个自发过程,但外界条件对这个自发过程有一定的影响。主要表现在:

(1)加热温度和保温时间。加热温度越高,保温时间越长,奥氏体晶粒长得越大。通常加热温度对奥氏体晶粒长大的影响比保温时间更显著。

(2)加热速度。当加热温度确定后,加热速度越快,奥氏体晶粒越细小。因此,快速高温加热和短时间保温,是生产中常用的一种细化晶粒方法。

(3)钢中的合金元素。大多数合金元素均能不同程度地阻碍奥氏体晶粒长大,尤其是与碳结合力较强的合金元素(如铬、钼、钨、钒等),由于它们在钢中形成难溶于奥氏体的碳化物,并弥散分布在奥氏体晶界上,能阻碍奥氏体晶粒长大,而锰、磷则促使奥氏体晶粒长大。

二、实践与研究

(1)搜集日常生活中热处理改变材料性能的例子,相互交流。

(2)你能说出亚共析钢和过共析钢完全奥氏体化的过程吗? 试试看,并在全班展开讨论。

三、拓展与提高

本质粗晶粒钢和本质细晶粒钢

实践证明,不同成分的钢,在加热时奥氏体晶粒长大倾向是不相同的。有些钢随着加热温度的升高,奥氏体晶粒会迅速长大,称这类钢为本质粗晶粒钢;而有些钢的奥氏体晶粒不易长大,只有当温度超过一定值时,奥氏体晶粒才会突然长大,称这类钢为本质细晶粒钢。生产中,须经热处理的工件,一般都采用本质细晶粒钢制造。

工业生产中,用铝脱氧的钢为本质细晶粒钢。其原因是铝与钢中的氧、氮化合,形成极细的 Al_2O_3、AlN 化合物,分布在奥氏体晶界上,能阻止奥氏体晶粒长大,但加热温度超过一定值时,这些极细的化合物会溶入奥氏体晶粒内,使奥氏体晶粒突然长大。用锰铁、硅铁脱氧的钢为本质粗晶粒钢,如沸腾钢。

任务二 钢在冷却时的组织转变

【学习目标】

1. 了解热处理冷却的方式。

2. 熟悉掌握过冷奥氏体等温转变图及其等温转变的组织和性能。

3. 熟悉掌握过冷奥氏体连续冷却转变的组织和性能。

4. 具有识别不同冷却方式下组织的能力。

5. 具有根据实际性能需要组合冷却方式的能力。

成分相同的钢经奥氏体化后,由于冷却条件的不同,钢的性能也不相同,这是由于不同条件下冷却后,钢所获得的组织不同的原因。本任务主要研究钢在奥氏体化后,经过不同冷却条件的冷却所得组织和性能。

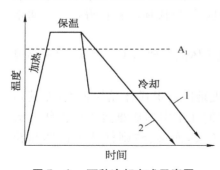

图5-4 两种冷却方式示意图

1—等温冷却；2—连续冷却

一、相关知识

(一)热处理中常用的冷却方式

钢在加热和保温后要进行冷却,常用的冷却方式有等温冷却和连续冷却(图5-4)。

等温冷却是指将奥氏体迅速冷却到 A_1 以下某一温度进行保温,使奥氏体发生转变,然后冷却到室温。连续冷却是将奥氏体自高温连续冷却到室温,使奥氏体发生转变。由于下面以共析钢的冷却过程说明其组织的转变。

(二)钢在等温冷却时的转变

如图5-2所示,钢在实际冷却时都有过冷现象,即奥氏体向珠光体转变的临界点 Ar_1 比 A_1 低,因此奥氏体在 A_1 以下暂时存在,没有转变之前处于亚稳定状态。这种在 A_1 以下暂时存在而不稳定的奥氏体称为过冷奥氏体。

1. 过冷奥氏体等温转变图的建立

现以共析钢为例来说明过冷奥氏体等温转变曲线图的建立。首先将共析钢制成若干小圆形薄片试样,加热至奥氏体化后,分别迅速放入 A_1 点以下不同温度的恒温盐浴槽中进行等温转变;分别测出在各温度下,过冷奥氏体转变开始时间,终止时间以及转变产物量;将其画在温度-时间坐标图上,并把各转变开始点和终止点分别用光滑曲线连起来,便得到共析钢过冷奥氏体等温转变图,如图5-5a所示。

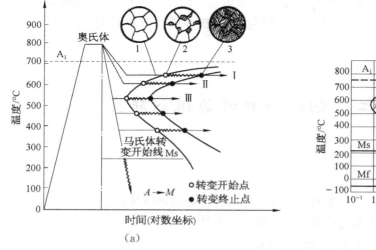

(a)

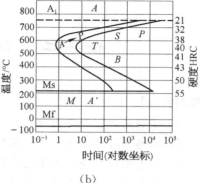

(b)

图5-5 共析钢过冷奥氏体等温转变图

由于曲线形状与字母 C 相似,故又称为 C 曲线。因过冷奥氏体在不同过冷度下,转变所需时间相差很大,故图中用对数坐标表示时间。图 5-5b 中左边曲线为过冷奥氏体等温转变开始线,右边曲线为过冷奥氏体等温转变终止线。A₁ 线以上是奥氏体的稳定区,A₁ 线以下、转变开始线以左是过冷奥氏体暂存区。A₁ 线以下、转变终止线以右是转变产物区。转变开始线和转变终止线之间是过冷奥氏体和转变产物共存区。钢件的不平衡组织在一定过冷度或过热度条件下等温转变时,等温停留开始至相转变开始之间的时间称为孕育期。孕育期随转变温度的降低,先是逐渐缩短,而后又逐渐增长,在曲线拐弯处(或称"鼻尖")约 550℃,孕育期最短,过冷奥氏体最不稳定,转变速度最快。

Ms 和 Mf 所对应的水平线是马氏体转变的开始线和终止线。由于马氏体转变的特点,在过冷奥氏体向马氏体转变的过程中仍然有过冷奥氏体残留下来,这种奥氏体称为残余奥氏体,用符号 A' 表示。马氏体不是等温转变的产物,而是连续转变的产物。

2. 过冷奥氏体等温转变产物的组织和性能

以过冷奥氏体等温转变图中的"鼻尖"将曲线分为上、下两部分,即共析碳钢过冷奥氏体在 A₁ 线以下不同的温度等温会发生两种不同的转变,即珠光体型转变、贝氏体型转变。

1) 珠光体型的转变(A₁～550℃)　过冷奥氏体过冷到 A₁～550℃ 之间等温停留时,将发生共析转变,转变产物为珠光体型组织,都是由铁素体(F)和渗碳体(Fe_3C)的层片组成的机械混合物。过冷奥氏体向珠光体转变是扩散型相变,要发生铁、碳原子扩散和晶格改组,其转变过程也是通过形核和核长大完成的。由于过冷奥氏体向珠光体转变温度不同,珠光体中 F 和 Fe_3C 的厚度也不同。在过冷度较小时(A₁～650℃),片间距较大($>0.4\ \mu m$),称为珠光体(P),其硬度 <25 HRC;在 650～600℃ 范围内,片间距较小($0.4～0.2\mu m$),称为索氏体(S),其硬度为 25～35 HRC;在 600～550℃ 范围内,由于过冷较大,片间距很小($<0.2\ \mu m$),这种组织称为托氏体(T),其硬度为 35～40 HRC。

珠光体组织中的片间距愈小,相界面愈多,塑性变形抗力愈大,强度和硬度愈高;同时由于渗碳体变薄,使得塑性和韧性也有所改善。

2) 贝氏体型的转变(550℃～Ms)　奥氏体过冷到 550℃～Ms 的中温区内停留,便发生过冷奥氏体向贝氏体的转变,形成贝氏体(B)。由于过冷度较大,转变温度较低,贝氏体转变时只发生碳原子的扩散而不发生铁原子的扩散,因而过冷奥氏体向贝氏体的转变是半扩散型相变,贝氏体是由含过饱和碳的铁素体和碳化物组成的两相混合物。

按组织形态和转变温度,可将贝氏体组织分为上贝氏体($B_上$)和下贝氏体($B_下$)两种。上贝氏体是在 550～350℃ 温度范围内形成的,转变的产物呈密集平行的白亮条状组织,形如羽毛(图 5-6),其硬度为 40～45 HRC,由于其塑性很差,脆性较高,基本无实用价值,这里不予讨论。下贝氏体是在 350℃～Ms 温度范围内形成的。它由含过饱和的细小针片状铁素体和铁素体片内弥散分布的碳化物组成,其硬度为 45～55 HRC,如图 5-7 所示。因而,它具有较高的强度和硬度、塑性和韧性。在实际生产中常采用一定的热处理工艺方法来获得下贝氏体,以提高材料的强韧性。

3. 影响 C 曲线的因素

1) 含碳量　如图 5-8 所示,亚共析碳钢和过共析碳钢过冷奥氏体的等温转变曲线与共析碳钢的过冷奥氏体等温转变曲线相比,亚共析碳钢的 C 曲线上多出一条先共析铁素体析出线,如图 5-8a 所示;而过共析碳钢的 C 曲线上多出一条先共析二次渗碳体的析出线,如图

图5-6   上贝氏体显微组织　　　　　　　图5-7   下贝氏体显微组织

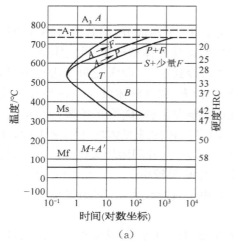
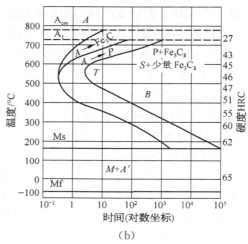

(a)　　　　　　　　　　　　　　　(b)

图5-8   亚共析钢和过共析钢的C曲线

(a) 亚共析钢的C曲线；(b) 过共析钢的C曲线

5-8b所示。在过冷奥氏体转变为珠光体之前,亚共析钢有优先析出铁素体,过共析钢优先析出二次渗碳体。

通常,亚共析碳钢的C曲线随着含碳量的增加而右移,过共析碳钢的C曲线随着含碳量的增加而左移。故在碳钢中,共析碳钢的C曲线最靠右,其过冷奥氏体最稳定。

2) 合金元素   除钴以外,所有的合金元素溶入奥氏体后均能增大过冷奥氏体的稳定性,使C曲线右移。其中一些碳化物形成元素(如铬、钼、钨、钒等)不仅使C曲线右移,而且还使C曲线形状发生改变。

3) 加热温度和保温时间   加热温度越高,保温时间越长,奥氏体成分越均匀,晶粒也越粗大,晶界面积越少,使过冷奥氏体稳定性提高,C曲线右移。

(三) 钢在连续冷却时的转变

1. 过冷奥氏体连续冷却转变曲线

生产中,奥氏体的转变大多是在连续冷却过程中进行的。因此,分析过冷奥氏体连续冷却转变曲线具有重要的实用意义。

图 5-9 为共析钢连续冷却转变曲线图。由图可知,连续冷却转变曲线只有 C 曲线的上半部分,没有下半部分,即连续冷却转变时不形成贝氏体组织,且较 C 曲线向右下方移一些。

图中 Ps 线为过冷奥氏体向珠光体转变开始线;Pf 线为过冷奥氏体向珠光体转变终了线;K 线为过冷奥氏体向珠光体转变中止线,它表示当冷却速度线与 K 线相交时,过冷奥氏体不再向珠光体型组织转变,一直保留到 Ms 点以下转变为马氏体。与连续冷却转变曲线相切的冷却速度线 v_K,称为上临界冷却速度(或称马氏体临界冷却速度),它是获得全部马氏体组织的最小冷却速度。v_K' 称为下临界冷却速度,它是获得全部珠光体型组织的最大冷却速度。

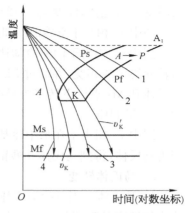

图 5-9　共析钢连续冷却转变

1—炉冷；2—空冷；3—油冷；4—水冷

2. C 曲线在连续冷却转变中的应用

由于连续冷却转变曲线测定比较困难,而目前 C 曲线的资料又比较多。因此,生产中,常用 C 曲线来定性地、近似地分析同一种钢在连续冷却时的转变过程。

以共析钢为例,将连续冷却速度线画在 C 曲线图上,根据与 C 曲线相交的位置,可估计出连续冷却转变的产物,如图 5-10 所示。

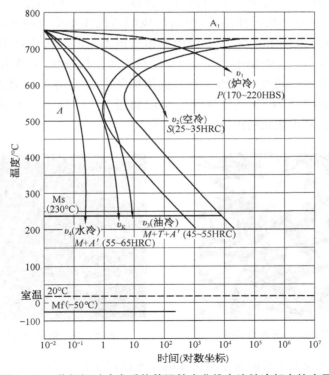

图 5-10　共析钢过冷奥氏体等温转变曲线在连续冷却中的应用

图中 v_1 相当于随炉冷却的速度(退火),根据它与 C 曲线相交的位置,可估计出连续冷却后转变为珠光体,硬度 170～220HBS。

图中 v_2 相当于空冷的冷却速度(正火),可估计出转变产物为索氏体,硬度 25～35 HRC。

图中 v_3 相当于油的冷却速度(油淬),它只与 C 曲线转变开始线相交于 550℃左右处,未与转变终了线相交,并通过 Ms 点,这表明只有一部分过冷奥氏体转变为托氏体,剩余的过冷奥氏体到 Ms 点以下转变为马氏体,最后得到托氏体和马氏体及残留奥氏体的复相组织,硬度 45～55 HRC。

图中 v_4 相当于在水中冷却的冷却速度(淬火),它不与 C 曲线相交,直接通过 Ms 点,转变为马氏体,得到马氏体和残留奥氏体,硬度 55～65 HRC。

3. 马氏体转变

1) 马氏体　当过冷奥氏体被快速冷却到 Ms 点以下时便发生马氏体(M)转变,它是奥氏体冷却转变最重要的产物。奥氏体为面心立方晶体结构,当过冷至 Ms 以下时,其晶体结构将转变为体心立方晶体结构。由于转变温度较低,原奥氏体中溶解的过多碳原子没有能力进行扩散,致使所有溶解在原奥氏体中的碳原子难以析出。从而使晶格发生畸变,含碳量越高,畸变越大,内应力也越大。马氏体实质上就是碳溶于 α-Fe 中的过饱和间隙固溶体,用符号"M"表示。

2) 马氏体的组织形态和性能　马氏体组织形态有片状(针状)和板条状两种。其组织形态主要取决于奥氏体的含碳量,奥氏体中含碳量大于 1.0％时,马氏体呈凸透镜状,称片状马氏体,又称高碳马氏体,观察金相磨片其断面呈针状。一个奥氏体晶粒内,先形成的马氏体针较为粗大,往往贯穿整个奥氏体晶粒,而后形成的马氏体不能穿越先形成的马氏体。因此,越是后形成的马氏体尺寸越小,整个组织是由长短不一的马氏体针组成,片状马氏体显微组织如图 5-11 所示。含碳量小于 0.25％时,马氏体呈板条状,故称板条马氏体,又称低碳马氏体。许多相互平行的板条构成一个马氏体板条束,在一个奥氏体晶粒内可形成几个位向不同的马氏体板条束,板条马氏体显微组织如图 5-12 所示。若含碳量在 0.25％～1.0％之间,则为片状和板条状马氏体的混合组织。

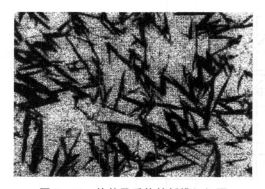

图 5-11　片状马氏体的纤维组织图

图 5-12　板条马氏体的显微组织图

马氏体的硬度和强度主要取决于马氏体的含碳量,如图 5-13 所示。马氏体的硬度和强度随着马氏体含碳量的增加而升高,但当马氏体含碳量大于 0.60％后,硬度和强度提高得并不明显。马氏体的塑性和韧性也与其含碳量有关。片状高碳马氏体的塑性和韧性差,而板条状低碳马氏体的塑性和韧性较好。

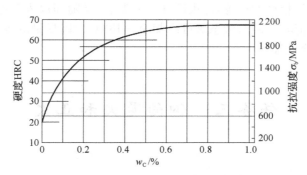

图 5-13　马氏体的强度和硬度与含碳量的关系

3) 马氏体转变的特点

（1）马氏体转变的无扩散性。过冷奥氏体向马氏体的转变是无扩散型相变，转变速度极快，因此马氏体的转变是一个切变过程。

（2）马氏体转变的连续性。马氏体在 Ms 点和 Mf 点温度范围内连续冷却过程中不断形成，若在 Ms 点与 Mf 点之间的某一温度保持恒温，马氏体量不会明显增多，即马氏体的形核数取决于温度，与时间无关。

（3）马氏体转变的不完全性。Ms 点和 Mf 点的位置与冷却速度无关，主要取决于奥氏体的含碳量，含碳量越高，Ms 点和 Mf 点越低，当奥氏体的含碳量大于 0.50％ 时，Mf 点降至室温以下，因此，淬火到室温不能得到 100％ 的马氏体，而保留了一定数量的奥氏体，即残留奥氏体。

（4）马氏体转变体积膨胀，并产生很大的内应力。由于马氏体的比容比奥氏体大，因此钢淬火时体积要膨胀，致使钢件在热处理时变形、开裂。

二、实践与研究

（1）共析钢采用连续冷却的方式获得索氏体、获得托氏体＋马氏体、获得马氏体。请在 C 曲线上画出冷却速度。

（2）在 C 曲线上画出临界冷却速度，讨论它的含义。

（3）一个直径为 $\phi200\ \text{mm}$ 的圆柱体钢棒，在加热、保温和冷却后获得全部的下贝氏体组织，试定性画出钢棒的热处理工艺曲线（注意棒的尺寸对加热和冷却的影响）。

（4）亚共析钢在完全奥氏体化后，进行连续冷却，分别进行空冷（图 5-10 中的 v_2）和水冷（图 5-10 中的 v_4），讨论该得到的组织。

三、拓展与提高

残余奥氏体的深冷处理

残余奥氏体是一种和奥氏体以及过冷奥氏体都不同的奥氏体，它们的区别主要在于残余奥氏体受压应力的作用（由于马氏体转变比容增大），残留奥氏体量随奥氏体含碳量的增加而增多，残留奥氏体的存在不仅降低了淬火钢的硬度和耐磨性，而且在零件长期使用过程中，残留奥氏体会继续转变为马氏体，使零件尺寸发生变化，尺寸精度降低。因此，对某些高精度零件(如精密量具、精密丝杠等)淬火冷却至室温后,又随即放入零度以下的介质中冷却(如干冰+酒精可冷却至-78℃,液态氧可冷却至-183℃),以尽量减少残留奥氏体量,称此处理为冷处理(或深冷处理)。

任务三 钢的退火和正火

【学习目标】
1. 了解钢的退火的定义、目的、工艺方法和应用。
2. 了解钢的正火的定义、目的、工艺方法和应用。
3. 了解钢的正火和退火的选用。
4. 具有正确选用退火和正火工艺方法解决实际问题的能力。

退火和正火是应用非常广泛的热处理工艺,在机械零件或工具制造过程中,通常作为预先热处理工序,安排在铸造或锻造之后、粗加工之前用来消除前一道工序(如铸造、锻造、轧制、焊接等)所造成的某些缺陷,并为随后的工序(如切削加工、最终热处理)作组织准备,故也称预备热处理。对于少数要求不高的铸件、锻件,亦可作为最终热处理。本任务主要研究钢的退火、正火的工艺方法和应用。

一、相关知识

(一)钢的退火

将钢加热到适当的温度,保温一定的时间,然后随炉缓慢冷却的热处理工艺称为退火。

1. 退火的目的

(1)降低硬度,提高塑性,改善钢的切削加工及冷变形能力。

(2)细化晶粒,均匀组织及成分。

(3)消除钢中的残余内应力,防止工件变形和开裂。

2. 常用的退火工艺方法及应用

按钢的成分和热处理目的不同,常用的退火方法有完全退火、球化退火、去应力退火和扩散退火。另外再结晶退火在项目三已经介绍,它的主要目的是消除形变强化。

1)完全退火 完全退火是指将钢件完全奥氏体化(加热至 Ac_3 以上 $30\sim50℃$)后,随之缓慢冷却,获得接近平衡组织的退火工艺。生产中为提高生产率,一般随炉冷至 $600℃$ 左右,将工件出炉空冷。

完全退火可降低钢的硬度,以利于切削加工;消除残留应力,稳定工件尺寸,以防变形或开裂;细化晶粒,改善组织,以提高力学性能和改善工艺性能,为最终热处理(淬火、回火)作好组织准备。完全退火的主要缺点是时间长,特别是对于某些奥氏体比较稳定的合金钢,退火一般需要几十个小时。

完全退火主要用于亚共析钢的铸件、锻件、热轧型材和焊件等。不能用于过共析钢,因为加热到 Ac_{cm} 点以上随后缓冷时,会沿奥氏体晶界析出网状二次渗碳体,使钢件韧性降低。

　　为缩短完全退火时间,生产中常采用等温退火工艺,即将钢件加热到 Ac_3(或 Ac_1)点以上,保温适当时间后,较快冷却到珠光体转变温度区间的适当温度并等温保持,使奥氏体转变为珠光体类组织,然后在空气中冷却的退火工艺。

　　等温退火与完全退火目的相同,但转变较易控制,所用时间比完全退火缩短约 1/3,并可获得均匀的组织和性能。图 5-14 为高速工具钢完全退火与等温退火的比较。

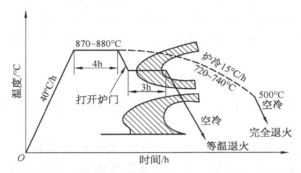

图 5-14　高速工具钢的完全退火与等温退火工艺曲线

　　2) 球化退火　球化退火是指将共析钢或过共析钢加热到 Ac_1 点以上 20~30℃,保温一定时间后,随炉缓冷至室温,或快冷到略低于 Ar_1 温度,保温后出炉空冷,使钢中碳化物球状化的退火工艺,如图 5-15 所示。

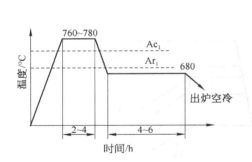

图 5-15　T10 钢球化退火工艺曲线

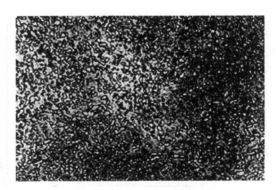

图 5-16　粒状珠光体显微组织

　　过共析钢及合金工具钢热加工后,组织中常出现粗片状珠光体和网状二次渗碳体,钢的切削加工性能变差,且淬火时易产生变形和开裂。为消除上述缺陷,可采用球化退火,使珠光体中的片状渗碳体均呈颗粒状,这种在铁素体基体上弥散分布着粒状渗碳体的复相组织,称为粒状珠光体,如图 5-16 所示。对于存在有严重网状二次渗碳体的钢,应先进行正火,得到索氏体组织,然后再球化退火,得到粒状珠光体。

　　球化退火主要适用于共析钢和过共析钢,如碳素工具钢、合金工具钢和轴承钢多采用球化退火作为预备热处理。

　　3) 均匀化退火(扩散退火)　均匀化退火是将铸锭、铸件或锻坯加热到高温(钢熔点以下

100～200℃),并在此温度长时间保温(10～15 h),然后缓慢冷却,以达到化学成分和组织均匀化为目的的退火工艺。均匀化退火后,钢的晶粒过分粗大,因此还要进行完全退火或正火。均匀化退火时间长,耗费能量大,成本高。主要用于要求质量高的合金钢铸锭和铸件。

4) 去应力退火　将钢加热到略低于 A_1 温度(一般 500～600℃),保温一段时间,然后随炉缓慢冷却或随炉缓冷至 300～200℃出炉空冷的热处理工艺称为去应力退火。其目的是为去除工件塑性变形加工、切削加工或焊接造成的应力,以及铸件内存在的残留应力。由于加热温度低于 A_1 点,因此在退火过程中不发生相变,不发生组织的变化,只是消除内应力。主要用于消除工件中的残留应力,一般可消除 50%～80%应力,对形状复杂及壁厚不均匀的零件尤为重要。

(二) 钢的正火

将钢加热到 Ac_3 或 Ac_{cm} 以上 30～50℃,保温一段时间,随后在空气中冷却的热处理工艺称为正火。

正火与退火的主要区别是正火冷却速度稍快,得到的组织较细小,强度和硬度有所提高,操作简便,生产周期短,成本较低。对于低碳钢和低碳的合金钢经正火后,可提高硬度,改善切削加工性能(170～230HBS 范围内金属切削加工性较好);对于中碳结构钢制作的较重要件,可作为预先热处理,为最终热处理作好组织准备;对于过共析钢,可消除二次渗碳体网为球化退火作好组织准备;对于使用性能要求不高的零件,以及某些大型或形状复杂的零件,当淬火有开裂危险时,可采用正火作为最终热处理。

几种退火与正火的加热温度范围及热处理工艺曲线,如图 5-17 所示。

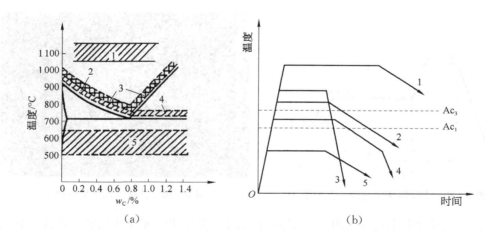

图 5-17　几种退火与正火工艺示意图

(a) 加热温度范围;(b) 热处理工艺曲线
1—均匀化退火;2—完全退火;3—正火;4—球化退火;5—去应力退火

常用结构钢和工具钢的退火、正火工艺规范见附录 4 和附录 5。

在机械零件、工模具等加工中,退火与正火一般作为预先热处理被安排在毛坯生产之后,粗或半精加工之前。

二、实践与研究

（1）设计下列热处理工艺曲线：

① 20 钢正火；

② 45 钢等温退火；

③ T12 钢球化退火。

（2）说明下列加工工艺曲线（或题目）中退火或正火的作用。

① 50 钢制作汽车主轴的部分工艺过程为：下料→锻造→完全退火→粗加工；

② 具有网状二次渗碳体的 T10 钢制作的锉刀的部分工艺过程为：下料→锻造→正火→球化退火→粗加工；

③ 需要进行三次拉深的筒形件，每次拉深后都要进行再结晶退火。

三、拓展与提高

退火与正火的选择

退火与正火有某种程度上的相似之处，在实际选用时可从以下三个方面加以考虑。

（一）切削加工性

一般来说，硬度为 170～230HBS 的钢，其切削加工性能最好。硬度过高，难以加工，且刀具易于磨损；硬度太低，切削时容易黏刀，使刀具发热而磨损，且工件的表面不光滑。因此作为预备热处理，低碳钢正火优于退火，而高碳钢正火后硬度太高，必须采用退火。

（二）使用性能

对于亚共析钢工件来说，正火比退火具有较好的力学性能。如果工件的性能要求不高，则可用正火作为最终热处理。但当工件形状复杂时，由于正火冷却速度快，有引起开裂的危险，所以采用退火为宜。

（三）经济性

正火比退火的生产周期短，成本低，且操作方便，故应尽可能优先采用正火。

任务四 钢的淬火与回火

【学习目标】

1. 掌握钢的淬火的目的、工艺方法和应用。

2. 掌握钢的淬火质量和淬火缺陷。

3. 掌握钢的回火的目的、工艺方法和应用。

4. 具有应用钢的淬火和回火工艺解决实际问题的能力。

钢的淬火是将钢件加热到奥氏体化后以适当方式冷却，获得马氏体或贝氏体组织的热处理工艺。淬火需与适当的回火工艺相配合，才能使钢具有不同的力学性能，以满足各类零件或工模具的使用要求。本任务主要研究钢的淬火和回火工艺方法及应用。

一、相关知识

（一）钢的淬火

钢的淬火是非常重要的热处理工艺方法，它的目的主要是获得马氏体组织，提高钢的硬度和耐磨性。

1. 钢的淬火加热温度的选择

钢的淬火加热的目的主要是得到均匀的、细小的奥氏体组织或均匀的、细小的奥氏体基体上分布有细小的、粒状碳化物的组织，才能保证淬火之后钢具有高硬度、高耐磨性，一定的塑性和韧性。钢的淬火加热温度的选择是根据铁碳合金的相图临界点来确定的。如图 5-18 所示。

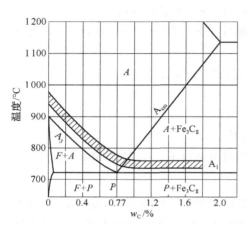

图 5-18　碳钢淬火加热温度范围

亚共析钢淬火加热温度一般在 Ac_3 以上 $30\sim50℃$，得到单一细晶粒的奥氏体，淬火后为均匀细小的马氏体和少量的残余的奥氏体。若加热温度在 $Ac_1\sim Ac_3$ 之间，淬火后组织为铁素体、马氏体和少量残留奥氏体，由于铁素体的存在，钢硬度降低。若加热温度超过 $Ac_3+（30\sim50℃）$，奥氏体晶粒粗化，淬火后得到粗大的马氏体，钢性能变差，且淬火应力增大，易导致变形和开裂。

共析钢和过共析钢的淬火加热温度为 Ac_1 以上 $30\sim50℃$，淬火后得到细小的马氏体和少量残留奥氏体（共析钢），或细小的马氏体、少量渗碳体和残留奥氏体。由于渗碳体的存在，钢硬度和耐磨性提高。若加热温度在 Ac_{cm} 以上，由于渗碳体全部溶解于奥氏体，奥氏体含碳量提高，Ms 点降低，淬火后残留奥氏体量增多，钢的硬度和耐磨性降低。此外，因温度高，奥氏体晶粒粗化，淬火后得到粗大的马氏体，脆性增大。若加热温度低于 Ac_1 点，组织没发生相变，达不到淬火目的。

在实际生产中，淬火加热温度的确定，尚需考虑工件形状尺寸、淬火冷却介质和技术要求等因素。另外对于合金钢，由于合金元素的作用，使合金钢的淬火加热温度在临界点以上 $50\sim100℃$。

2. 钢淬火的冷却介质

1）理想的淬火冷却方式　为了获得马氏体组织，工件在淬火介质中的冷却速度必须大于其临界冷却速度。但冷却速度过大，会增大工件淬火内应力，引起工件变形甚至开裂。

由 C 曲线可知，理想的淬火冷却介质应保证：650℃以上由于过冷奥氏体较稳定，因此冷却速度可慢些，以减小工件内外温差引起的热应力，防止变形；650～400℃范围内，由于过冷奥氏体很不稳定（尤其 C 曲线鼻尖处），只有冷却速度大于马氏体临界冷却速度，才能保证过冷奥氏体在此区间不形成珠光体；300～200℃范围内应缓冷，以减小热应力和相变应力，防止产生变形和开裂。理想的淬火冷却速度如图 5-19 所示。

2）常用的淬火冷却介质　钢的淬火常用的冷却介质有水、矿物油和盐或碱的水溶液。

（1）水。其冷却特性不是很好，它在需要快冷的650～500℃范围中，其冷却速度太小，而在需要缓冷的300～200℃，其冷却速度又太大。水温的变化对冷却能力有一定的影响，水温越高，冷却能力越小。但由于水廉价易得，无燃烧、腐蚀等危害，水仍然是广泛应用的淬火冷却介质，常用于形状简单、面较大的碳钢件的淬火。

（2）矿物油。它是一种广泛应用的冷却介质，油的冷却速度比水小，因此用它在300～200℃范围内对工件进行冷却，有利于减小工件变形和开裂，但用它在650～400℃范围内对工件进行冷却，不利于工件淬硬。它不适宜碳钢的淬火，比较适用于低合金钢与合金钢的淬火，使用时油温应控制在40～100℃范围内。

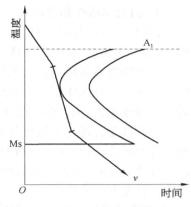

图5-19　理想淬火冷却速度曲线

（3）盐或碱的水溶液。为了提高水的冷却能力，常在水中加入少量（10%～15%）的盐或碱。常用的是食盐水和氢氧化钠水溶液。它们的优点在650～500℃能满足要求，缺点是在需要缓冷的300～200℃速度太快，易引起变形和开裂，对工件有腐蚀作用，而且淬火后必须清洗。主要用于形状简单的碳钢零件的淬火冷却。

3. 钢的淬火方法

采用合理的淬火方法可弥补冷却介质的不足。常用的冷却方法如图5-20所示。

1）单液淬火法　单液淬火是将钢件奥氏体化后，保温适当时间，随之在水（或油）中急冷的淬火工艺，如图5-20所示的①。此法操作简便，易实现机械化和自动化。通常形状简单尺寸较大的碳钢件在水中淬火，合金钢件及尺寸很小的碳钢件在油中淬火。

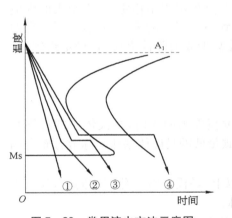

图5-20　常用淬火方法示意图

2）双液淬火法　双液淬火是将钢件加热到奥氏体化后，先浸入冷却能力强的介质中，在组织即将发生马氏体转变时立即转入冷却能力弱的介质中冷却的淬火工艺。例如先水后油、先水后空气等，如图5-20所示的②。此种方法操作时，如能控制好工件在水中停留的时间，就可有效地防止淬火变形和开裂，但要求有较高的操作技术。主要用于形状复杂的高碳钢件和尺寸较大的合金钢件。

3）分级淬火法　分级淬火是将钢件奥氏体化后，随之浸入温度稍高或稍低于Ms点的盐浴或碱浴中，保持适当时间，待工件整体达到介质温度后取出空冷，以获得马氏体组织的淬火工艺，如图5-20所示的③。此法操作比双介质淬火容易控制，能减小热应力、相变应力和变形，防止开裂。主要用于截面尺寸较小（直径或厚度小于12 mm）、形状较复杂工件的淬火。

4）等温淬火法　等温淬火是将钢件加热到奥氏体化后，随之快冷到贝氏体转变温度区间等温保持，使奥氏体转变为贝氏体的淬火工艺，如图5-20所示的④。此法淬火后应力和变形很小，但生产周期长，效率低。主要用于形状复杂、尺寸要求精确，并要求有较高强韧性的小型工模具及弹簧的淬火。

4. 钢的淬透性和淬硬性

钢的淬硬性是钢在理想条件下淬火所能达到的最高硬度。淬硬性主要取决于钢中的含碳量,含碳量越高,钢的淬硬性越大。

钢的淬透性是指在规定条件下,钢淬火后获得淬硬层深度的能力。淬硬深度是指从工件的表面到半马氏体层(体积分数为 50% 的马氏体＋体积分数为 50% 的托氏体)的深度。淬硬层的深度越大,则钢的淬透性越高。

淬透性是合理选用钢材及制定热处理工艺的重要依据之一。如果某种钢的淬透性高,则工件能被淬透,经回火后的力学性能沿整个截面均匀一致;如果某钢的淬透性小,则工件没被淬透,经回火后工件表层和心部的组织和性能均存在差异,心部的强度和硬度较低。对受力大且复杂的工件,应确保工件截面各处的组织和性能均匀一致,这时需选用淬透性大的钢;若要求工件表面硬度高、耐磨性好,而心部要求韧性好时,可选用低淬透性钢。

淬透性大的钢在淬火冷却时可选用冷却能力较缓和的淬火介质,这对减小淬火应力、变形和开裂十分有利,尤其对形状复杂和截面尺寸变化大的工件更为重要。

钢的淬透性和淬硬性并没有必然的联系,淬透性好的钢,淬硬性不一定高。反之,淬硬性高的钢,其淬透性也不一定好。

(二) 钢的回火

钢在淬火后通常获得马氏体和残余奥氏体混合组织,这种组织不稳定,存在很大的内应力,因此淬火钢必须回火。钢的回火是指将淬火钢加热到 Ac_1 以下的某一温度,保温一定的时间,然后冷却到室温的热处理工艺。钢回火的目的是减少或消除淬火应力,稳定组织,稳定工件尺寸,获得所需要的良好性能。

1. 淬火钢在回火加热时的组织转变

淬火钢在回火时的组织转变可分为以下四个阶段:

第一阶段(80～350℃):马氏体的分解。在这一温度范围内回火时,马氏体中的过饱和碳原子析出,形成不定型的碳化物 Fe_xC,从而得到在含碳量低的马氏体基体上弥散分布有细小碳化物的组织为回火马氏体(图 5-21)。

第二阶段(200～300℃):残余奥氏体分解。200℃ 以上,马氏体继续分解的同时,降低了残余奥氏体的压力,使其稳定性减小,转变为回火马氏体。

第三阶段(300～400℃):马氏体分解完成及渗碳体的形成。这一阶段碳原子析出,使过饱和的固溶体转变为铁素体;回火马氏体中的 Fe_xC 转变成稳定粒状渗碳体。此阶段回火后的组织为铁素体与极细渗碳体的机械混合物,称为回火托氏体(图 5-22)。

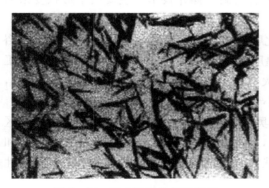

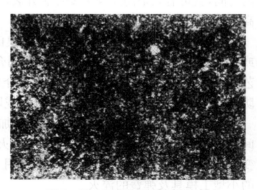

图 5-21　回火马氏体显微组织　　　　　图 5-22　回火托氏体显微组织

第四阶段（400℃以上）：渗碳体的聚集长大和铁素体的再结晶。当温度高于 400℃时，高度弥散分布的极细小粒状渗碳体逐渐转变为较大粒状渗碳体，到 600℃以上渗碳体迅速粗化。此外，在 450℃以上铁素体发生再结晶，铁素体由针状转变成块状（多边形）等轴晶粒。这种在等轴铁素体晶粒基体上分布着粒状渗碳体的复相组织，称为回火索氏体（图 5-23）。

淬火钢回火时的组织变化，必然导致性能的变化。总的趋势是，随着温度的升高，强度、硬度降低，塑性、韧性提高（图 5-24）。

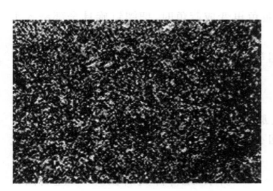

图 5-23　回火索氏体显微组织

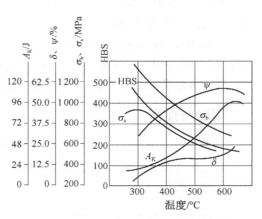

图 5-24　40 钢回火温度与力学性能的关系

2. 回火的分类和应用

决定回火后钢的组织和性能的主要因素是回火温度，回火温度又是由工件的性能要求决定的。根据回火温度对回火进行分类。

1）低温回火（150～250℃）　低温回火的组织为回火马氏体（过饱和 α 固溶体与高度弥散分布的碳化物 Fe_xC）。低温回火后减小或消除了淬火内应力，提高了钢的韧性，仍保持了淬火钢的高硬度和耐磨性。常用于刃具、量具、冷作模具、滚动轴承以及表面淬火和渗碳淬火件等的热处理。低温回火后的硬度一般在 60 HRC 以上。

2）中温回火（350～500℃）　中温回火后的组织为回火托氏体（极细小的铁素体与球状渗碳体的混合物）。中温回火的主要目的是提高弹性和韧性，并保持一定的硬度。主要用于各种弹簧、锻模、压铸模等。中温回火后的硬度一般为 35～45 HRC。

3）高温回火（500～650℃）　高温回火后的组织为回火索氏体（较细小的铁素体与球状渗碳体的混合物），这种组织具有良好综合力学性能。工业上通常将钢件淬火及高温回火的复合热处理工艺称为调质，它广泛应用于各种重要构件，如传动轴、连杆、曲轴、齿轮等。高温回火后钢的硬度一般为 28～33 HRC。

不同的淬火钢在不同的温度进行回火，其硬度不同。

二、实践与研究

简单手工工具的热处理——现以一字螺钉旋具为例，介绍如何进行简单的手工工具的热处理。螺钉旋具一般用 T7 钢（或 65 钢等）制造，其热处理为淬火和回火。

准备:将磨损严重的大螺钉旋具在砂轮机上磨好刃部;简单的加热——液化气火焰或煤气火焰;冷却水。

淬火:把螺钉旋具刃口部分20 mm左右加热到呈暗樱红色(1 023~1 053℃),取出后迅速浸入冷水中冷却,浸入深度5~6 mm,为加速冷却,并使接近水面的螺钉旋具形成较好淬火过渡组织,可让螺钉旋具在水面上微微摆动。

回火:在螺钉旋具露出水面部分变成黑色时,将螺钉旋具从水中取出,利用上部的余热进行回火。

黄火回火:观察到螺钉旋具刃口由白色变成黄色时,把螺钉旋具全部浸入水中冷却,得到的回火组织硬度大,韧性较差。

蓝火回火:观察到螺钉旋具刃口由白色变成黄色再变成蓝色时,把螺钉旋具全部浸入水中冷却,得到的回火组织硬度适中,韧性较好。

班级分组完成上述实践,并进行结果测试,相互讨论淬火、回火后的组织和性能。

三、拓展与提高

钢的回火脆性

回火脆性是指工件淬火后在某些温度区间回火产生的脆性。回火脆性分为第一类回火脆性和第二类回火脆性。

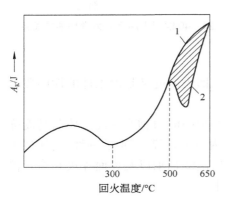

图5-25　回火温度与合金钢的韧性关系

1—快冷;2—慢冷

如图5-25所示,工件淬火后在350℃左右回火时所产生的回火脆性称为第一类回火脆性,它与回火冷却速度无关,几乎所有的钢都会产生这类回火脆性。第一类回火脆性产生后无法消除,故又称不可逆回火脆性。产生的主要原因是,在250℃以上回火时,由于沿马氏体晶界上析出硬脆薄片碳化物,破坏了马氏体间的连接,导致韧性降低。为避免这类回火脆性,一般不在250~350℃范围内回火。

在400~500℃范围内回火时,或经更高温度回火后缓冷通过该温度区所产生的脆性称为第二类回火脆性。产生的主要原因是由于某些杂质及合金元素在原奥氏体晶界上偏聚,使晶界强度降低所造成的。含有铬、镍、锰等元素的合金钢经400~550℃回火缓冷后,易产生第二类回火脆性。若回火后快冷,由于杂质元素来不及偏聚,故不易产生第二类回火脆性,所以,当出现第二类回火脆性时,可将其重新加热至高于脆化温度(400~550℃)再次回火并快速冷却予以消除,故第二类回火脆性又称可逆性回火脆性。为防止第二类回火脆性,可采用回火时快冷,或尽量减少钢中杂质元素的含量以及采用含钨、钼等的合金钢(钨、钼等可抑制晶界偏聚)。

任务五　钢的表面热处理

【学习目标】
1. 熟悉掌握钢的表面淬火的工艺方法和应用。
2. 熟悉掌握钢的表面化学热处理的工艺方法及应用。
3. 熟悉掌握其他钢的表面处理技术方法及应用。
4. 具有应用钢的表面热处理技术解决实际问题的能力。

有些机械零件对其工作表面的要求较高,例如齿轮,该零件要求表面具有高硬度、高耐磨性,而心部具有良好的塑性和韧性,塑料模具的成形零件要求表面具有良好的耐蚀性能和抗疲劳性能,热冲裁模的凸模在高温时具有高耐磨性等,这些性能的满足只有通过对零件进行表面热处理或进行其他的表面处理。本任务主要研究钢的表面热处理和其他一些表面处理技术。

一、相关知识

（一）钢的表面淬火

钢的表面淬火是将钢的表面快速加热,然后快速冷却,使其表面得到马氏体组织的工艺方法。钢的表面淬火的目的是提高工件表面的硬度和耐磨性。根据加热的热源不同可将钢的表面淬火分为火焰加热表面淬火和感应加热表面淬火两大类。

1. 火焰加热表面淬火

火焰加热表面淬火是利用氧-乙炔(或其他可燃气体)火焰对工件表层加热,并快速冷却的淬火工艺,如图5-26所示。淬硬层深度一般为2～6 mm。

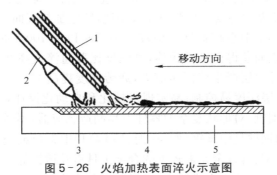

图5-26　火焰加热表面淬火示意图

1—喷水管；2—烧嘴；3—加热层；4—淬硬层；5—工件

火焰淬火操作简便、设备简单、成本低、灵活性大。但加热温度不易控制,工件表面易过热,淬火质量不稳定。主要用于单件、小批生产以及中碳钢、中碳合金钢的大型零件(如大模数齿轮、大型轴类等)的表面淬火。

2. 感应加热表面淬火

感应淬火是指利用感应电流通过工件所产生的热量,使工件表层、局部或整体加热并快速冷却的工艺方法。

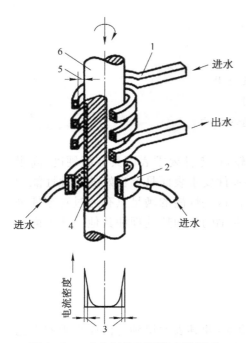

图 5-27　感应加热表面淬火示意图

1—加热感应圈(接高频电源);2—淬火喷水套;
3—电流集中层;4—加热淬火层;
5—间隙 1.5～3 mm;6—工件

1) 感应加热的基本原理　如图 5-27 所示,将工件放入感应器(线圈)中,感应器通入一定频率的交流电,以产生交变磁场,于是在工件内产生同频率的感应电流,并自成回路,故称涡流。涡流在工件截面上分布不均匀,表面密度大,心部密度小。电流频率越高,涡流集中的表面层越薄,称此现象为集肤效应。由于工件本身有电阻,因而集中于工件表层的涡流,可使表层迅速被加热到淬火温度,而心部仍接近于室温,在随即喷水快冷后,工件表层被淬硬,达到表面淬火目的。

2) 感应加热表面淬火的分类　感应加热表面淬火时,淬硬层深度主要取决于电流的频率,频率越高淬硬层越薄。按电流频率不同,感应加热表面淬火分三种:

(1) 高频感应加热表面淬火。常用频率为 200～300 kHz,淬硬层深度为 0.5～2 mm。主要用于要求淬硬层较薄的中、小模数齿轮和中、小尺寸轴类零件等。

(2) 中频感应加热表面淬火。常用频率为 2 500～8 000 Hz,淬硬层深度为 2～10 mm。主要用于大、中模数齿轮和较大直径轴类零件等。

(3) 工频感应加热表面淬火。电流频率为 50 Hz 淬硬层深度为 10～20 mm。主要用于大直径零件(如轧辊、火车车轮等)的表面淬火和大直径钢件的穿透加热。

3) 感应加热表面淬火的特点　与普通淬火相比,感应加热表面淬火加热速度极快(一般只需几秒至几十秒),加热温度高(高频感应淬火为 Ac_3 以上 100～200℃);奥氏体晶粒均匀细小,淬火后可在工件表面获得极细马氏体,其硬度比普通淬火高 2～3 HRC,且脆性较低;因马氏体体积膨胀,工件表层产生残留压应力,疲劳强度提高 20%～30%;工件表层不易氧化和脱碳,变形小,淬硬层深度易控制;易实现机械化和自动化操作,生产率高。但感应加热设备较贵,维修调整较困难,对形状复杂的零件不易制造感应器,不适于单件生产。

感应淬火最适宜的钢种是中碳钢(如 40 钢、45 钢)和中碳合金钢(如 40Cr 钢、40MnB 钢等),也可用于高碳工具钢、含合金元素较少的合金工具钢及铸铁等。

一般表面淬火前应对工件正火或调质,以保证心部有良好的力学性能,并为表层加热作好组织上的准备。表面淬火后应进行低温回火,以降低淬火应力和脆性。

(二) 钢的化学热处理

钢的化学热处理是指将工件置于适当的活性介质中加热、保温,使一种或几种元素渗入其表层,以改变其化学成分、组织和性能的热处理工艺。钢的化学热处理的特点是不仅有工件表面组织的改变,而且有工件表面化学成分的改变。

化学热处理的基本过程是:活性介质在一定温度下通过化学反应进行分解,形成渗入元素的活性原子;活性原子被工件表面吸收,即活性原子溶入铁的晶格形成固溶体,或与钢中某种元素形成化合物;被吸收的活性原子由工件表面逐渐向内部扩散,形成一定深度的渗层。

化学热处理的种类很多,一般都以渗入元素来命名。渗入元素不同,工件表面所具有的性能不同,如:渗碳、渗氮、碳氮共渗能提高工件表面的硬度和耐磨性;渗铝、渗铬和渗硼都是使工件表面具有特殊的性能(如抗氧化性、耐高温性、耐酸性等)。下面分别介绍化学热处理的工艺方法。

1. 渗碳

渗碳是使用最多的化学热处理工艺方法,它是通过将工件放入含有活性碳原子的介质中,进行加热、保温,使碳原子渗入工件表层的工艺方法。

1)渗碳的目的和渗碳用钢　渗碳目的是为了提高钢件表层的含碳量并在其中形成一定的碳含量梯度,经淬火和低温回火后提高工件表面硬度和耐磨性,使心部保持良好的韧性。渗碳用钢为低碳钢和低碳合金钢。

2)渗碳的方法　渗碳的方法是固体渗碳法、液体渗碳法和气体渗碳法三种。液体渗碳法几乎不用,固体渗碳设备简单,成本低,但劳动条件差,质量不易控制,生产率低。主要用于单件、小批生产。目前在一些中、小型工厂中仍有使用。

最常用的是气体渗碳法。如图 5 - 28 所示。

气体渗碳是将工件置于密封的井式渗碳炉中,滴入易于热分解和汽化的液体(如煤油、甲醇等),或直接通入渗碳气体(如煤气、石油液化气等),加热到渗碳温度(900~950℃),上述液体或气体在高温下分解形成渗碳气氛(即由 CO、CO_2、H_2 及 CH_4 等组成)。渗碳气氛在钢件表面发生反应提供活性碳原子[C],即

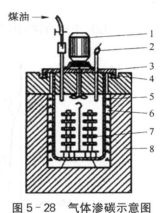

煤油 →

图 5 - 28　气体渗碳示意图

1—风扇电动机；2—废气火
焰；3—炉盖；4—砂封；5—
电阻丝；6—耐热罐；7—工件；
8—炉体

$$CH \Longrightarrow 2H_2 + [C]$$
$$2CO \Longrightarrow CO_2 + [C]$$
$$CO + H_2 \Longrightarrow H_2 + [C]$$

活性碳原子[C]被工件表面吸收而溶于高温奥氏体中,并向工件内部扩散形成一定深度的渗碳层。气体渗碳速度平均为 0.2~0.5 mm/h,气体渗碳生产率高,渗碳过程易控制,渗碳层质量好,劳动条件较好,易实现机械化和自动化。但设备成本高,且不适宜单件、小批生产,广泛应用于大批量生产中。

3)渗碳后的组织及热处理　低碳钢件渗碳后表层含碳量 0.85%~1.05% 为最佳。渗碳缓冷后的组织,如图 5 - 29 所示,表层为过共析组织(珠光体和网状二次渗碳体),与其相邻为共析组织(珠光体),再向里为亚共析组织的过渡层(珠光体和铁素体),心部为原低碳钢组织(铁素体和少量珠光体)。一般规定,从渗碳工件表面向内至含碳量为规定值处(一般含碳量为 0.4%)的垂直距离为渗碳层深度。工件的渗碳层深度取决于工件尺寸和工作条件,一般

为 0.5～2.5 mm。从工件的表层到心部的成分和组织变化可知,为了使工件表面具有高硬度、高耐磨性,必须对渗碳工件进行淬火和低温回火。

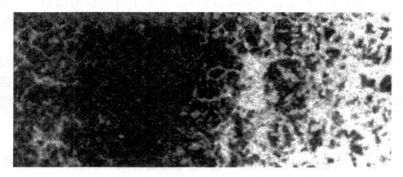

图 5-29　低碳钢渗碳后缓冷显微组织(从左到右,表面到心部)

常用的淬火方法(图 5-30)有:

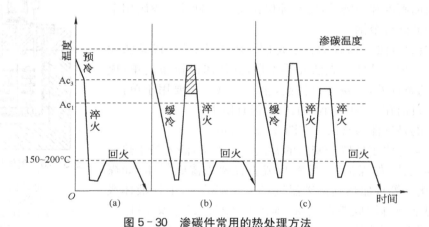

图 5-30　渗碳件常用的热处理方法

(a) 直接淬火;(b) 一次淬火;(c) 二次淬火

(1) 直接淬火。即工件从渗碳温度预冷到略高于心部 Ar_3 的某一温度,立即放入水或油中(图 5-30a)。预冷是为了减少淬火应力和变形。

直接淬火法操作简便,不需重新加热,生产率高,成本低,脱碳倾向小。但由于渗碳温度高,低碳钢渗碳缓冷后的显微组织奥氏体晶粒易长大,淬火后马氏体粗大,残留奥氏体也较多,所以工件耐磨性较低、变形较大。此法适用于本质细晶粒钢或受力不大、耐磨性要求不高的零件。

(2) 一次淬火。即渗碳件出炉缓冷后,再重新加热进行淬火(图 5-30b)。对心部性能要求较高的零件,淬火加热温度应略高于心部的 Ac_3(图 5-30b 虚线),使其晶粒细化,并得到低碳马氏体;对表层性能要求较高,但受力不大的零件,淬火加热温度应在 Ac_1 以上 30～50℃,使表层晶粒细化,而心部组织改善不大。

(3) 二次淬火。其第一次淬火是为了改善心部组织和消除表面网状二次渗碳体,加热温

度为 Ac_3 以上 $30\sim50℃$。第二次淬火是为细化工件表层组织,获得细马氏体和均匀分布的粒状二次渗碳体,加热温度为 Ac_1 以上 $30\sim50℃$(图 $5-30c$)。二次淬火法工艺复杂,生产周期长,成本高,变形大,只适用于表面耐磨性和心部韧性要求高的零件或本质粗晶粒钢。

渗碳件淬火后应进行低温回火(一般 $150\sim200℃$)。直接淬火和一次淬火经低温回火后,表层组织为回火马氏体和少量渗碳体。二次淬火表层组织为回火马氏体和粒状渗碳体。渗碳、淬火回火后的表面硬度均为 $58\sim64$ HRC,耐磨性好。心部组织取决于钢的淬透性,低碳钢一般为铁素体和珠光体,硬度 $137\sim183$HBS,低碳合金钢一般为回火低碳马氏体、铁素体和托氏体,硬度 $35\sim45$ HRC,具有较高的强度和韧性,一定的塑性。

2. 钢的渗氮(氮化)

渗氮是指在一定温度下于一定介质中使氮原子渗入工件表层的化学热处理工艺。其目的是提高工件表面硬度、耐磨性、疲劳强度和耐蚀性。

1) 渗氮用钢　渗氮用钢一般是含有 Al、Cr、Mo、Ti、V 等合金元素的钢,这些元素能与 N 形成颗粒细小、分布均匀、硬度高的各种氮化物(CrN、MoN、AlN),使渗氮后工件表面有很高的硬度($1\,000\sim1\,200$HV,相当于 72 HRC)和耐磨性,因此渗氮后不需再进行淬火。且在 $600℃$ 左右时,硬度无明显下降,热硬性高。应用最广泛的渗氮用钢是 38CrMoAl 钢。

2) 常用渗氮方法　气体渗氮和离子渗氮。

(1) 气体渗氮。在可提供活性氮原子的气体中进行渗氮称为气体渗氮。常用方法是将工件放入通有氨气(NH_3)的井式渗氮炉中,加热到 $500\sim570℃$,使氨气分解出活性氮原子$[N]$,其反应为 $2NH_3 \rightleftharpoons 3H_2 + 2[N]$,活性氮原子$[N]$被工件表面吸收,并向内部逐渐扩散形成渗氮层。

(2) 离子渗氮。指在低于 1×10^5 Pa(通常是 $10^{-1}\sim10^{-3}$ Pa)的渗氮气氛中,利用工件(阴极)和阳极之间产生的辉光放电进行渗氮的工艺。其方法是将工件放入离子渗氮炉的真空器内,通入氨气或氮、氢混合气体,使气压保持在 $133.2\sim1\,333.2$ Pa 间,在阳极(真空器)与阴极(工件)间通入高压($400\sim700$ V)直流电,迫使电离后的氮离子以高速轰击工件表面,将表面加热到渗氮所需温度($450\sim650℃$),氮离子在阴极上夺取电子后,还原成氮原子,被工件表面吸收,并逐渐向内部扩散形成渗氮层。

离子渗氮的特点是:渗氮速度快,时间短(仅为气体渗氮的 $1/5\sim1/2$);渗氮层质量好,脆性小,工件变形小;省电,无公害,操作条件好;对材料适应性强,如碳钢、低合金钢、合金钢、铸铁等均可进行离子渗氮。但对形状复杂或截面相差悬殊的零件,渗氮后很难同时达到相同的硬度和渗氮层深度,设备复杂,操作要求严格。

3) 渗氮和渗碳相比有何特点　氮原子的渗入使渗氮层内形成残留压应力,可提高疲劳强度(一般提高 $25\%\sim35\%$);渗氮层表面由致密的、连续的氮化物组成,使工件具有很高的耐蚀性;渗氮温度低,工件变形小;渗氮层很薄($<0.60\sim0.70$ mm),且精度高,渗氮后若需加工,只能精磨、研磨或抛光。但渗氮层较脆,不能承受冲击力,生产周期长(例如 $0.3\sim0.5$ mm 的渗层,需要 $30\sim50$ h),成本高。

渗氮前零件须经调质处理,获得回火索氏体组织,以提高心部的性能。对于形状复杂或精度要求较高的零件,在渗氮前精加工后还要进行消除应力的退火,以减少渗氮时的变形。

渗氮主要用于耐磨性和精度要求很高的精密零件或承受交变载荷的重要零件,以及要求耐热、耐蚀、耐磨的零件、如镗床主轴、高速精密齿轮、高速柴油机轴、阀门和压铸模等。

3. 碳氮共渗

碳氮共渗有两种方法,一种是以渗碳为主碳氮共渗,另一种是以渗氮为主的软氮化。

1) 以渗碳为主的碳氮共渗　指在奥氏体状态下,同时将碳和氮渗入工件表层,并以渗碳为主的化学热处理工艺。主要目的是提高工件表面的硬度和耐磨性。常用的是气体碳氮共渗。其方法是向井式气体渗碳炉中同时滴入煤油和通入氨气,在共渗温度下(820～860℃),煤油与氨气除单独进行前述的渗碳和渗氮作用外,渗碳气氛中的 CH_4、CO 与氨气还发生如下反应,提供活性碳、氮原子,即

$$CH_4 + NH_3 \rightleftharpoons HCN + 3H_2$$
$$CO + NH_3 \rightleftharpoons HCN + H_2O$$
$$2HCN \rightleftharpoons H_2 + 2[C] + 2[N]$$

碳氮共渗后要进行淬火、低温回火。共渗层表面组织为回火马氏体、粒状碳氮化合物。渗层深度一般为 0.3～0.8 mm。气体碳氮共渗用钢,大多为低碳或中碳的碳钢、低合金钢及合金钢。

气体碳氮共渗与渗碳相比,具有温度低、时间短、变形小、硬度高、耐磨性好、生产率高等优点。主要用于机床和汽车上的各种齿轮、蜗轮、蜗杆和轴类等零件。

2) 软氮化　指在气体介质中对工件表层同时渗入氮和碳,并以渗氮为主的化学热处理工艺。其共渗温度为 520～570℃,时间为 2～4 h,共渗层深度为 0.02～0.06 mm。

气体氮碳共渗温度低、时间短、工件变形小,能显著提高工件耐磨性、耐蚀性和疲劳强度,不受材料限制(钢、铸铁、粉末冶金材料均可进行软氮化)。但渗层薄,不适宜重载下工作的零件。目前广泛用于模具、量具、刀具、曲轴、齿轮等零件。

(三) 表面气相沉积

气相沉积按其过程本质不同分为化学气相沉积(CVD)和物理气相沉积(PVD)两类。

1. 化学气相沉积(CVD)

化学气相沉积是将工件置于炉内加热到高温后,向炉内通入反应气(低温下可汽化的金属盐),使其在炉内发生分解或化学反应,并在工件上沉积成一层所要求的金属或金属化合物薄膜的方法。

碳素工具钢、渗碳钢、轴承钢、高速工具钢、铸铁、硬质合金等材料均可进行气相沉积。化学气相沉积法的缺点是加热温度较高。目前主要用于硬质合金的涂覆。

2. 物理气相沉积(PVD)

物理气相沉积是通过蒸发或辉光放电、弧光放电、溅射等物理方法提供原子、离子,使之在工件表面沉积形成薄膜的工艺。此法包括蒸镀、溅射沉积、磁控溅射、离子束沉积等方法,因它们都是在真空条件下进行的,所以又称真空镀膜法。其中离子镀发展最快。

进行离子镀时,先将真空室抽至高度真空后通入氩气,并使真空度调至 1～10 Pa,工件(基板)接上 1～5 kV 负偏压,将欲镀的材料放置在工件下方的蒸发源上。当接通电源产生辉光放电后,由蒸发源蒸发出的部分镀材原子被电离成金属离子,在电场作用下,金属离子向阴极(工件)加速运动,并以较高能量轰击工件表面,使工件获得需要的离子镀膜层。

CVD 法和 PVD 法在满足现代技术所要求的高性能方面比常规方法有许多优越性,如镀层附着力强、均匀、质量好、生产率高、选材广、公害小,可得到全包覆的镀层。能制成各种耐

磨膜(如 TiN、TiC 等)、耐蚀膜(如 Al、Cr、Ni 及某些多层金属等)、润滑膜、磁性膜、光学膜等。另外,气相沉积所适应的基体材料可以是金属、碳纤维、陶瓷、工程塑料、玻璃等多种材料。因此,在机械制造、航空航天、电器、轻工、原子能等方面应用广泛。例如,在高速工具钢和硬质合金刀具、模具以及耐磨件上沉积 TiC、TiN 等超硬涂层,可使其寿命提高几倍。

除以上这些表面热处理外,电镀、电刷镀、化学镀和热喷涂等表面技术也已广泛应用到模具的零部件上,为提高模具的使用寿命作出很大的贡献。

二、实践与研究

(1) 冷作模具钢的含碳量都比较高,是为了保证冷作模具钢具有高硬度、高耐磨性,如现在冷作模具钢制作的零件的表面不仅要具有高硬度、高耐磨性,而且要具有耐蚀性和抗疲劳的能力,可能采用的热处理方法有哪些? 相互讨论。若模具钢采用的是中碳合金钢,又该怎样解决问题?

(2) 由于冷拉深模具加工的材料为碳钢,模具的材料是工模具钢,拉深产品时易出现黏着现象,想采用表面处理的方法解决问题,你看该进行何种表面处理? 相互讨论。

(3) 塑料模具是加工塑料产品的,用来制造塑料模具工作零件都要进行表面处理,常进行的表面处理是氮化,你知道是为什么吗?

三、拓展与提高

钢的热处理缺陷

钢的热处理工艺过程中都包含有加热、保温和冷却三个阶段,这三个阶段的工艺参数制定非常重要,如因热处理工艺不当,就会产生过热、过烧、氧化、脱碳、变形与开裂等缺陷,影响热处理工件的质量。

(一) 过热和过烧

过热是指工件加热温度偏高使晶粒过度长大,造成力学性能显著降低的现象。过热可用正火消除。过烧是指工件加热温度过高,致使晶界氧化和部分熔化的现象。过烧无法挽救,工件只能报废。

(二) 氧化与脱碳

氧化是指金属加热时,介质中的氧、二氧化碳和水蒸气与金属反应生成氧化物的过程。加热温度越高,保温时间越长,氧化现象越明显。脱碳是指加热时,由于介质和钢铁表层碳的作用,表层含碳量降低的现象,加热时间越长,脱碳越严重。

氧化和脱碳使钢材损耗,降低工件表层硬度、耐磨性和疲劳强度,增加淬火开裂倾向。为防止氧化和脱碳,常采用可控气氛热处理、真空热处理或用脱氧良好的盐浴炉加热。如果在以空气为介质的电炉中加热,需在工件表面涂上一层涂料或向炉内加入适量起保护作用的木炭或滴入煤油等。另外,还应正确控制加热温度和保温时间。

(三) 变形与开裂

热处理时工件形状和尺寸发生的变化称为变形。变形很难避免,通常是将变形量控制在允许范围内。开裂是不允许的,工件开裂后只有报废。

变形和开裂是由应力引起的。应力分为热应力和相变应力。热应力是指工件加热和冷却时,由于不同部位出现温差而导致热胀和冷缩不均所产生的应力;相变应力是指热处理过程中,由于工件不同部位组织转变不同步而产生的应力。热应力和相变应力是同时存在的,当两种应力综合作用超过材料的屈服点时,工件发生变形,超过抗拉强度时,产生开裂。

任务六 热处理的工序位置

【学习目标】
1. 了解热处理的技术条件。
2. 了解热处理的工序位置、热处理方法及作用。
3. 具有根据零部件的加工过程选用零部件的热处理方法的能力。

一、相关知识

(一) 热处理的技术条件

热处理技术条件是指对零件采用的热处理方法以及所应达到的性能要求的技术性的文件。具体应根据零件性能要求,在零件图样上标出,其内容包括最终热处理方法(如调质、淬火、回火、渗碳等)以及应达到的力学性能判据等,作为热处理生产及检验时的依据。力学性能判据一般只标出硬度值(硬度值有一定允许范围,布氏硬度值为 30～40 单位,洛氏硬度值为 5 个单位)。例如,调质 220～250HBS、淬火回火 40～45 HRC。对于力学性能要求较高的重要件,如主轴、齿轮、曲轴、连杆等,还应标出强度、塑性和韧性判据,有时还要对金相组织提出要求。对于渗碳或渗氮件应标出渗碳或渗氮部位、渗层深度,渗碳淬火回火或渗氮后的硬度等。表面淬火零件应标明淬硬层深度、硬度及部位等。

在图样上标注热处理技术条件时,可用文字和数字简要说明,也可用标准的热处理工艺代号。

(二) 热处理的工序位置

合理安排热处理工序位置,对保证零件质量和改善切削加工性能有重要意义。热处理按目的和工序位置不同,分为预先热处理和最终热处理,其工序位置安排如下。

1. 预先热处理工序位置

预先热处理包括退火、正火、调质等。一般均安排在毛坯生产之后、切削加工之前,或粗加工之后、半精加工之前。

1) 退火、正火工序位置　主要作用是消除毛坯件的某些缺陷(如残留应力、粗大晶粒、组织不均等),改善切削加工性能,或为最终热处理作好组织准备。

退火、正火件的加工路线为:毛坯生产→退火(或正火)→切削加工。

2) 调质工序位置　调质主要目的是提高零件综合力学性能,或为以后表面淬火作好组织准备。调质工序位置一般安排在粗加工后、半精或精加工前。若在粗加工前调质,则零件表面调质层的优良组织有可能在粗加工中大部分被切除掉,失去调质的作用,碳钢件可能性更大。调质件的加工路线一般为:下料→锻造→正火(或退火)→粗加工(留余量)→调质→

半精加工(或精加工)。

生产中,灰铸铁件、铸钢件和某些无特殊要求的锻钢件,经退火、正火或调质后,已能满足使用性能要求,不再进行最终热处理,此时上述热处理就是最终热处理。

2. 最终热处理工序位置

最终热处理包括淬火、回火、渗碳、渗氮等。零件经最终热处理后硬度较高,除磨削外不宜再进行其他切削加工,因此工序位置一般安排在半精加工后、磨削加工前。

1) 淬火工序位置 淬火分为整体淬火和表面淬火两种。

(1) 整体淬火工序位置。整体淬火件加工路线一般为:下料→锻造→退火(或正火)→粗加工、半精加工(留余量)→淬火、回火(低、中温)→磨削。

(2) 表面淬火工序位置。表面淬火件加工路线一般为:下料→锻造→退火(或正火)→粗加工→调质→半精加工(留余量)→表面淬火、低温回火→磨削。

为降低表面淬火件的淬火应力,保持高硬度和耐磨性,淬火后应进行低温回火。

2) 渗碳工序位置 渗碳分为整体渗碳和局部渗碳两种。对局部渗碳件,在不需渗碳部位采取增大原加工余量(增大的量称为防渗余量)或镀铜的方法。待渗碳后淬火前切去该部位的防渗余量。渗碳件(整体与局部渗碳)的加工路线一般为:

下料→锻造→正火→粗、半精加工(留防渗余量或镀铜)→渗碳————→淬火、低温回火 → 磨削

└→切除防渗余量

3) 渗氮工序位置 渗氮温度低、变形小,渗氮层硬而薄,因此工序位置应尽量靠后,通常渗氮后不再磨削,对个别质量要求高的零件,应进行精磨、研磨或抛光。为保证渗氮件心部有良好的综合力学性能,在粗加工和半精加工之间进行调质。为防止因切削加工产生的残留应力,使渗氮件变形,渗氮前应进行去应力退火。渗氮件加工路线一般为:下料→锻造→退火→粗加工→调质→半精加工→去应力退火(俗称高温回火)→粗磨→渗氮→精磨、研磨或抛光。

二、实践与研究

(1) 某多孔冲裁模具的凹模,材料为 T10A 钢,要求具有好的综合力学性能。其加工工艺路线为:下料→锻造→球化退火→机械粗加工→高温回火或调质→机械加工成形→钳工修配。

分别说明上述热处理工艺方法的作用。

(2) 某形状复杂的压铸模,材料为 3Cr2W8V(含碳量为 0.3%)钢,要求具有良好的耐热性能,抗氧化性能和抗黏模性能。其加工工艺路线为:下料→锻造→退火→粗加工→调质→半精加工成形→钳工修磨→渗氮(或软氮化)→研磨抛光。

分别说明上述热处理工艺方法的作用。

(3) 某一塑料模具要求表面具有高的耐磨性、抗氧化性、防黏性,材料为低合金渗碳钢(20Cr),其加工工艺路线为:下料→锻造→退火→粗加工→冷挤压成形→再结晶退火→机械半精加工→渗碳→淬火、回火→机械精加工→抛光→镀铬→装配。

分别说明上述热处理工艺方法的作用。

三、拓展与提高

蜗杆的热处理工艺分析

蜗杆(图5-31)用于传递运动和动力,要求齿部有较高的强度、耐磨性和精度保持性,其余各部位要求有足够的强度和韧性。

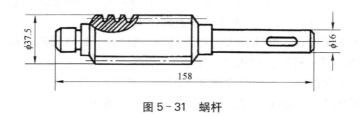

图5-31　蜗杆

材料:45钢。

热处理技术条件:齿部45～50 HRC,其余部位,调质220～250HBS。

加工路线:下料→锻造→正火→粗加工→调质→半精加工→表面淬火→精加工。

蜗杆的热处理工艺分析:预先热处理采用的是正火,其作用是除毛坯件锻造产生的残留应力,提高硬度,改善切削加工性能,细化晶粒,为调质处理作好组织准备。

调质的作用:使蜗杆具有好的综合力学性能,整体性能达到220～250HBS。

表面淬火作用:提高工件表面的硬度和耐磨性,保证蜗杆的齿部硬度达到45～50 HRC。

思考与练习

1. 淬火的目的是什么?亚共析钢和过共析钢淬火加热温度应如何确定,为什么?

2. 45钢和T12钢分别加热到700℃、770℃、840℃淬火,试问这些淬火温度是否正确。为什么45钢在770℃淬火后的硬度远低于T12钢在770℃淬火后的硬度?

3. 为什么淬火后的钢一般都要进行回火?按回火温度不同,回火分为哪几种?指出各种温度回火后得到的组织、性能及应用范围。

4. 在一批45钢制的螺栓中(要求头部热处理后硬度为43～48 HRC)混入少量20钢和T12钢,若按45钢进行淬火、回火处理,试问能否达到要求?分别说明为什么。

5. 现有三个形状、尺寸、材质(低碳钢)完全相同的齿轮,分别进行普通整体淬火、渗碳淬火和高频感应淬火,试用最简单的办法将它们区分开来。

6. 现有低碳钢和中碳钢齿轮各一个,为使齿面有高硬度和耐磨性,试问各应进行何种热处理?并比较它们经热处理后在组织和性能上有何不同。

7. 去应力退火和回火都可消除钢中应力,试问两者在生产中能否通用,为什么?

8. 用T10钢制造刀具,要求淬硬到60～64 HRC。生产时误将45钢当成T10钢,按T10钢加热淬火,试问能否达到要求,为什么?

9. 甲、乙两厂同时生产一批45钢零件,硬度要求为220～250 HBS。甲厂采用调质,乙厂采用正火,均可达到硬度要求,试分析甲、乙两厂产品的组织和性能差异。

10. 45钢调质后硬度240 HBS,若再进行200℃回火,试问是否可提高其硬度,为什么?若45钢淬火、低温回火后硬度 57 HRC,然后再进行 560℃回火,试问是否可降低其硬度,为什么?

11. 渗碳后的零件为什么必须淬火和回火? 淬火、回火后表层与心部性能如何,为什么?

12. 什么是渗氮? 渗氮的主要目的是什么? 为何渗氮后的零件不再淬火和进行切削量大的加工?

13. 某厂用 20 钢制造齿轮,其加工路线为:下料锻造→正火→粗加工、半精加工→渗碳→淬火、低温回火→磨削。试回答下列问题:

   (1) 说明各热处理工序作用;

   (2) 制定最终热处理工艺规范(温度、冷却介质);

   (3) 最终热处理后表面组织和性能。

14. 用 T10 钢制造形状简单的刀具,其加工路线为:锻造→热处理→切削加工→热处理→磨削。

   试回答下列问题:

   (1) 各热处理工序的名称及其作用;

   (2) 制定最终热处理工艺规范(温度、冷却介质);

   (3) 各热处理后的组织。

项目六　　碳素钢与合金钢

案例导入

图 6-1　电机复合模

从图 6-1 所示的电机复合模可知,模具是由若干个零件组合而成,模具各部分所使用的钢材各有不同。为什么冷冲模的上、下模座等支撑零件普遍采用铸铁,而凸、凹模等工作零件一般采用工具钢、合金钢等,导柱、导套等导向零件则一般选用 20 号优质碳素结构钢? 如何针对不同形状、起不同作用的零件进行合理选材,达到既满足使用要求又能够尽可能地降低制造成本? 这就要求熟练并重点掌握常用金属材料的性能特点及用途,只有这样,才能做到合理选材、正确选材。

本项目主要研究碳素钢与合金钢的成分、性能、牌号、热处理以及模具零部件和机械零部件可以使用的合金钢,对合金模具钢将在以后项目中进行研究,本项目不作深入的研究。

任务一　碳素钢(非合金钢)

【学习目标】
1. 了解碳素钢中常存元素对碳钢的影响。
2. 了解碳素钢的分类标准。
3. 掌握碳素钢的成分牌号和性能以及应用。
4. 具有选择使用碳素钢的能力。

碳钢是含碳量小于 2.11% 的铁碳合金,它在工业生产中得到广泛的应用,钢铁材料的生产过程对碳钢的成分、性能都有影响。本任务主要研究碳钢的成分、牌号和性能以及用途。

一、相关知识

（一）碳素钢中的常存元素对碳钢性能的影响

从碳素钢冶炼的过程看，碳钢中含有少量的硅（Si）、锰（Mn）、磷（P）、硫（S）等元素，这些元素常存在于钢中，对钢的力学性能有一定的影响。

1. 锰对碳素钢性能的影响

锰来自炼钢原料（生铁和脱氧剂锰铁）。锰有较好的脱氧能力，可使钢中的 FeO 还原成铁，改善钢的质量；锰与硫能生成 MnS，以减轻硫的有害作用；锰大部分溶于铁素体中产生固溶强化，提高钢的强度和硬度，一部分锰能溶于渗碳体中形成合金渗碳体。锰在钢中是一种有益元素。碳钢中 $w_{Mn}=0.25\%\sim0.8\%$，当含锰量不高时，对钢性能影响不大。

2. 硅对碳素钢性能的影响

硅也是来自生铁和脱氧剂。硅能与钢液中的 FeO 生成炉渣，消除 FeO 对钢质量的影响；硅能溶于铁素体中产生固溶强化，提高钢的强度和硬度。硅在钢中是一种有益元素。镇静钢（用铝、硅铁和锰铁脱氧的钢）中 $w_{Si}=0.1\%\sim0.4\%$，沸腾钢（只用锰铁脱氧）中 $w_{Si}=0.03\%\sim0.07\%$，当含硅量不高时，对钢性能影响不大。

3. 硫对碳素钢的影响

硫是在炼钢时由矿石和燃料带入的。硫不溶于铁，以 FeS 的形式存在钢中。FeS 与 Fe 形成低熔点共晶体，熔点为 $985℃$，分布在奥氏体晶界上，当钢在 $1\,000\sim1\,200℃$ 进行热加工时，由于晶界处共晶体熔化，导致钢开裂，这种现象称为热脆。为此，除严格控制钢中硫的含量外，可在钢液中增加锰的含量，锰和硫能形成有一定塑性、熔点高（$1\,620℃$）的 MnS，以避免热脆。硫在钢中是有害元素。

4. 磷对碳钢的影响

磷是由矿石带入钢中的。一般磷能全部溶于铁素体中，提高钢的强度、硬度，但使塑性、韧性急剧下降，尤其在低温时更为严重，这种现象称为冷脆。磷是钢中有害元素，应严格控制其含量。

硫和磷是钢中的有害元素，但在易切削钢中，要适当提高它们的含量，以使切屑易形成，提高切削加工性能。

（二）碳素钢的分类

碳素钢的分类方法很多，常用的有以下几种。

按钢中的含碳量分，碳素钢可分为低碳钢（含碳量≤0.25%）、中碳钢（含碳量 0.25%～0.60%）、高碳钢（含碳量＞0.60%）。

按钢的质量（S、P 含量）分，碳素钢可分为普通钢（$w_S\leqslant0.050\%$，$w_P\leqslant0.045\%$）、优质钢（$w_S\leqslant0.035\%$，$w_P\leqslant0.035\%$）、高级优质钢（$w_S\leqslant0.030\%$，$w_P\leqslant0.030\%$）。

按钢的用途分，碳素钢可分为碳素结构钢（用于制造机械零件和工程结构件）、碳素工具钢（用于制造刀具、模具、量具的钢，一般含碳量大于 0.7%）。

按钢冶炼时脱氧程度分，碳素钢可分为镇静钢（Z）、沸腾钢（F）、半镇静钢（b）。

（三）常用的碳素钢

碳素钢是工农业生产和日常生活中最基本、最重要的材料，也是应用最广泛的金属材料。常用的碳素钢的材料有碳素结构钢、碳素工具钢和铸钢。

1. 碳素结构钢牌号、成分、性能和用途

碳素结构钢是用于制造机械零件和工程结构件的碳素钢,它在使用时常根据质量可分为普通碳素结构钢和优质碳素结构钢。

用作机械零件的钢称为机械结构用钢,它们大都是优质或高级优质的结构钢,以适应机械零件承受动载荷的要求。一般需经适当热处理,以发挥材料的潜力。

用作工程结构(如屋架、桥梁、高压电线塔、钻井架、车辆构架、起重机械构架等)的钢称为工程结构用钢,它们大都是普通质量的结构钢。因为其含硫、磷较优质钢多,且冶金质量也较优质钢差,故适用于制造承受静载荷作用的工程结构件。这类结构钢冶炼比较简单,成本低,适应工程结构需大量消耗钢材的要求。这类钢一般不再进行热处理。

1) 普通碳素结构钢的牌号、成分、性能和用途　普通碳素结构钢的平均含碳量在0.06%~0.38%范围内,钢中含有害元素和非金属夹杂物较多,但性能上能满足一般工程结构及普通零件的要求,因而应用较广。它通常轧制成钢板或各种型材(圆钢、方钢、工字钢、钢筋等)供应。

普通碳素结构钢的牌号采用"Q 数字-质量等级·脱氧程度"的形式表示,其中"Q"表示屈服点;"数字"表示碳钢屈服点的数值;"质量等级"用 A、B、C、D 表示四个等级,其中 A 级最差,D 级最好,所有的 A 级钢在供应时只保证力学性能,B、C、D 级钢在供应状态既保证力学性能,又保证化学成分;"脱氧程度"用 F、b、Z、TZ 表示,F 是沸腾钢,b 是半镇静钢,Z 是镇静钢,TZ 是特殊镇静钢,Z 和 TZ 在牌号表示中可以省略。例如 Q215-A·F 表示为 σ_s 为215 MPa 的 A 级沸腾钢。普通碳素结构钢的成分与力学性能见表 6-1。

表 6-1　普通碳素结构钢的成分、性能

牌号	等级	化学成分(质量分数)/%		Si	S	P	脱氧方法	力学性能		
		C	Mn		不大于			σ_s /MPa	σ_b /MPa	δ /%
Q195		0.06~0.12	0.25~0.50	0.30	0.050	0.045	F、b、Z	195	315~390	33
Q215	A	0.09~0.15	0.25~0.55	0.30	0.050	0.045	F、b、Z	215	335~410	31
	B				0.045					
Q235	A	0.14~0.22	0.30~0.65	0.30	0.050	0.045	F、b、Z	235	375~460	26
	B	0.12~0.20	0.30~0.70		0.045					
	C	≤0.18	0.35~0.80		0.040	0.040	Z			
	D	≤0.17			0.035	0.035	TZ			
Q255	A	0.18~0.28	0.40~0.70	0.30	0.050	0.045	Z	255	410~510	24
	B				0.045					
Q275		0.28~0.38	0.50~0.80	0.35	0.050	0.045	Z	275	490~610	20

普通碳素结构钢价格低廉,应用广泛。主要用于厂房、桥梁、船舶等建筑结构和一些受

力不大的机械零件。

Q195 钢、Q215 钢(相当于旧牌号 A1 钢、A2 钢)有一定的强度,塑性好。主要制作薄板(如镀锌薄钢板)、钢筋、冲压件、铆钉、铁钉、地脚螺栓、开口销和烟筒等,也可代替 08F 钢、10 钢制作冲压件和焊接结构件。

Q235 钢(相当于 A3 钢)强度较高,用于制作钢筋、钢板、农业机械用型钢和不重要的机械零件,如拉杆、连杆、转轴、模具上的普通结构零件等。Q235 - C 钢、Q235 - D 钢质量较好,可制作重要的焊接结构件,如武汉长江大桥的钢结构、课桌椅的钢结构等。

Q255 钢、Q275 钢(相当于 A4 钢、A5 钢)强度高、质量好,用于制作建筑、桥梁等工程上质量要求较高的焊接结构件,以及摩擦离合器、主轴、三轮车的心轴、刹车钢带、吊钩等。

2) 优质碳素结构钢的牌号、成分、性能和用途　这类钢有害杂质元素磷、硫受到严格限制,非金属夹杂物含量较少,塑性和韧性较好,主要制作较重要的机械零件。

优质碳素结构钢按冶金质量等级分为优质钢、高级优质钢(A)、特级优质钢(E);按使用加工方法分为压力加工用钢(UP)和切削加工用钢(UC),压力加工用钢包括热压力加工用钢(UHP)、顶锻用钢(UF)、冷拔坯料用钢(UCD)。优质碳素结构钢的磷、硫含量见表 6 - 2。

表 6 - 2　优质碳素结构钢中磷、硫含量(质量分数)　　　　　　　　(%)

组　别	P	S
	不大于	
优质钢	0.035	0.035
高级优质钢(A)	0.030	0.030
特级优质钢(E)	0.025	0.020

优质碳素结构钢牌号用两位数字表示。两位数字表示钢中平均含碳量的万分数。如 45 钢,表示平均含碳量为 0.45%;08 钢表示钢中平均含碳量 0.08%。

优质碳素结构钢按含锰量不同,分为普通含锰量(0.25%~0.8%)及较高含锰量(0.7%~1.2%)两组。含锰量较高的一组,在其牌号数字后加"Mn"字。高级优质钢在数字后面加"A";特级优质钢在数字后面加"E";沸腾钢在数字后面加"F";半镇静钢数字后面加"b"。优质碳素结构钢的牌号、成分、力学性能见表 6 - 3。

表 6 - 3　优质碳素结构钢(优质钢)的牌号、化学成分和力学性能

牌号	化学成分(质量分数)/%						力学性能(不小于)				
	C	Si	Mn	Cr	Ni	Cu	σ_s /MPa	σ_b /MPa	δ/%	ψ /%	A_{KU} /J
				不大于							
08F	0.05~0.11	≤0.03	0.25~0.50	0.10	0.30	0.25	295	175	35	60	
15F	0.12~0.18	≤0.07	0.25~0.50	0.25	0.30	0.25	355	205	29	55	
08	0.05~0.11	0.17~0.37	0.35~0.65	0.10	0.30	0.25	325	195	33	60	
10	0.07~0.13	0.17~0.37	0.35~0.65	0.15	0.30	0.25	335	205	31	55	

（续表）

牌号	化学成分(质量分数)/%						力学性能(不小于)				
	C	Si	Mn	Cr	Ni	Cu	σ_s /MPa	σ_b /MPa	δ/%	ψ /%	A_{KU} /J
				不大于							
15	0.12~0.18	0.17~0.37	0.35~0.65	0.25	0.30	0.25	375	225	27	55	
20	0.17~0.23	0.17~0.37	0.35~0.65	0.25	0.30	0.25	410	245	25	55	
25	0.22~0.29	0.17~0.37	0.50~0.80	0.25	0.30	0.25	450	275	23	50	71
30	0.27~0.34	0.17~0.37	0.50~0.80	0.25	0.30	0.25	490	295	21	50	63
35	0.32~0.39	0.17~0.37	0.50~0.80	0.25	0.30	0.25	530	315	20	45	55
40	0.37~0.44	0.17~0.37	0.50~0.80	0.25	0.30	0.25	570	335	19	45	47
45	0.42~0.50	0.17~0.37	0.50~0.80	0.25	0.30	0.25	600	355	16	40	39
50	0.47~0.55	0.17~0.37	0.50~0.80	0.25	0.30	0.25	630	375	14	40	31
55	0.52~0.60	0.17~0.37	0.50~0.80	0.25	0.30	0.25	645	380	13	35	
60	0.57~0.65	0.17~0.37	0.50~0.80	0.25	0.30	0.25	675	400	12	35	
65	0.62~0.70	0.17~0.37	0.50~0.80	0.25	0.30	0.25	695	410	10	30	
70	0.67~0.75	0.17~0.37	0.50~0.80	0.25	0.30	0.25	715	420	9	30	
85	0.82~0.90	0.17~0.37	0.50~0.80	0.25	0.30	0.25	1 130	980	6	30	
15Mn	0.12~0.18	0.17~0.37	0.70~1.00	0.25	0.30	0.25	410	245	26	55	
35Mn	0.32~0.39	0.17~0.37	0.70~1.00	0.25	0.30	0.25	560	335	18	45	55
50Mn	0.48~0.56	0.17~0.37	0.70~1.00	0.25	0.30	0.25	645	390	13	40	31
65Mn	0.62~0.70	0.17~0.37	0.90~1.20	0.25	0.30	0.25	735	430	9	30	
70Mn	0.67~0.75	0.17~0.37	0.90~1.20	0.25	0.30	0.25	785	450	8	30	

08F、10 钢含碳量低、强度低、塑性好，一般由钢厂轧成薄板或钢带供应，可制作冲压件，如外壳、容器、罩子、汽车的壳体等；10 钢~25 钢冷塑性变形能力和焊接性好，常用来制作受力不大，韧性要求高的冲压件和焊接件，如螺钉、螺母、杠杆、轴套和焊接容器等，这类钢经热处理（如渗碳）后，钢材表面具有高硬度、心部有一定的强度和韧性，常用来制作承受冲击载荷的零件，如齿轮、凸轮、销、摩擦片等；30 钢~55 钢、40Mn 钢、50Mn 钢，经调质处理后，可获得良好的综合力学性能，主要用来制作齿轮、连杆、轴类、套筒等零件，其中 40 钢、45 钢应用广泛；60 钢~85 钢、60Mn 钢、65Mn 钢、70Mn 钢，经热处理后，可获得较高的弹性极限、足够的韧性和一定的强度，常用来制作弹性零件和易磨损的零件，如弹簧、弹簧垫圈、轧辊、犁镜等。

2. 碳素工具钢的牌号、成分、性能和用途

碳素工具钢的平均含碳量范围在 0.65%~1.35%，一般需热处理后使用。这类钢经热处理后具有较高的硬度和耐磨性，主要用于制作低速切削刀具，以及对热处理变形要求低的一般模具、低精度量具等。

碳素工具钢的牌号用"T"（"碳"字汉语拼音字首）和数字组成。数字表示钢的平均含碳量的千分数。如 T8 钢,表示平均含碳量为 0.8% 的碳素工具钢。若牌号末尾加"A",则表示钢中硫、磷含量比相同含碳量的碳素工具钢少,为高级碳素工具钢。如 T10A 钢为平均含碳量为 1.0% 的高级碳素工具钢。

碳素工具钢的牌号、成分和热处理见表 6-4。

表 6-4 碳素工具钢的牌号、成分和热处理

牌号	化学成分(质量分数)/%					退火硬度 HBS	淬火工艺	
	C	Mn	Si	S	P		淬火温度/℃ 和冷却剂	淬火硬度 HRC (不小于)
				不大于				
T7	0.65~0.74	≤0.40	≤0.35	0.030	0.035	187	800~820 水	62
T7A				0.020	0.030			
T8	0.75~0.84	≤0.40	≤0.35	0.030	0.035	187	780~800 水	62
T8A				0.020	0.030			
T8Mn	0.80~0.90	0.40~0.60	≤0.35	0.030	0.035	187	780~800 水	62
T9	0.85~0.94	≤0.40	≤0.35	0.030	0.035	192	760~780 水	62
T10	0.95~1.04	≤0.40	≤0.35	0.030	0.035	197	760~780 水	62
T10A								
T11	1.05~1.14	≤0.40	≤0.35	0.030	0.035	207	760~780 水	62
T12	1.15~1.24	≤0.40	≤0.35	0.030	0.035	207	760~780 水	62
T12A								
T13	1.25~1.35	≤0.40	≤0.35	0.030	0.035	207	760~780 水	62

碳素工具钢的硬度和耐磨性,随着含碳量的增加,而逐渐增大,韧性逐渐下降。它们由于性能上的差异,使它们在不同的场合进行使用。

T7 和 T8 钢一般用于制造受冲击,需要高硬度和高耐磨性的工具(工作部分 48~60 HRC),如铁锤、冲头、錾子、螺钉旋具、简单的模具、木工工具等。

T9、T10 和 T11 钢用于制造受中等冲击的工具和耐磨件(工作部分 60~62 HRC),如手工锯条、丝锥板牙、冷冲模等。

T12 和 T13 钢用于制造不受冲击、硬度极高的工具和耐磨件(工作部分 62~65 HRC),如锉刀、刮刀、钻头、刀片等。

3. 铸造碳钢的牌号、成分、性能和用途

铸钢的含碳量 0.15%~0.6%。主要用来制作形状复杂、难以进行锻造或切削加工,且要求较高强度和韧性的零件。

工程用铸钢牌号首位冠以"ZG"("铸钢"二字汉语拼音字首)。根据 GB/T 5613—1995 规定,铸钢牌号有两种表示方法。用力学性能表示时(按 GB/T 11352—2009 规定),在"ZG"后面有两组数字,第一组数字表示该牌号钢屈服点的最低值,第二组数字表示其抗拉强度的最低值。例如 ZG34-640 钢,表示 $\sigma_s \geq 340$ MPa,$\sigma_b \geq 640$ MPa 的工程用铸钢。用化学成分

表示时，在"ZG"后面的一组数字表示铸钢平均含碳量的万分数（平均含碳量大于1％时不标出，平均含碳量小于0.1％时，第一位数字为0）。在含碳量后面排列各主要合金元素符号，每个元素符号后面用整数标出其含量的百分数。例如 ZG15Cr1Mo1V 钢，表示平均含碳量为0.15％、含铬量为1％、含钼量为1％、含钒量为0.9％的铸钢。

工程用铸钢的牌号、成分、力学性能见表6-5。

表6-5　铸造碳钢的牌号、成分、力学性能

牌　号	化学成分（质量分数）/%（不大于）					室温力学性能（不小于）				
	C	Si	Mn	P	S	σ_s /MPa	σ_b /MPa	δ /%	ψ /%	A_{KV} /J
ZG200-400	0.20	0.50	0.80	0.04		200	400	25	40	30
ZG230-450	0.30	0.50	0.90	0.04		230	450	22	32	25
ZG270-500	0.40	0.50	0.90	0.04		270	500	18	25	22
ZG310-570	0.50	0.60	0.90	0.04		310	570	15	21	15
ZG340-640	0.60	0.60	0.90	0.04		340	640	10	18	10

ZG200-400 铸钢，该钢具有良好的塑性、韧性和焊接性能。用于受力不大、要求韧性好的各种机械零件，如机座、变速箱壳等。

ZG230-450 铸钢，该钢具有一定的强度和较好的塑性、韧性和焊接性能。用于受力不大、要求韧性好的各种机械零件，如钻座、外壳、轴承盖、底板、阀体、犁柱等。

ZG270-500 铸钢，该钢具有较高的强度和较好的塑性、良好的铸造性能、切削加工性好，有较好的焊接性能。用于轧钢机机架、轴承座、连杆、箱体、曲轴、缸体等。

ZG310-570 铸钢，该钢具有高的强度和良好切削加工性能，塑性、韧性较低。用于载荷较高的各种机械零件，如大齿轮、缸体、制动轮、辊子等。

ZG340-640 铸钢，该钢具有高的强度、硬度和耐磨性，切削加工性能好，焊接性能较差，流动性好，裂纹敏感性较大。用于齿轮、棘轮等。

铸钢件常见的缺陷是魏氏组织（组织组分之一呈片状或针状沿母相特定晶面析出的显微组织），如图6-2所示。这种组织使钢的塑性及韧性显著降低。生产中常用退火或正火来消除魏氏组织，改善钢的性能。

图6-2　铸钢中魏氏组织

二、实践与研究

（1）参观炼铁、炼钢厂以及轧钢车间，了解钢铁材料的生产过程及产品。

（2）看看你的周围有哪些碳素钢制造的产品，收集和班级同学进行交流。

（3）根据零件的使用条件，对表6-6中零件进行材料的选用（自选碳钢牌号），说明理由。

表6-6 材料选用表

零 件	选用的材料	零 件	选用的材料	零 件	选用的材料
铁（钢）钉或镀锌铁桶		汽车壳体		弹簧	
武汉长江大桥的钢结构		风扇的叶片		木工工具	
自行车的心轴		机床的主轴		水泵的壳体	

（4）某学校计划制作一批绘图桌椅，用普通碳素钢制作，请你选合适的材料和防腐的方法。

三、拓展与提高

碳素钢的鉴别

在生产实践中，采用听一听、弯一弯、锉一锉、錾一錾的方法，可大致判断碳钢的成分。敲起来声音低哑，弯曲度大，锉痕和錾印较深的是低碳钢；敲起来声音较清脆，弯曲度较大，锉痕和錾印较浅的是中碳钢；敲起来声音清脆，弯曲度小，锉痕和錾印浅的是高碳钢。

任务二　合金元素在钢中的作用和合金钢的分类

【学习目标】

1. 了解合金元素在钢中的作用。

2. 了解合金钢的分类和合金钢牌号的表示方法。

3. 具有识别合金钢牌号和钢中合金元素作用的能力。

合金钢中常加入的元素有硅（Si）、锰（Mn）、铬（Cr）、镍（Ni）、钼（Mo）、钨（W）、钒（V）、钛（Ti）、硼（B）、铝（Al）、铌（Nb）、锆（Zr）和稀土金属元素（RE）等，它们统称为合金元素。

一、相关知识

（一）合金元素在钢中的作用

合金元素在钢中不仅与铁和碳发生作用，而且合金元素之间也可能相互作用，而使合金钢具有良好的性能。合金元素在钢中所起的作用可归纳为以下几个方面。

（1）合金元素溶入铁素体（或奥氏体）中，提高钢的强度和硬度。合金元素溶入铁素体

(或奥氏体)中,形成合金铁素体或合金奥氏体,产生固溶强化的效应,提高钢的强度和硬度。

(2) 形成合金碳化物,提高钢的硬度和耐磨性。加入到钢中的合金元素,有些是非碳化合物形成元素,如 Al、Si、Co、N、P 等,这些合金元素大多数溶于铁素体中,或形成其他化合物。有些是化合物形成元素,按照它们与碳的亲和力由弱到强的顺序为:Fe、Mn、Cr、Mo、W、V、Ta、Nb、Zr、Ti。其中 Fe 和 Mn 是弱碳化物形成元素,它们形成的是合金渗碳体 $(Fe、Mn)_3C$。Cr、Mo、W 是中强碳化物形成元素,它们除形成合金碳化物之外,还形成特殊碳化物。如 Cr_7C_3、$Cr_{23}C_6$ 等,V、Ta、Nb、Zr、Ti 为强碳化物形成元素,它们与碳形成极稳定的特殊化合物,如 VC、TiC 等,这些碳化物有高熔点、硬度。一般,碳化物越稳定,其硬度越高;碳化物的颗粒越细小,对钢的强化效果越显著。高速钢制作的刀具,因含有大量稳定性高的碳化物,所以硬度高,耐磨性好。

(3) 合金元素能提高钢的淬透性。合金元素能溶入奥氏体中,使 C 曲线向后移动,从而使临界冷却速度减小,提高钢的淬透性。

(4) 合金元素能提高钢的回火稳定性。回火稳定性是指淬火钢在回火时抵抗硬度下降的能力。大多数合金元素(尤其是强碳化物形成元素)对原子扩散起阻碍作用,延缓了马氏体分解。因此,在相同回火温度下,低合金钢与合金钢的硬度和强度比相同含碳量的碳钢高,即合金元素提高了钢的回火稳定性。

(5) 合金元素对铁碳相图的影响。合金元素镍、锰、钴等可使 GS 线向左下方移动,扩大奥氏体单相区,合金元素铬、钼、钨、钒、钛、硅等可使 GS 线向左上方移动,缩小奥氏体单相区。这些合金元素加入,可能使钢在室温下形成单相的奥氏体或单相铁素体组织,从而使钢具有良好的耐蚀性和耐热性。

(6) 合金元素能阻碍奥氏体的晶粒长大,细化晶粒,提高钢的塑性和韧性。合金钢的奥氏体化过程与碳钢相同,即包括奥氏体形核与长大、剩余碳化物溶解、奥氏体均匀化等过程。奥氏体化过程与碳的扩散能力有关,除钴、镍等元素外,大多数合金元素均使碳的扩散能力降低,尤其是强碳化物形成元素(如钒等)所形成的特殊碳化物,能阻碍碳的扩散。这种碳化物稳定性大,又难以分解,使奥氏体均匀化过程变得困难。因此,大多数合金钢为获得成分均匀的奥氏体,需提高加热温度和延长保温时间。合金元素(除锰、磷外)均不同程度地阻碍奥氏体晶粒长大,尤其是强碳化物形成元素(如钛、钒、铌等)更为显著,它们形成的碳化物在高温下较稳定,且呈弥散质点分布在奥氏体晶界上,能阻碍奥氏体晶粒长大。因此,合金钢经热处理后的晶粒比相同含碳量的碳钢更细小,其性能较高。

(7) 合金元素能使钢具有特殊的物理性能、化学性能。一些合金元素加入钢后,能使钢具有一些特殊的物理性能、化学性能。加入铬、镍、钼等合金元素,可使钢有很好的耐腐蚀性和耐热性;加入 11%~14% 的锰元素,钢将具有特别高的耐磨性。钢的这些特殊的物理、化学性能,使钢发挥着特殊的作用。

(二) 合金钢的分类

合金钢的分类方法很多,最常用的有以下三种方法。

(1) 按合金元素含量分:低合金钢,合金元素的总含量≤5%;中合金钢,合金元素的总含量 5%~10%;高合金钢,合金元素的总含量>10%。

(2) 按主要用途不同分:合金结构钢,主要用于制造重要的机械零件和工程结构件;合金工具钢,主要用于制造重要的工具;特殊性能钢,主要是具有某些特殊物理、化学性能的合金钢,如不锈钢、耐热钢、耐磨钢等。

（3）按合金钢中硫、磷含量分：优质合金钢（硫、磷含量≤0.040%）；高级优质合金钢（硫、磷含量≤0.030%）；特级质量合金钢（硫、磷含量≤0.025%）。

（三）合金钢牌号的表示方法

1. 合金结构钢牌号的表示方法

除低合金高强度结构钢和特殊专用钢,我国的合金结构钢牌号采用下列方法表示："二位数字＋元素符号＋数字",其中"二位数字"表示平均含碳量的万分之几,"元素符号"表示加入的合金元素,"数字"表示合金元素平均百分含量。例如：40Mn2 表示含 C 0.40%、Mn 2.0%的合金结构钢。如高级优质钢,则在牌号后加"A",特级质量钢在牌号后加"E"。

2. 合金工具钢牌号的表示方法

合金工具钢的牌号采用下列方法表示："一位数字＋元素符号＋数字"。上式中的"一位数字"表示平均含碳量的千分之几,当 $w_C \geqslant 1.0\%$ 时,牌号中不予标出；"元素符号"表示加入的合金元素；"数字"表示合金元素平均百分含量。例如：3Cr2W8V 表示含 C 0.30%、Cr2.0%、W8.0%、V≤1.5%的合金工具钢；Cr12MoV 表示含 C≥1.0%、Cr12.0%、V≤1.5%的合金工具钢。

3. 特殊性能钢牌号的表示方法

特殊性能钢牌号的表示方法基本上与合金工具钢相同,只是当含碳量在 0.03%～0.1%之间时,牌号中用 0 表示；当含碳量≤0.03%时,牌号中用 00 表示。如不锈钢的牌号有 0Cr18Ni9、00Cr13Mo2 等。

4. 其他一些特殊专用钢牌号的表示方法

1）低合金高强度结构钢的牌号　由 Q（屈服点的"屈"字汉语拼音字首）、屈服点数值最小值、质量等级组成,与普通碳素结构钢一样。例如：Q420－D 表示最小屈服点为 420 MPa 的 D 级低合金高强度钢。

2）易切削结构钢的牌号　由 Y＋两位数字（Mn）,两位数字表示钢中平均含碳量的万分之几,当含锰量较高时后加上"Mn"。例如：Y20Mn 表示含碳量为 0.20%的高锰易切削结构钢。

3）轴承钢的牌号　依次由"滚"字汉语拼音字首"G"、合金元素符号"Cr"和数字组成。其数字表示平均含铬量的千分数。例如,GCr15 表示平均含 Cr1.5%的轴承钢。若钢中含有其他合金元素,应依次在数字后面写出元素符号,如 GCr15SiMn 表示平均 Cr1.5%,Si、Mn 均≤1.5%的轴承钢。无铬轴承钢的编号方法与结构钢相同。

二、实践与研究

国家体育场（"鸟巢"）是 2008 年北京奥运会主体育场,它是世界跨度最大的钢结构体育建筑之一,是用一根根"钢筋铁骨"巧妙编排,构成了孕育生命的"鸟巢"。查一查这一根根"钢筋铁骨"是什么材料制成的,它的牌号是什么?

三、拓展与提高

稀 土 元 素

稀土的英文是 Rare Earth,意即"稀少的土"。其实这不过是 18 世纪遗留给人们的误会。1787 年后人们相继发现了若干种稀土元素,但相应的矿物发现却很少。由于当时科学技术水平的限制,人们只能制得一些不纯净的、像土一样的氧化物,故人们便给这组元素留下了这么一个别致有趣的名字。其实稀土元素是钪、钇、镧等 17 种元素的总称。我国是稀土储量最丰富的国家,占全世界总储存量的 70%。内蒙古包头钢铁公司主要冶炼稀土金属,包头市有"稀土之城"的美誉。

稀土被人们称为新材料的"宝库",是各国科学家,尤其是材料专家最关注的一组元素,被美国、日本等国家有关政府部门列为发展高技术产业的关键元素。稀土除具有金属通用性以外,还具有自己的一些"绝招"。钢中加入适量的稀土,可细化晶粒,改善加工性能,提高钢的耐高温、抗腐蚀的本领。铸铁中加入稀土,可大大提高铸铁的塑性。另外,稀土还可以很好地改善玻璃、陶瓷的性能。

任务三 合金结构钢

【学习目标】
1. 了解低合金结构钢牌号、性能、热处理和用途,正确选用低合金结构钢。
2. 了解合金结构钢的分类,掌握合金结构钢的牌号、性能、热处理和用途。
3. 具有辨别合金结构钢牌号和正确选用合金结构钢的能力。

合金结构钢按照用途可分为工程用钢和机械制造用钢两大类。

工程用钢主要用于各种工程结构,如建筑钢架、桥梁、车辆等。这类钢是含少量合金元素的低碳结构钢,称为普通低合金结构钢,现又称为低合金高强度钢。

机械制造用钢主要用于制造机械零件,按用途和热处理特点,又分为合金渗碳钢、合金调质钢、合金弹簧钢、滚动轴承钢等。

一、相关知识

(一) 低合金结构钢

1. 低合金高强度结构钢

低合金高强度结构钢是在普通碳钢的基础上加入少量合金元素而制成的钢,钢中的含碳量小于 0.2%,合金元素总量小于 3%。由于合金元素产生的显著强化作用,这类钢的强度比含碳量相同的碳素钢高出很多(高 25%~150%),故称低合金高强度结构钢。它还具有良好的塑性、韧性和焊接性,耐腐蚀性也比碳钢好。由于这类钢塑性好,便于冷弯和冲压成形,成本低,产量大。另外,冷脆转变温度低,对寒冷地区使用的结构件和运输工具有很重要的意义。

低合金高强度结构钢的牌号表示方法与普通碳素结构钢相同。它仍用"Q 数字-质量等级"表示其牌号,如:Q345-A 表示 σ_s 为 345 MPa 的 A 级低合金高强度结构钢。这类钢的屈服点在 295~460 MPa 之间。低合金高强度钢新旧牌号对照表见附录 6。

低合金高强度结构钢广泛用于桥梁、车辆、船舶、建筑钢架、输油管、锅炉、高压容器及低温下工作的结构件。这类钢通常是热轧状态下供应,使用时一般不再进行热处理。常用的低合金高强度钢的牌号、性能和用途见表 6-7。

表 6-7　常用低合金高强度结构钢的牌号、性能和用途

牌号	质量等级	力 学 性 能				主 要 用 途
		σ_s/MPa	σ_b/MPa	δ/%	A_K/J	
Q295	A	295	390～570	23		车辆冲压件、拖拉机轮圈、石油井架、输油管等
	B	295	390～570	23	34(20℃)	
Q345	A	345	470～630	21		建筑构件、工业厂房、桥梁、铁路车辆、容器、起重机械、矿山机械等
	B	345	470～630	21	34(20℃)	
	C	345	470～630	21	34(0℃)	
	D	345	470～630	21	34(−20℃)	
	E	345	470～630	21	27(−40℃)	
Q390	A	390	490～650	19		大型厂房结构、起重运输设备、高载荷的焊接结构件
	B	390	490～650	19	34(20℃)	
	C	390	490～650	20	34(0℃)	
	D	390	490～650	20	34(−20℃)	
	E	390	490～650	20	27(−40℃)	
Q420	A	420	520～680	18		大型船舶、电站设备、大型焊接结构、中压或高压容器等
	B	420	520～680	18	34(20℃)	
	C	420	520～680	19	34(0℃)	
	D	420	520～680	19	34(−20℃)	
	E	420	520～680	19	27(−40℃)	
Q460	C	460	550～720	17	34(0℃)	用于各种大型工程结构及要求强度高、载荷大的轻型结构
	D	460	550～720	17	34(−20℃)	
	E	460	550～720	17	27(−40℃)	

2. 易切削结构钢

易切削结构钢是一种低合金结构钢，它是指含硫、锰、磷量较高或含微量铅、钙的低碳或中碳结构钢。

钢的切削加工性一般是按刀具寿命、切削抗力大小、加工表面粗糙度和切屑排除难易程度来评定的。提高钢的切削加工性能，目前主要通过加入易切削元素，如硫、铅、磷及微量的钙等。利用其自身或与其他元素形成一种对切削加工有利的夹杂物，使切削抗力降低，切屑易脆断，从而改善钢的切削加工性。

硫是现今广泛应用的易切削添加元素。当钢中含足够量的锰时，硫与锰形成 MnS 夹杂物微粒分布在钢中，中断钢基体的连续性，使钢被切削时形成易断的切屑，既降低切削抗力，又容易排屑。MnS 硬度及摩擦系数低，能减少刀具磨损，并使切屑不黏在刀刃上，这都有利于降低零件的表面粗糙度数值。但硫太多，会降低钢的力学性能，故硫应控制在 $w_S = 0.08\% \sim 0.33\%$ 范围内。

磷对改善切削加工性能作用较弱，很少单独使用，一般都复合地加入含硫或含铅的易切削结构钢中，以进一步提高切削加工性能。由于磷产生有害作用，故含量不能太多，一般 $w_P < 0.15\%$。

铅在室温下不固溶于铁素体中，故呈孤立、细小的铅质点(1～3 μm)分布于钢中。与硫

相似,铅也有减摩作用,对改善切削加工性极为有利。铅对钢的室温强度、塑性和韧性影响很小,但铅易产生密度偏析,另外,因铅的熔点低(327℃),易产生热脆性而使力学性能变坏,因此,一般 $w_{Pb}=0.15\%\sim0.35\%$。为了进一步改善切削加工性,而复合地加入硫和磷。

钙主要由脱氧来改变氧化夹杂物性态,使钢的切削加工性能得到改善,并能形成钙铝硅酸盐附在刀具上,防止刀具磨损。

易切削结构钢的牌号、成分、性能及用途见表 6-8。

表 6-8 常用易切削钢的牌号、成分、力学性能及用途

牌号	化学成分(质量分数)/%						力学性能(热轧)				用途举例
	C	Mn	Si	S	P	其他	σ_b/MPa	δ/%	ψ/%	HBS	
								不小于		不大于	
Y12	0.08~0.16	0.60~1.00	0.15~0.35	0.10~0.20	0.08~0.15		390~540	22	36	170	在机床上加工的标准紧固件,如螺栓、螺母、销
Y12Pb	0.08~0.16	0.70~1.10	≤0.15	0.15~0.25	0.05~0.10	Pb 0.15~0.35	390~540	22	36	170	可制作表面粗糙度要求更小的零件,如轴、销、仪表精密小件
Y15	0.10~0.18	0.80~1.20	≤0.15	0.23~0.33	0.05~0.10		390~540	22	36	170	同 Y12,但切削性更好
Y15Pb	0.10~0.18	0.80~1.20	≤0.15	0.23~0.33	0.05~0.10	Pb 0.15~0.35	390~540	22	36	170	同 Y12Pb,切削性较 Y15 钢好
Y20	0.15~0.25	0.70~1.00	0.15~0.35	0.80~0.15	≤0.06		450~600	20	30	175	强度要求稍高,形状复杂不易加工的零件,如计算机上的零件及各种紧固标准件
Y30	0.25~0.35	0.70~1.00	0.15~0.35	0.08~0.15	≤0.06		510~655	15	25	187	
Y35	0.32~0.40	0.70~1.00	0.15~0.35	0.08~0.15	≤0.06		510~655	14	22	187	同 Y30 钢
Y40Mn	0.35~0.45	1.20~1.55	0.15~0.35	0.20~0.30	≤0.05		590~735	14	20	207	受较高应力、表面粗糙度低的机床丝杠、螺栓及缝纫机零件
Y45Ca	0.42~0.50	0.60~0.90	0.20~0.40	0.04~0.08	≤0.04	Ca 0.002~0.003	600~745	12	26	241	经热处理的齿轮、轴等

注:Y12 钢、Y15 钢、Y30 钢为易切削碳素结构钢。

(二)机械制造用钢

机械制造用钢的合金结构钢是在优质碳素结构钢的基础上加入一些合金元素而形成的。它根据机械制造用钢的热处理和用途分为以下几种钢。

1. 合金渗碳钢

用于制造渗碳零件的合金结构钢称为合金渗碳钢。碳素渗碳钢由于淬透性差,仅能在表层获得高的硬度,而心部得不到强化,故适用于制造受力小的渗碳件。一些性能要求高、截面更大的零件,都必须采用合金渗碳钢。

合金渗碳钢含碳量在0.10%~0.25%之间,以保证心部具有足够的塑性和韧性。加入铬、锰、镍、硼等合金元素可提高钢的淬透性,并保证钢经渗碳、淬火后,从表层到心部都得到强化。加入少量钛、钒、钨、钼等强和中强碳化物形成元素,可形成稳定的合金碳化物,以阻碍奥氏体晶粒长大,起细化晶粒的作用。20CrMnTi是最常见的合金渗碳钢,适用于截面直径在30 mm以下的高强度渗碳件。

合金渗碳钢的热处理一般是渗碳、淬火和低温回火。

常用的合金渗碳钢的牌号、力学性能和用途见表6-9。

表6-9 常用合金渗碳钢的牌号、力学性能和用途

牌 号	毛坯尺寸 /mm	力学性能					用 途
		σ_s /MPa	σ_b /MPa	δ/%	ψ/%	A_K /J	
		不小于					
15Cr	15	490	735	11	45	55	截面不大、心部要求较高的强度和韧性、表面承受磨损的零件,如齿轮、凸轮、联轴节等
20Cr	15	540	835	10	40	47	截面在30 mm以下,形状复杂、心部要求较高的强度、工作表面承受磨损的零件,如机床变速箱的齿轮、活塞销、爪形离合器等
20MnV	15	590	785	10	40	55	锅炉、高压容器、大型高压管道等较高载荷的焊接件,使用温度上限450℃左右,亦可用于冷拉、冷冲压零件
20Mn2	15	590	785	10	40	47	代替20Cr钢制作渗碳的小齿轮、低要求的变速箱操纵杆、活塞销、气门顶杆
20CrMnTi	15	850	1 080	10	45	55	在汽车、拖拉机工业中用于截面在30 mm以下,承受高速、中或重载荷以及冲击、摩擦的重要渗碳件,如齿轮、轴、蜗杆等
20MnVB	15	885	1 080	10	45	55	模数较大、载荷较大的中小渗碳件,如重型机床齿轮、汽车后桥齿轮等
20CrMnMo	15	885	1 180	10	45	55	大型渗碳件,如大型拖拉机的齿轮、凸轮轴、活塞销
20MnTiB	15	930	1 130	10	45	55	20CrMnTi的代用钢,制造汽车、拖拉机上的小截面、中等冲击载荷的齿轮
20Cr2Ni4	15	1 080	1 180	10	45	63	大截面、载荷较高、交变载荷作用下的重要渗碳件,如大型齿轮、轴
18Cr2Ni4WA	15	835	1 180	10	45	78	大截面、高强度、良好韧性以及缺口敏感性低的重要渗碳件,如大截面的传动轴、活塞销等

注:表中各牌号的合金渗碳钢试样毛坯尺寸均为15 mm。

合金渗碳钢是用来制造既要有好的耐磨性、耐疲劳性,又能承受冲击载荷作用而有足够高的韧性和强度的零件,如汽车、拖拉机的变速齿轮、内燃机上的凸轮轴、活塞销等。

2. 合金调质钢

合金调质钢是指经调质处理(淬火＋高温回火)后使用的合金结构钢,优质碳素钢中40、45、50时常用作调质钢。这类钢价格便宜,工艺简单,但淬透性差,调质后力学性能不够理想,仅适用于制造形状简单、尺寸小的零件,许多重要零件必须选用合金调质钢。

合金调质钢含碳量在 $0.25\%\sim0.50\%$,加入锰、硅、铬、镍、硼元素可提高淬透性,除硼以外,上述元素均能强化铁素体,当含量在一定范围时,还可提高铁素体的韧性。钨、钼、钒、钛等碳化物形成元素可细化晶粒,提高耐回火性,钼、钨还能防止产生第二类回火脆性。

40Cr 是合金调质钢最常用的钢种,其强度比 40 钢提高 20%,属于低淬透性合金调质钢,油淬临界直径为 $30\sim40$ mm,用于制造一般尺寸的重要零件。35CrMo 为中淬透性合金调质钢,油淬临界直径为 $40\sim60$ mm。40CrMnMo 为中高淬透性合金调质钢,油淬临界直径为 $60\sim100$ mm。常用合金调质钢的热处理、力学性能及用途见表 6-10。

表 6-10 常用合金调质钢的热处理、力学性能及用途

牌 号	热处理			力学性能					用 途
	淬火/℃	介质	回火/℃	σ_s /MPa	σ_b /MPa	δ/%	ψ/%	A_K /J	
				不小于					
40Cr	850	油	520	785	980	9	45	48	重要的调质件,如主轴、连杆、重要的齿轮
40MnVB	850	油	520	785	980	10	45	48	
35CrMo	850	油	550	835	980	12	45	64	重要的调质件,如主轴、曲轴、连杆
30CrMnSi	850	油	520	885	1 080	10	45	40	
40CrMnMo	850	油	600	785	980	10	45	64	高强度的零件,如航空发动机轴
40CrNiMoA	850	油	600	835	980	12	55	80	
38CrMoAlA	940	油	640	835	980	14	50	72	精密机床主轴、精密丝杆、精密齿轮

合金调质钢的淬透性好,一般用油淬,调质后的组织为回火索氏体。若要求零件表面有很高的耐磨性,可在调质后进行表面淬火或化学热处理。

合金调质钢广泛用于制造承受多种工作载荷,受力情况比较复杂,要求综合力学性能好的重要零件。如机器中传递动力的机床主轴、大型电机主轴、发动机轴(图 6-3)、水轮发电机转轮(图 6-4)、汽车拖拉机后桥半轴、连杆、高强度螺栓等。

3. 合金弹簧钢

合金弹簧钢主要用于制造各种机械和仪表中的弹簧。弹簧是利用弹性变形来储存能量,减缓振动和冲击,弹簧一般在交变载荷下工作,受到反复弯曲或拉、压应力,常产生疲劳破坏。因此要求弹簧钢具有高的弹性极限、疲劳强度,足够的韧性,良好的淬透性、耐蚀性和不易脱碳等。一些特殊用途的弹簧钢还要求有高的屈强比(σ_s/σ_b)。

图 6-3 大型船用发动机曲轴

图 6-4 三峡工程国产特大水轮发电机转轮

合金弹簧钢的含碳量为 0.5%~0.7%,加入合金元素锰、硅、铬、钼、钒等主要是提高淬透性、耐回火性和强化铁素体,经热处理后有高的弹性和屈强比,尤其是硅能显著提高钢的弹性极限,但硅易使钢脱碳和产生石墨化倾向,使疲劳强度降低。加入少量铬、钼、钒可防止脱碳,并能细化晶粒,提高屈强比、弹性极限和高温强度。

含硅、锰的弹簧钢最高工作温度在 250℃ 以下,而含铬、钒、钨的弹簧钢可在 350℃ 以下工作。例如,50CrVA 具有高的强度,在 300℃ 以下工作时性能稳定,并具有良好的低温韧性。表 6-11 为常用弹簧钢的热处理、性能和用途。

表 6-11 常用弹簧钢的热处理、性能和用途

牌 号	热 处 理			力学性能					用 途
	淬火/℃	介质	回火/℃	σ_s /MPa	σ_b /MPa	δ /%	ψ /%	A_K /J	
				不小于					
55Si2Mn	870	油	480	1 177	1 275		6	30	汽车、拖拉机、机车上减振板簧和螺旋弹簧,气缸安全阀簧,可用作 250℃ 以下使用的耐热弹簧
55Si2MnB	870	油	480	1 177	1 275		6	30	
60Si2Mn	870	油	480	1 177	1 275		5	25	
55SiMnVB	860	油	460	1 226	1 373		5	30	代替 60Si2Mn 钢制作重型、中型、小型汽车板簧等
60Si2CrA	870	油	420	1 569	1 765	6		20	用作承受高应力及工作温度在 300~350℃ 以下的弹簧,如调速器弹簧、破碎机用的弹簧
55CrMnA	830~860	油	460~510	1 079	1 226	9		20	车辆、拖拉机工业上制作载荷较重、应力较大的板簧和直径较大的螺旋弹簧
50CrVA	850	油	500	1 128	1 275	10		40	用作较大截面的高载荷重要弹簧及工作温度<350℃ 的阀门弹簧、活塞弹簧等
30W4Cr2VA	1 050~1 100	油	600	1 324	1 471	7		40	用作工作温度≤500℃ 的耐热弹簧,如锅炉主安全阀弹簧、汽轮机汽封弹簧等

根据弹簧的尺寸不同,可将其分为热成形弹簧(线径或厚度达 10 mm)和冷成形弹簧(线径或厚度在 8～10 mm)两大类。

热成形弹簧由于尺寸较大,通常在淬火加热时成形,利用余热进行淬火、中温回火后使用。

弹簧热处理后可采用喷丸处理进行表面强化,以进一步提高弹簧的疲劳极限及使用寿命。冷成形弹簧尺寸较小,常用冷拉弹簧钢丝冷卷成形,由于产生加工硬化,屈服强度大大提高,故不必再进行淬火,只要在 200～300℃进行一次去应力退火及稳定尺寸的处理即可使用。

4. 滚动轴承钢

滚动轴承钢主要用于制作滚动轴承的滚动体(滚珠、滚柱、滚针)和内、外套圈等,属于专用结构钢。

滚动轴承工作时承受很大的局部交变载荷,滚动体与套圈间接触应力较大,易使轴承工作表面产生接触疲劳破坏和磨损。因此,要求轴承钢具有高的硬度、耐磨性、弹性极限和接触疲劳强度,足够的韧性和耐蚀性。

从化学成分来看,轴承钢属于高碳钢,故也可用于制造耐磨件,如精密量具、冷冲模、机床丝杠等。

轴承钢的含碳量为 0.90%～1.10%,以保证具有高的硬度和耐磨性。含铬量 0.40%～1.65%,以提高淬透性,并使钢热处理后形成细小弥散分布的合金渗碳体,提高钢的强度、硬度、接触疲劳强度、耐磨性和耐蚀性,铬含量不易过高,否则会增加残留奥氏体量,降低钢的耐磨性和疲劳强度。对大型轴承可加入硅、锰等元素,以提高强度、弹性极限,并进一步改善淬透性。轴承钢对硫、磷含量要求严格($w_S < 0.025\%$、$w_P < 0.03\%$),以提高抗疲劳能力,增强轴承使用寿命。

轴承钢的热处理是球化退火、淬火和低温回火。球化退火可降低锻造后钢的硬度(180～207HBS),以利于切削加工,并为最终热处理作好组织准备。球化退火后的组织是铁素体和均匀分布的细粒状碳化物。若钢原始组织中有粗大的片状珠光体和网状渗碳体,应在球化退火前进行正火,以改善钢原始组织。淬火和低温回火后,组织为细回火马氏体、均匀分布细粒状碳化物和少量残留奥氏体,硬度为 61～65 HRC。对精密轴承,为保证尺寸稳定性,可在淬火后立即进行冷处理(−60～−80℃),以减少残留奥氏体量,然后进行低温回火消除应力,并在精磨后进行稳定化处理(120～130℃,保温 10～15 h),以进一步提高尺寸稳定性。

常用的滚动轴承钢有:GCr6 常用来制造直径小于 10 mm 的滚珠或滚针;GCr9 常用来制造直径小于 20 mm 的滚珠或滚针;GCr15 常用来制造直径为 20～50 mm 的滚珠或滚针;GCr15SiMn 常用来制造直径大于 50 mm 的滚珠或滚针。对于承受很大冲击或特大型轴承,常用合金渗碳钢制造,目前最常用的渗碳轴承钢有 20Cr2Ni4,对于要求耐腐蚀的不锈钢轴承,可采用马氏体不锈钢制造,常用的不锈钢轴承有 8Cr17 等。

二、实践与研究

1. 低合金高强度钢的选用

查阅资料,武汉长江大桥、南京长江大桥、江西九江大桥分别采用什么钢号的钢建造,说明强度高的金属材料有何意义。

2. 合金结构钢的选用

有以下零部件:摩托车的凸轮轴、三峡工程国产特大水轮发电机转轮、阀门弹簧(工作温度在 350℃ 以下）、轴承钢球（直径为 60 mm），它们应选用哪类合金结构钢制造？牌号是什么？为什么？

三、拓展与提高

超 高 强 度 钢

超高强度钢是指屈服点大于 1 300 MPa，抗拉强度大于 1 400 MPa 的钢，它是在合金调质钢的基础上，加入多种合金元素而发展起来的，主要用于航空和航天工业。如抗拉强度可达 1 700 MPa 的 35Si2MnMoVA 钢，用于制造飞机起落架、框架等。40SiMnCrWMoRe 钢在 300～500℃ 时仍能保持高强度、抗氧化性和抗疲劳性，可用于制造超音速飞机的机体构件。

任务四　合金工具钢

【学习目标】

1. 了解合金刀具钢的牌号、性能、热处理、用途。
2. 掌握高速钢的成分、性能和热处理特点以及用途。
3. 了解合金模具钢的分类、热处理特点等。
4. 掌握合金量具钢的性能要求、热处理及用途。
5. 具有辨别各种合金工具钢的牌号，并能正确选用合金工具钢的能力。

工具钢可分为碳素工具钢和合金工具钢，碳素工具钢来源广泛，价格便宜，淬火后能达到高的硬度和较高的耐磨性，但因它的淬透性差，淬火变形倾向大，红硬性差（只能在 200℃ 以下保持高硬度），因此，尺寸大、精度高和形状复杂的模具、量具及切削速度较高的刀具，都要采用合金工具钢制造。本任务主要介绍合金刀具钢、合金模具钢以及合金量具钢的牌号、性能、热处理及用途，研究正确选用合金工具钢的方法。

合金工具钢按用途可分成合金刀具钢、合金模具钢和合金量具钢。

一、相关知识

（一）合金刀具钢

合金刀具钢主要用来制造车刀、铣刀、钻头等各种金属刀具。刀具钢要求高硬度、耐磨、红硬性高，有足够的强度和韧性。

合金刀具钢分为低合金刀具钢和高速钢。

1. 低合金刀具钢

低合金刀具钢是钢在碳素钢工具钢的基础上加入少量合金元素的钢。这类钢含碳量在 0.8%～1.5% 之间，合金元素的总量不大于 5%，故称低合金刀具钢。加入 Cr、Si、Mn 等合金元素提高钢的淬透性和强度。加入少量 W、V 等元素，主要是提高钢的硬度和耐磨性，并防止加热时过热，保持晶粒细小。

低合金刀具钢与碳素工具钢相比，淬透性提高了，淬火后硬度可达 61～65 HRC，红硬性为 300～400℃,最大切削速度为 8 m/min。它主要用于制造尺寸较大、切削速度较低、形状比较复杂、要求淬火后变形小的刀具,如板牙(图 6-5)、拉刀(图 6-6)、铰刀(图 6-7)等。

图 6-5　板牙　　　　　　　　图 6-6　拉刀　　　　　　　　图 6-7　铰刀

最常用的低合金刀具钢是 9CrSi、CrWMn 和 9Mn2V。

1) 9CrSi 钢　由于加入 Cr 和 Si,使其具有较高的淬透性和耐回火性,碳化物细小均匀,硬度为 60～64 HRC,工作温度可达 300℃。因此 9CrSi 钢主要用来制造要求淬火变形较小和刀刃细薄的刀具,如丝锥、板牙、铰刀等。

2) CrWMn 钢　由于 Cr、W、Mn 同时加入,是钢具有高硬度(64～66 HRC)和耐磨性,特别是热处理变形很小,故称微变形钢。它主要用来制造要求淬火变形较小,较精密的低速切削刀具(如长铰刀、拉刀)、模具和耐磨零件(淬硬精密丝杆)。需要指出的是,CrWMn 钢"微变形"不是绝对的,其变形大小和热处理工艺好坏有密切的关系。若热处理不恰当,仍有可能产生较大的变形。CrWMn 钢较明显的缺点是热加工(轧制、锻造)时容易形成较严重的网状碳化物,从而增加工具的脆性,造成淬火或使用中开裂。此外,CrWMn 钢价格较高,磨削性较差,以产生磨削剥落现象及裂纹。

3) 9Mn2V 钢　它是不含 Cr 的低合金刀具钢,价格较低。Mn 元素能显著提高钢的淬透性,Mn 有增加高温时晶粒长大倾向,使钢容易过热,故加入 V 元素,细化晶粒,还可以形成碳化钒,提高钢的硬度和耐磨性。9Mn2V 淬透性、耐磨性和淬火变形倾向不及 CrWMn 钢好,但比 T10A 钢好得多,因此许多工厂用 9Mn2V 钢代替一部分 CrWMn 钢和 T10 钢使用,取得良好的效果。

低合金刀具钢的预备热处理是球化退火,最终热处理为淬火后低温回火。

常用低合金刀具钢的牌号、化学成分和热处理见表 6-12。

表 6-12　常用低合金刀具钢的牌号、化学成分和热处理

牌　号	化学成分(质量分数)/%					淬　火			回　火	
	C	Cr	Si	Mn	其他	温度/℃	介质	HRC	温度/℃	HRC
9CrSi	0.85～0.95	0.90～1.70	0.95～1.25	0.30～0.60		860～880	油	≥62	180～200	60～62
8MnSi	0.75～0.85		0.80～1.10	0.30～0.60		800～820	油	≥62	180～200	58～60

（续表）

牌　号	化学成分(质量分数)/%					淬　火			回　火	
	C	Cr	Si	Mn	其他	温度/℃	介质	HRC	温度/℃	HRC
9Mn2V	0.85～0.95		≤0.40	1.70～2.40	V 0.10～0.25	780～820	油	≥62	150～200	60～62
CrWMn	0.90～1.05	0.90～1.20	0.15～0.35	0.80～1.10	W 1.2～1.60	800～820	油	≥62	140～160	62～65

2. 高速钢

高速工具钢是含有较多合金元素的工具钢,它具有高的热硬性,当切削温度高达600℃时,仍有良好的切削性能,故俗称"锋钢"。高速工具钢分为钨钼系、钨系和超硬系高速工具钢三类。

1) 高速钢的化学成分特点　高速工具钢的含碳量为0.70%～1.25%,以保证获得高碳马氏体和形成足够的合金碳化物,从而提高钢的硬度、耐磨性和热硬性。加入合金元素钨、钼、铬、钒等,钨一部分形成很稳定的合金碳化物,提高钢的硬度和耐磨性,另一部分溶于马氏体,提高耐回火性,在560℃左右回火时析出弥散的特殊碳化物,产生二次硬化,提高热硬性。钼的作用与钨相似,可用1%的钼取代2%的钨。铬可提高淬透性,当含碳量达到0.4%时,空冷即可得到马氏体组织,故此钢又俗称"风钢"。钒与碳形成稳定的VC,有极高的硬度(2 010HV),并呈细小颗粒,均匀分布,可提高钢的硬度、耐磨性和热硬性。但钒量不宜过多,否则使钢韧性降低。

2) 高速工具钢的锻造与热处理特点

高速工具钢属于莱氏体钢,铸态组织中有粗大鱼骨状的合金碳化物,如图6-8所示。这种碳化物硬而脆,不能用热处理方法消除,必须用反复锻打的方法将其击碎,使碳化物细化并均匀分布在基体上。

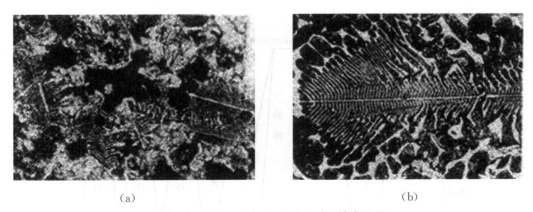

（a）　　　　　　　　　　　　　（b）

图6-8　高速工具钢(W18Cr4V钢)铸态组织

高速工具钢锻造后硬度较高并存在应力,为改善切削加工性能,消除应力,并为淬火作好组织准备,应进行退火,退火后组织为索氏体和粒状碳化物(图6-9),硬度为207～255HBS。

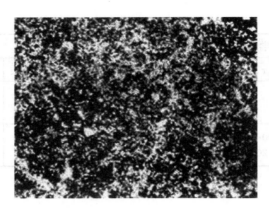

图 6-9　高速工具钢(W18Cr4V 钢)退火组织

　　为了缩短退火时间,生产中常采用等温退火,退火工艺如图 6-10a 所示。高速工具钢只有通过正确的淬火和回火,才能获得优良性能。高速工具钢热导性差,淬火加热温度高,表面极易产生过热过烧现象,必须在 800~850℃预热,待工件整个截面上温度均匀后,再加热到淬火温度。对大截面、形状复杂的刀具,常采用二次预热(第一次温度为 500~600℃,第二次温度为 800~850℃)。为使钨、钼、钒尽可能多地溶入奥氏体,以提高热硬性,其淬火温度一般很高(如 W18Cr4V 钢为 1 270~1 280℃),常采用油冷单介质淬火或盐浴中分级淬火,其工艺曲线如图 6-10b 所示。淬火后组织为马氏体、粒状碳化物和残留奥氏体(20%~30%),如图 6-11a 所示。为减少淬火后组织中残留奥氏体量,必须进行多次回火(一般为三次),如图 6-10c 所示,使残留奥氏体量从 20%~30%减少到 1%~2%。在回火过程中,从马氏体中析出弥散的特殊碳化物(W_2C、VC)形成"弥散硬化",提高了钢的硬度,同时从残留奥氏体中析出合金碳化物,降低残留奥氏体中合金元素浓度,使 Ms 点升高,在随后冷却过程中残留奥氏体转变为马氏体,也使钢硬度提高,由此造成钢产生二次硬化。

　　高速工具钢正常淬火、回火后的组织为回火马氏体、合金碳化物和少量残留奥氏体,如图 6-11b 所示,硬度为63~65 HRC。

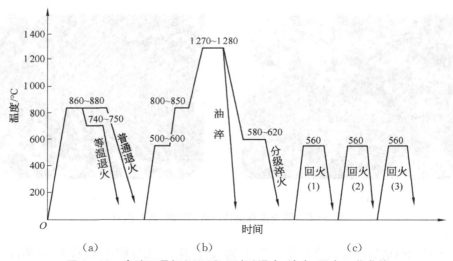

图 6-10　高速工具钢(W18Cr4V 钢)退火、淬火、回火工艺曲线

(a) 退火；(b) 淬火；(c) 回火

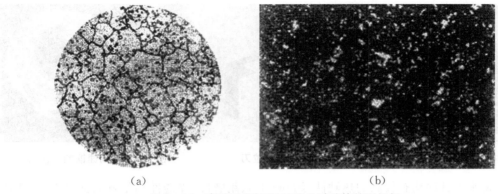

图 6-11　高速工具钢(W18Cr4V 钢)热处理组织

(a) 高速工具钢(W18Cr4V 钢)淬火组织；(b) 高速工具钢(W18Cr4V 钢)淬火、回火组织

3）常用高速工具钢

（1）钨系高速钢。W18Cr4V 钢是发展最早、应用广泛的高速工具钢，其热硬性高，过热和脱碳倾向小，但碳化物较粗大，分布不均匀，热塑性低，热导率小，韧性较差。钨系高速钢主要制作工作温度在 600℃ 以下、中速切削刀具或结构复杂低速切削的刀具，如车刀（图 6-12）、螺纹铣刀（图 6-13）、拉刀、齿轮刀具等。

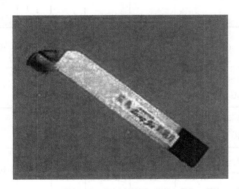

图 6-12　高速钢车刀

图 6-13　高速钢螺纹铣刀

（2）钨钼系高速钢。最常用的牌号是 W6Mo5Cr4V2 钢。这种钢用 Mo 代替 W18Cr4V 钢中一部分 W，最主要的特点是热塑性、使用状态的韧性和耐磨性均优于钨系高速钢。W6Mo5Cr4V2 钢由于钼的碳化物细小，故有较好的韧性；因钢中碳、矾含量较高，可提高钢的耐磨性。但此钢磨削加工性能稍次于钨钢，易脱碳和过热，热硬性略差。

钨钼系高速钢主要制作承受冲击力较大的刀具，如铣刀（图 6-14）、拉刀（图 6-15）、插齿刀（图 6-16），尤其适于制作热加工成型的薄刃刀具（如麻花钻头等）。

（3）超硬高速钢。它是为加工高硬度、高强度的金属材料（如 Ti 合金、高强度钢）而研制的。它是在钨系和钨钼系高速钢基础上加入 5%～10% 的钴，形成的含钴的高速工具钢（如 W18Cr4V2Co8 钢、W18Cr4VCo10 钢），热处理后硬度可达 65～70 HRC，红硬性达 670℃，但脆性大，价格高，一般做特殊刀具。

 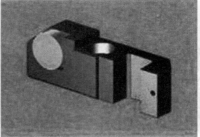 

图6‑14　高速钢铣刀　　　　图6‑15　高速钢拉刀　　　　图6‑16　高速钢的插齿刀

各种高速工具钢均有较高的热硬性(约600℃)、耐磨性、淬透性和足够的强韧性,应用广泛,除制造刀具外,还可制造冷冲模、冷挤压模和要求耐磨性高的零件。

常用高速工具钢见表6‑13。

表6‑13　高速钢的牌号、成分、热处理和主要性能

| 种类 | 牌　号 | 化学成分(质量分数)/% | | | | | | 热处理 | | 硬　度 | | |
		C	Cr	W	Mo	V	其他	淬火温度/℃	回火温度/℃	退火HBS(不大于)	淬火回火HRC(不小于)	热硬性HRC
钨系	W18Cr4V	0.70~0.80		17.5~19.0	≤0.30	1.00~1.40		1 270~1 285	550~570	255	63	62
钨钼系	W6Mo5Cr4V2	0.80~0.90		5.50~6.75	4.50~5.50	1.75~2.20		1 210~1 230	540~560	255	65	61
	W6Mo5Cr4V3	1.10~1.20	3.80~4.40	6.00~7.00	4.50~5.50	2.80~3.30		1 200~1 240	560	255	64	64
超硬系	W18Cr4V2Co8	0.75~0.85		17.5~19.0	0.50~1.25	1.80~2.40	Co 7.00~9.50	1 270~1 290	540~560	258	65	64
	W6Mo5Cr4VAl	1.05~1.20		5.50~6.75	4.50~5.50	1.75~2.20	Al 0.80~1.20	1 220~1 250	540~560	269	65	64

注:热硬性是淬火回火试样在600℃加热4次,每次1 h的条件下测定的。

(二) 合金模具钢

用于制造冲压、锻造、成型的压铸模具的钢统称为模具钢。按工作条件的不同,可分为冷模具钢和热模具钢。

1. 冷模具钢

冷模具钢是用于制造使金属在冷态下变形的模具,如冷冲模(图6‑17)、冷挤压模、拉丝模等。它们都要使金属在模具中产生塑性变形,因而受到很大的压力、摩擦或冲击。所以要求模具钢有高的硬度(一般为58~62 HRC)和耐磨性,并有足够的强度和韧性。大型冷作模具还要求有良好的淬透性。

小型冷作模具可采用碳素工具钢和低合金刀具钢或滚动轴承钢来制造，如 T10A、T12、9CrSi、CrWMn 和 GCr15 等。

大型冷作模具一般采用 Cr12 型钢等高碳高铬钢制造。这类钢热处理后具有高的硬度、强度和耐磨性。有时采用高速钢来制造这类模具。

冷模具钢的最终热处理通常采用淬火加低温回火。

2. 热模具钢

热作模具钢是用于制造使金属在高温下成型的模具，如热锻模、热挤压模（图 6-18）和压铸模（图 6-19）等。热模具钢一般在 400～600℃工作，并承受很大的冲击力。因此要求热模具钢具有高的热强性、良好的韧性、一定的硬度和耐磨性。

图 6-17　加工垫圈零件冷冲压模具

图 6-18　热挤压模具

图 6-19　压铸模具

热模具钢一般采用中碳合金钢（0.30%～0.60%的 C）制造。含碳量高会使韧性下降，导热性也差，含碳量太低则不能保证钢的强度和硬度。加入合金元素 Cr、Ni、Mn、Si 等的目的是为了强化钢的基体和提高淬透性。加入 W、Mo、V 等是为了提高钢的热强性和耐磨性。

目前常采用 5CrMnMo 和 5CrNiMo 钢制作热锻模，采用 3Cr2W8V 钢制作热挤压模和压铸模。热模具钢的最终热处理是淬火后中温回火（或高温回火），以保证足够的韧性。

随着我国模具制造业和模具使用的发展，模具钢的种类和发展很快，新型模具钢将在后续章节中详细讲解。

（三）合金量具钢

量具是测量工件尺寸的工具，如游标卡尺、千分尺、塞规、块规和样板等。量具在使用过程中常与被测量工件接触，受到摩擦与碰撞，这就要求量具用钢具有高耐磨性、高硬度（62～65 HRC）、高的尺寸稳定性和足够的韧性。

目前，量具用钢主要是前述的低合金刀具钢、滚动轴承钢、碳素工具钢和渗碳钢。

1. 低合金刀具钢和滚动轴承钢

有 9CrSi、CrWMn 和 GCr15 等，主要用于制造高精度、形状复杂的量具，如量规、量块、塞规等。

2. 碳素工具钢

有 T10A、T12A 等,主要用于制造精度不很高、形状简单、尺寸较小的量具,如量规、卡尺等。

3. 渗碳钢

有 15、20、20Cr 等,主要用于制造长形或平板状量具,如卡规、样板、钢直尺等。

常见量具钢的牌号、热处理和用途见表 6-14。

表 6-14　常见的量具钢的牌号、热处理和用途

牌　号	热　处　理	用　途
9CrSi、CrWMn、GCr15	淬火—低温回火—冷处理—时效处理	高精度量规、量块
T10A、T12A	淬火—低温回火	精度不很高的量块、卡尺
15、15Cr、20、20Cr	渗碳—淬火—低温回火	简单的平样板、卡规、钢直尺

二、实践与研究

(1) 现有以下零部件:工作温度在 600℃ 的螺纹铣刀;加工汽车后备箱的拉深模的凸、凹模;低速切削的拉刀;高精度的塞规。它们应选用什么材料? 为什么?

(2) 平时使用的钢尺和圆规可用什么材料制作呢?

三、拓展与提高

高　速　钢

随着工业生产的发展,在切削加工中切削速度和走刀量日益增大,被加工的高强度材料日益增多,切削时产生大量的热量,使刀刃受热温度大为升高,而且还承受很大的切削力。这就要求刀具应有更高的硬度、耐磨性和红硬性。碳素工具钢和低合金刀具钢一般不能满足这样的要求。1898 年,美国的材料专家泰勒和怀特采用高合金化的方法,研制成功具有高的强度、硬度(63~66 HRC)和耐磨性,红硬性达 600℃,切削速度达 16 m/min 仍保持刃口锋利的高速钢,切削速度比碳素工具钢和低合金刀具钢提高了 1~3 倍,使用寿命提高 7~14倍。因此,高速钢广泛用来制造较高切削速度的刀具。

任务五　特殊性能钢

【学习目标】

1. 了解特殊性能钢的概念和特殊性能钢中合金元素的作用。

2. 了解不锈钢的概念、类型、牌号、性能特点和用途。

3. 了解耐热钢的概念、类型、牌号和特点以及用途。

4. 了解耐磨钢的性能特点、组织要求以及主要用途。

5. 具有正确选用不锈钢、耐热钢、耐磨钢的能力。

特殊性能钢指具有特殊的物理性能和化学性能的钢,如不锈钢、耐热钢、耐磨钢、低温用钢、电工钢等。

特殊性能钢在工业上的应用越来越广泛,发展十分迅速,本任务着重介绍机械工程上最常用的钢以及特殊钢的选用。

一、相关知识

(一) 不锈钢

美观、耐蚀的不锈钢是一种应用十分广泛,大家非常熟悉的金属材料。我们通常讲的不锈钢是指抵抗大气或其他介质腐蚀而不生锈的钢,又称为不锈耐蚀钢。

1. 不锈钢的腐蚀类型及抗腐蚀的方法

金属的腐蚀通常可分为化学腐蚀和电化学腐蚀两种类型,大多数金属的腐蚀属于电化学腐蚀。故提高钢的耐腐蚀性的主要方法有如下几种。

1) 形成钝化膜 在钢中加入合金元素(常用铬),使金属表面形成一层致密的、牢固的氧化膜(又称为钝化膜,如 Cr_2O_3 等),使钢与外界隔绝而阻止进一步氧化。

2) 提高电极电位 在钢中加入合金元素(如 Cr 等),使钢的基体铁素体、奥氏体和马氏体的电极电位提高,从而提高其抵抗电化学腐蚀的能力。

3) 形成单相组织 钢中加入铬或铬镍合金元素,使钢能形成单相的铁素体或奥氏体组织,以阻止形成微电池,从而显著提高耐蚀性。

碳易与钢中的铬等合金元素形成碳化物,同时出现贫铬区,从而降低钢的耐蚀性,故不锈钢中含碳量愈低,其耐蚀性愈好。

2. 常用的不锈耐蚀钢

根据不锈钢室温下显微组织的不同,常用不锈钢可分为以下三种。

1) 铁素体不锈耐蚀钢 这类钢的含碳量小于 0.12%,含铬量在 12%～30%,加热时组织无明显变化,为单相铁素体组织,故不能用热处理强化,通常在退火状态下使用。这类钢耐蚀性、高温抗氧化性、塑性和焊接性好,但强度低。主要制作化工设备的容器和管道等。常用牌号有 1Cr17、1Cr25 钢等。

2) 马氏体不锈耐蚀钢 这类钢的含碳量 0.10%～0.40%,随含碳量增加,钢的强度、硬度和耐磨性提高,但耐蚀性下降。为提高耐蚀性,钢中加入铬 12%～14%。这类钢在大气、水蒸气、海水、氧化性酸等氧化性介质中有较好的耐蚀性。主要用于制作要求力学性能较高,并有一定耐蚀性的零件,如汽轮机叶片、阀门、喷嘴、滚动轴承、量具等。一般淬火、回火后使用。常用牌号有 1Cr13 钢、2Cr13 钢、3Cr13 钢、4Cr13 钢等。

3) 奥氏体不锈耐蚀钢 奥氏体不锈耐蚀钢的含碳量很低,有含铬量 17%～19%,含镍量 8%～11%的成分特点,也称为 18-8 型不锈钢。镍可使钢在室温下呈单一奥氏体组织。铬、镍使钢有好的耐蚀性和耐热性,较高的塑性和韧性。

为得到单一的奥氏体组织,提高耐蚀性,应采用固溶处理,即将钢加热到 1 050～1 150℃,使碳化物全部溶于奥氏体中,然后水淬快冷到室温,得到单一奥氏体组织。经固溶处理后的钢具有高的耐蚀性,好的塑性和韧性,但强度低。对于含钛或铌的奥氏体不锈耐蚀钢,为彻底消除晶界腐蚀倾向,在固溶处理后再进行一次稳定化处理(加热到 850～880℃,保温 6 h),使 $(Cr、Fe)_{23}C_6$ 完全溶解,钛、铌的碳化物部分溶解,在随后缓冷中,使钛或铌的碳化物充分析出。经此处理后,碳几乎全部稳定于碳化钛或碳化铌中,不会再析出$(Cr、Fe)_{23}C_6$,从而提高固溶体中的含铬量。为了消除冷加工或焊接后产生的残留应力,防止应力腐蚀,应进行去应力退火。这种钢主要用于制作腐蚀性介质中工作的零件,如管道、容器、医疗器械等,常用的牌号是1Cr18Ni9Ti钢和1Cr18Ni9钢。

(二)耐热钢

实验研究表明,一般钢材加热到560℃以上时,钢材表面就会发生氧化作用,生成松脆多孔的氧化亚铁,从而起皮脱落,并使强度明显下降,最终导致零件破坏。而航空、火力发电站,发动机等设备中,许多零件在高温下工作,这就要求具有良好的耐热性。高温合金是航空航天发动机中的关键材料。通常我们把在高温下具有高的抗氧化性和较高的强度的钢统称为耐热钢。耐热钢可分为抗氧化钢和热强钢两类。

1. 抗氧化钢

在高温下有较好的抗氧化能力,并有一定强度的钢称为抗氧化钢。这类钢主要用于长期在高温(小于650℃)下工作,但强度要求不高的零件,如各种加热炉的炉底板、渗碳处理用的渗碳箱等。抗氧化钢加入的合金元素为Cr、Al、Si等,它们在钢表面形成致密的、高熔点的、稳定的氧化膜(Cr_2O_3、Al_2O_3、SiO_2),从而保护钢件内部不再发生氧化。常用的抗氧化钢有4Cr9Si2、1Cr13SiAl等。

2. 热强钢

在高温下具有良好的抗氧化性,并具有较高的高温强度的钢称为热强钢。一般情况下,耐热钢多是指热强钢,高温(再结晶温度以上)下金属原子间结合力减弱,强度降低,此时金属在恒定应力作用下,随时间的延长会产生缓慢的塑性变形,称此现象为蠕变。为提高高温强度,防止蠕变,可向钢中加入铬、钼、钨、镍等元素,以提高钢的再结晶温度,或加入钛、铌、钒、钨、钼、铬等元素,形成稳定且均匀分布的碳化物,产生弥散强化,从而提高高温强度。主要用于制造热工动力机械的转子、叶片、气缸、进气与排气阀等既要求抗氧化性又要求高温强度的零件。常用的热强钢有15CrMo、4Cr14Ni14W2Mo等。15CrMo钢是典型的锅炉用钢,可以制造在300~500℃下长期工作的零件。4Cr14Ni14W2Mo钢可以制造600℃以下工作的零件,如汽轮机的叶片、大型发动机排气阀等。

(三)耐磨钢

大家对坦克的履带(图6-20)、挖掘机铲齿(图6-21)、铁道的道岔(图6-22)、球磨机衬板这些零件并不陌生,它们都是在强烈的冲击和严重的磨损下工作的,这就要求这类零件具有良好的耐磨性。常用的耐磨钢是一种在强烈冲击载荷作用下才发生硬化的高锰钢。

图6-20　坦克的履带　　　　图6-21　挖掘机的铲齿　　　　图6-22　铁路道岔

　　高锰钢 ZGMn13 为典型的耐磨钢,它是 1882 年英国的 R. A. 哈德菲尔德首先制成的,故标准型 ZGMn13 钢又称为哈德菲尔德钢。高锰钢的含碳量为 0.9%～1.5%,含锰量为 11%～14%。大多数高锰耐磨钢件采用铸造成型。高锰耐磨钢铸态组织中存在许多碳化物,因此钢硬而脆,为改善其组织以提高韧性,将铸件加热至 1 000～1 100℃,使碳化物全部溶入奥氏体中,然后水冷得到单相奥氏体组织,称此处理为水韧处理。铸件经水韧处理后,强度、硬度(180～230HBS)不高,塑性、韧性良好。工作时,若受到强烈冲击、巨大压力或摩擦,则因表面塑性变形而产生明显的冷变形强化,同时还发生奥氏体向马氏体转变,使表面硬度(达 52～56 HRC)和耐磨性大大提高,而心部仍保持奥氏体组织的良好韧性和塑性,有较高的抗冲击能力。

　　由于高锰钢极易产生加工硬化,难以进行切削加工,故应尽量避免对铸件进行加工。铸件上的孔、槽尽可能地铸出。

　　高锰耐磨钢主要用于制作受强烈冲击、巨大压力,并要求耐磨的零件,如坦克及拖拉机履带、铁路道岔、挖掘机铲齿、保险箱钢板、防弹板等。常用牌号有 ZGMn13 - 1 铸钢、ZGMn13 - 2 铸钢、ZGMn13 - 3 铸钢和 ZGMn13 - 4 铸钢。

二、实践与研究

　　(1) 铁路的道岔、汽轮机的叶片、渗碳箱、手术刀、化工设备的管道、硝酸槽,它们可用哪些材料制造? 为什么?

　　(2) 总结铬在合金钢中有哪些作用,举例说明。

三、拓展与提高

不　锈　钢

　　不锈钢不生锈这一独特的性能,是 1913 年英国材料专家哈里·布里尔偶然发现和发明的。当时,他试验用不同成分的合金钢研制枪管材料,约一个月后,他竟意外地发现有一种枪管材料没有生锈,于是他赶紧去检测了这种材料的化学成分,发现是含铬量为 13% 的合金钢,世界上第一种不锈钢就这样诞生了。经过将近 100 年的发展,不锈钢已成为品种较多,与我们联系紧密的材料。

思考与练习

1. 试解释下列现象:
   (1) 用同一锉刀锉削 20 钢比锉削 T8 钢容易(二者均为退火态);
   (2) T12 钢的强度低于 T8 钢,但硬度却高于 T8 钢。

2. 20 钢、45 钢、65 钢、T8 和 T12 五种钢试样(退火态)发生混料,试设法将它们区别开来(用两种以上的方法),并简述根据。

3. "随钢中含碳量增加,渗碳体的数量增加,而渗碳体是硬脆相,所以钢的硬度、强度将增加。"此说法是否正确,为何?

4. 搪瓷盆、钢窗、普通自行车车架、木工用手锯条和钻头、沙发弹簧分别用什么钢为宜? 为什么?

5. 解释下列牌号:Q235 - A; 45; 60Mn; 15A; ZG310 - 570; T12; T8A; ZG35。

6. 为什么合金钢的淬透性比碳钢高？

7. 为什么低合金高强度结构钢的强韧性比相同含碳量的碳钢高？

8. 判断下列说法是否正确：

  (1) 40Cr 钢是合金渗碳钢；

  (2) 60Si2Mn 钢是合金调质钢；

  (3) GCr15 钢中含铬量是 15%；

  (4) 1Cr13 钢的含碳量是 1%；

  (5) W18Cr4V 钢含碳量 $\geqslant 1\%$。

9. 用 20CrMnTi 钢制作的汽车变速齿轮，拟改用 40 钢或 40Cr 钢经高频淬火，是否可以，为什么？

10. 为什么调质钢大多数是中碳钢或中碳的合金钢？合金元素在调质钢中的作用是什么？

11. 为什么铬轴承钢要有高的含碳量？铬在轴承钢中起什么作用？

12. 为什么弹簧钢大多是中、高碳钢？合金元素在弹簧钢中的主要作用是什么？

13. 用高速工具钢制造手工锯条、锉刀是否可以，为什么？

14. 合金刀具钢制造的刀具为什么比碳素工具钢制造的刀具使用寿命长？

15. 常用不锈耐蚀钢有哪几种？为什么不锈耐蚀钢中含铬量都超过 12%？

16. 说明下列牌号属于哪种钢，并说明其数字和符号含义，每个牌号的用途各举实例 1～2 个：

  Q345 钢；20CrMnTi 钢；40Cr 钢；GCr15 钢；60Si2Mn 钢；ZGMn13-2 钢；

  W18Gr4V 钢；1Cr18Ni9 钢；1Cr13 钢；9SiCr 钢；CrWMn 钢；9Mn2V 钢。

项目七　铸　铁

　案例导入

　　图 7-1 所示为内燃机曲轴,此零件结构复杂,在工作中承受着交变载荷,要求其具有较高的强度和韧性及一定的硬度和耐磨性。选用灰铸铁及其他材料均不能满足性能,那么必须选用哪种类型的铸铁材料呢?

图 7-1　内燃机曲轴

　　铸铁是指含碳量大于 2.11％,并含有硅、锰、磷、硫等杂质的铁碳合金,在工业生产中,常用的铸铁的成分范围是含 C 2.5％～4.0％,含 Si 1.0％～3.0％,含 Mn 0.5％～1.4％,含 P 0.01％～0.5％,含 S 0.02％～0.2％。

　　铸铁在机械制造中应用很广,按质量百分比计算,在农业机械中占 40％～60％,汽车制造业占 50％～70％,在机床和重型机械中占 60％～90％。由此可见,了解铸铁在实际工业中的选用是非常有意义的。本项目主要介绍铸铁的石墨化、灰铸铁、可锻铸铁、球墨铸铁和蠕墨铸铁牌号、性能和用途,研究各种铸铁的选用。

任务一　铸铁的分类、组织、性能和石墨化影响

【学习目标】

　　1. 了解铸铁的分类和铸铁的组织、性能特点。

　　2. 掌握铸铁石墨化的过程及影响因素。

　　3. 具有辨别各类铸铁组织和性能的能力。

　　铸铁中由于碳的存在形态不同,铸铁可具有不同的性能,从而影响铸铁的应用。铸铁中的碳有两种存在形态,一种是渗碳体,一种是石墨。本任务一方面认识铸铁的分类、组织和性能,另一方面研究铸铁中碳的石墨化过程及其影响因素。

一、相关知识

(一) 铸铁的分类

铸铁中的碳以游离碳化物(渗碳体)或以石墨(G)的形式存在。

1. 根据碳的存在形式分类

根据碳在铸铁中的存在形式,铸铁可分为以下几种。

1) 白口铸铁　这种铸铁中的碳主要以游离碳化物的形式析出,断口呈银白色。由于大量硬而脆的渗碳体存在,白口铸铁硬度高、脆性大,难于切削加工。故工业上很少直接用来制造机械零件,主要用作炼钢原料、可锻铸铁的毛坯,以及不需切削加工,但要求硬度高、耐磨性好的零件,如轧辊、犁铧及球磨机的磨球等。

2) 灰口铸铁　这种铸铁中的碳大部分或全部以石墨的形式析出,断口呈暗灰色。按石墨形态不同,灰口铸铁又分为灰铸铁、球墨铸铁、可锻铸铁和蠕墨铸铁。此类铸铁,尤其是灰铸铁,在工业上应用很广,主要用于机械制造、冶金、石油化工、交通和国防等部门。如按重量统计,在汽车、拖拉机中铸铁件占 $50\%\sim70\%$,机床中占 $60\%\sim90\%$。灰铸铁之所以应用广泛,是因为它具有铸造性能优良,生产设备及熔炼工艺简单,成本低廉以及具有许多优良使用性能等一系列特点。

3) 麻口铸铁　这种铸铁中的碳部分以游离碳化物形式析出,部分以石墨形式析出,断口灰色、白色相间。此类铸铁硬脆性较大,故工业上很少使用。

2. 根据铸铁中石墨的存在形态分类

根据铸铁中的石墨形态,铸铁可分为以下几种。

1) 灰铸铁　铸铁中石墨以片状或曲片状形态存在。这类铸铁有一定的强度、耐磨性、耐压性、减振性能均佳。

2) 可锻铸铁　铸铁中石墨呈紧密的团絮状。它是用白口铸铁件经长时间退火后获得的。这类铸铁强度较高、韧性好。

3) 球墨铸铁　铸铁中的石墨大部分或全部呈球状。这类铸铁强度高、韧性好。

4) 蠕墨铸铁　铸铁中的石墨大部分呈蠕虫状。这类铸铁抗拉强度、耐压性、耐热性能比灰铸铁有明显改善。

此外,为满足某些特殊性能要求,向铸铁中加入一种或多种合金元素(铬、铜、铝、硼等)而得到合金铸铁,如耐磨铸铁、耐热铸铁、耐蚀铸铁等。

(二) 铸铁的组织

灰铸铁、可锻铸铁、球墨铸铁和蠕墨铸铁是工业生产中常用的铸铁。从微观结构分析,常用铸铁组织是由两部分组成的,一部分是石墨,另一部分是金属基体。金属基体可以是铁素体、珠光体或铁素体加珠光体,相当于钢的组织。

由于石墨是碳原子按游离态构成的软松组织,其强度、硬度很低,塑性、韧性几乎为零,在铸铁中犹如裂纹和孔洞,因此,我们可以把常用铸铁组织看成是金属基体上布满了裂纹和孔洞的钢。

(三) 铸铁的优良性能

因常用铸铁组织中的石墨割裂了金属基体,破坏了金属基体的连续性,严重削弱了金属基体的强度、塑性和韧性,所以用铸铁的力学性能明显比钢差。然而,正是由于石墨的存在,铸铁具有许多钢所不及的优良性能。

1) 铸造性能好　由于铸铁的含碳量接近共晶成分,与钢相比较,不仅熔点低,结晶区间小,而且流动性好,收缩性小,铸造性好,所以适合浇注形状复杂的零件或毛坯。

2) 切削加工性好　由于石墨割裂了金属基体的连续性,使铸铁的切屑易脆断,且石墨对刀具有一定的润滑作用,使刀具磨损减少。

3) 减摩性能好　铸铁与其他钢件发生摩擦时,由于铸铁中石墨本身具有润滑作用,特别是当它从铸铁表面脱落后,所留下的孔隙能吸附和储存润滑油,使摩擦面上的油膜易于保持而具有良好的减摩性。因此,工业上常用铸铁制造机床导轨、车轮制动片等。

4) 减振性能好　由于铸铁在受到振动时石墨能起缓冲作用,阻止振动的传播,并把振动能转变为热能,减振能力比钢大 10 倍。因此,铸铁常用作承受振动的零件,如机床床身及其支架、底座等。

5) 缺口敏感性小　钢制零件常因表面有缺口(如油孔、键槽、刀痕等)造成应力集中,使力学性能显著降低,故钢的缺口敏感性大。铸铁中石墨本身就相当于很多小的缺口,所以对外加的缺口并不敏感。

铸铁除具有上面"两好、两减、一小"的优良性能外,还有资源丰富、成本低廉、价格便宜等优点,因而在机械制造中得到广泛应用。

(四) 铸铁的石墨化及影响因素

1. 铸铁的石墨化

在铸铁中,碳可以渗碳体形式存在,也可以石墨的形式存在。在铸铁生产中,把碳原子以渗碳体形式析出的过程称为铸铁白口化(断口呈银白色),把碳原子以石墨形式析出的过程称为石墨化。

科学实验证明:石墨可以直接从液态铸铁或奥氏体中析出,也可以先结晶出渗碳体,再由渗碳体在一定条件下分解为铁素体和石墨(即 $Fe_3C \longrightarrow 3Fe + C$)。

2. 影响石墨化的因素

影响铸铁石墨化的因素很多,主要因素是铸铁的成分和冷却速度。

1) 化学成分的影响　碳和硅是强烈促进石墨化的元素,碳、硅含量越高,越易获得灰口组织。这是因为随含碳量的增加,液态铸铁中结晶出的石墨越多、越粗大,故促进了石墨化;硅与铁的结合力较强,削弱了铁、碳原子间的结合力,硅还会使共晶点的含碳量降低,共晶转变温度升高,有利于石墨的析出。但碳、硅含量过高时,易生成过多且粗大的石墨,降低铸件的性能。因此,灰口铸铁中的碳、硅含量一般控制在含 C 2.5%~4.0%,含 Si 1.0%~2.5%。

硫是强烈阻碍石墨化的元素。硫使铸铁白口化,而且还降低铸铁的铸造性能和力学性能,故应严格控制其含量,一般硫小于 0.15%。

锰是阻碍石墨化的元素。但锰可与硫形成硫化锰,减弱硫的有害作用,间接促进石墨化。故铸铁中含锰量应适当,一般含锰量 0.5%~1.4%。

磷是微弱促进石墨化的元素。磷可提高铁液的流动性。当磷含量大于 0.3% 时,会形成磷共晶体。磷共晶体硬而脆,降低铸铁的强度,增加铸铁的冷裂倾向,但可提高铸铁的耐磨性。所以,要求铸铁有较高强度时,磷含量小于 0.12%,若要求铸铁有较高耐磨性时,含磷量可增加至 0.5%。一般铸铁中含磷量小于 0.3%。

2) 冷却速度的影响　一定成分的铸铁,其石墨化程度取决于冷却速度。冷却速度越慢,越有利于碳原子的扩散,促使石墨化进行。冷却速度越快,析出渗碳体的可能性就越大。这是由于渗碳体的含碳量(6.69%)比石墨(100%)更接近于合金的含碳量(2.5%~4.0%)。

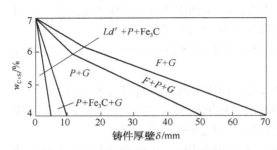

图7-2　铸铁成分(w_{C+Si})和冷却速度
(铸件的壁厚)对铸铁组织的影响

影响铸铁冷却速度的因素主要有浇注温度、铸件壁厚、铸型材料等。当其他条件相同时,提高浇注温度,可使铸型温度升高,冷速减慢;铸件壁厚越大,冷速越慢;铸型材料导热性越差,冷速越慢。如图7-2所示。

铸件壁越薄,碳、硅含量越低,越易形成白口组织。因此,调整碳、硅含量及冷却速度是控制铸铁组织和性能的重要措施。

二、实践与研究

(1) 将白口铸铁和灰口铸铁敲碎成两块,观察其断口颜色,解释之。

(2) 观察厚铸件断口从表层到心部的颜色变化,并解释之。

三、拓展与提高

石墨的结构和性能

石墨是碳的一种结晶产物,具有六方晶格,碳原子呈层状排列。同一层晶面上碳原子间距较近,原子结合力较强;层与层的距离较远,结合力较弱。因此,石墨受力时,容易沿层面间滑移,故其强度、塑性和韧性极低,接近于零,硬度仅为3HBS。所以我们使用的铅笔芯能用小刀切削。石墨的结构如图7-3所示。

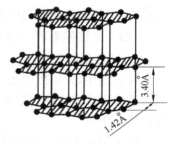

图7-3　石墨的晶体结构

任务二　灰　铸　铁

【学习目标】

　1. 了解灰铸铁的成分、组织和性能。

　2. 了解灰铸铁的孕育处理的方法和作用。

　3. 掌握灰铸铁的热处理方法及作用。

　4. 掌握灰铸铁的牌号和用途及选用。

　5. 具有辨别灰铸铁组织和正确选用灰铸铁的能力。

灰铸铁的密度为7.25×10^3 kg/m³,熔点在1 150~1 250℃,它是工业上应用最为广泛的铸铁。在各类铸铁中,灰铸铁的产量约占80%以上。本任务主要介绍灰铸铁的成分、性能和牌号以及用途,研究灰铸铁的选用。

一、相关知识

（一）灰铸铁的成分、组织和性能

灰铸铁的化学成分一般为含 C 2.5%～4.0%，含 Si 1.0%～2.5%，含 Mn 0.5%～1.4%，含 P≤0.3%，含 S≤0.15%。

灰铸铁的组织可看成是碳钢的基体加片状石墨。按基体组织不同分为铁素体基体灰铸铁、铁素体-珠光体基体灰铸铁、珠光体基体灰铸铁。其显微组织如图 7-4 所示。

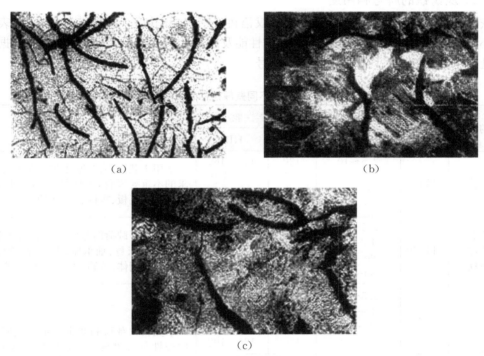

（a）　　　　　　　　　　　　　　　（b）

（c）

图 7-4　灰铸铁的组织

（a）铁素体基体；（b）铁素体-珠光体基体；（c）珠光体基体

灰铸铁的性能主要取决于基体的组织和石墨的形态。因石墨的强度极低，相当于在钢的基体上分布了许多孔洞和裂纹，分割、破坏了基体的连续性，减小了基体的有效承载截面，而且石墨的尖角处易产生应力集中，所以灰铸铁的抗拉强度比相应基体的钢低很多，塑性、韧性极低。石墨片数量越多、尺寸越大、分布越不均匀，灰铸铁的抗拉强度越低。灰铸铁的抗压强度、硬度主要取决于基体，石墨对其影响不大，故灰铸铁的抗压强度和硬度与相同基体的钢相似。灰铸铁的抗压强度一般是其抗拉强度的 3～4 倍。当石墨存在形态一定时，铸铁的力学性能取决于基体组织，珠光体基体比铁素体基体灰铸铁的强度、硬度、耐磨性均高，但塑性、韧性低。铁素体-珠光体基体灰铸铁的性能介于前二者之间。

石墨虽然降低了铸铁的强度、塑性和韧性，但却使灰铸铁获得上述铸铁优良性能。

（二）灰铸铁的孕育处理

为提高灰铸铁的力学性能，生产中常采用孕育处理，即在浇注前向铁液中加入一定量的孕育剂,以获得大量的、高度弥散的人工晶核,从而得到细小、均匀分布的片状石墨和细化的基体。经孕育处理后获得亚共晶灰铸铁,称为孕育铸铁。

孕育铸铁的结晶过程几乎是在全部铁液中同时进行,可以避免铸件边缘及薄壁处出现白口组织,使铸件各部位截面上的组织和性能均匀一致。孕育铸铁的强度较高,塑性和韧性有所提高,常用于力学性能要求较高,截面尺寸变化较大的大型铸件。

常用孕育剂为含 Si 75%的硅铁合金或含 Si 60%~65%、含 Ca 35%~40%的硅钙合金。孕育剂的加入量与铁液成分、铸件壁厚及孕育方法等有关,一般为铁液重量的 0.2%~0.7%。

(三) 灰铸铁的牌号和用途

灰铸铁的牌号是由"HT"("灰铁"二字汉语拼音字首)和其后一组数字组成,数字表示的是最小抗拉强度值(MPa)。灰铸铁的牌号、性能及用途见表 7-1。设计铸件时,应根据铸件受力处的主要壁厚或平均壁厚选择铸铁牌号。

表 7-1　灰铸铁牌号、不同壁厚铸件的力学性能和用途

铸铁的类别	牌号	铸件壁厚/mm	力学性能		用　途　举　例
			σ_b/MPa	HBS	
铁素体灰铸铁	HT100	2.5~10	130	110~166	适用于载荷小、对摩擦和磨损无特殊要求的不重要零件,如防护罩、盖、油盘、手轮、支架、底板、重锤、小手柄等
		10~20	100	93~140	
		20~30	90	87~131	
		30~50	80	82~122	
铁素体-珠光体灰铸铁	HT150	2.5~10	175	137~205	承受中等载荷的零件,如机座、支架、箱体、刀架、床身、轴承座、工作台、带轮、端盖、泵体、阀体、管路、飞轮、电机座等
		10~20	145	119~179	
		20~30	130	110~166	
		30~50	120	105~157	
珠光体灰铸铁	HT200	2.5~10	220	157~236	承受较大载荷和要求一定的气密性或耐蚀性等较重要零件,如汽缸、齿轮、机座、飞轮、床身、气缸体、气缸套、活塞、齿轮箱、刹车轮、联轴器盘、中等压力阀体等
		10~20	195	148~222	
		20~30	170	134~200	
		30~50	160	129~192	
	HT250	4.0~10	270	175~262	
		10~20	240	164~247	
		20~30	220	157~236	
		30~50	200	150~225	
孕育灰铸铁	HT300	10~20	290	182~272	承受高载荷、耐磨和高气密性重要零件,如重型机床、剪床、压力机、自动车床的床身、机座、机架,高压液压件,活塞环,受力较大的齿轮、凸轮、衬套,大型发动机的曲轴、气缸体、缸套、气缸盖等
		20~30	250	168~251	
		30~50	230	161~241	
	HT350	10~20	340	199~298	
		20~30	290	182~272	
		30~50	260	171~257	

注:当一定牌号铁液浇注壁厚均匀而形状简单的铸件时,壁厚变化所造成抗拉强度的变化,可从本表查出参考性数据;当铸件壁厚不均匀或有型芯时,此表仅能近似地给出不同壁厚处抗拉强度值,铸件设计应根据关键部位实测值进行。

(四) 灰铸铁的热处理

灰铸铁的热处理只能改变基体组织,不能改变石墨的形状、数量、大小和分布,因此对提高灰铸铁力学性能的作用不大,故灰铸铁的热处理主要用来消除应力和白口组织、改善切削

加工性能、稳定尺寸、提高表面硬度和耐磨性等。

1. 去应力退火

凡大型或形状复杂或精度要求高的铸件,例如机床床身等,为稳定尺寸、防止变形或开裂,必须进行去应力退火。退火方法是将铸件加热到 500~600℃,保温一段时间,随炉冷却至 200~50℃后出炉空冷,用以消除铸件在凝固过程中因冷却不均匀而产生的铸造应力,防止变形和开裂。

2. 消除白口组织,改善切削加工性能的退火

退火方法是将铸件加热到 850~900℃,保温 2~5 h,使 Fe_3C 分解,然后随炉冷却至 500~400℃后出炉空冷,以消除白口、降低硬度、改善切削加工性能。

3. 表面淬火

为提高铸件的表面硬度和耐磨性,例如床身的导轨面和缸体内壁等,可采用表面淬火处理。常用的方法有高频感应淬火、火焰淬火和接触电阻加热淬火。

二、实践与研究

(1) 现有三块铁合金,一块是低碳钢,一块是灰铸铁,一块是白口铸铁。用什么简便方法可迅速将它们区分开来?

(2) 用 T10 钢制造的钻头给一批灰铸铁钻孔,发现钻头磨损很严重,怎样解决?

三、拓展与提高

灰铸铁的接触电阻加热淬火

接触电阻加热淬火法的原理如图 7-5 所示,电极(石墨棒或紫铜滚轮)与工件表面紧密接触,通以低电压(2~5 V)、强电流(400~750 A),利用接触处的电阻热将工件迅速加热至淬火温度,操作时电极以一定速度移动,靠工件本身导热使已被加热的表面迅速冷却淬硬。淬硬层深度可达 0.2~0.3 mm,组织为极细马氏体和片状石墨,硬度可达 55~61 HRC。这种表面淬火方法的优点是工件变形小,设备简单,操作方便。机床导轨采用高频感应淬火,淬硬层深度在 1.1~2.5 mm,硬度可达 50 HRC。而经这种方法淬火后,寿命可提高 1.5 倍。

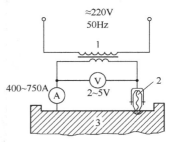

图 7-5　接触电阻加热淬火法示意图

1—变压器;2—电极(紫铜滚轮);
3—机床导轨

任务三　可锻铸铁

【学习目标】

1. 了解可锻铸铁的生产方法。
2. 了解可锻铸铁的成分、组织和性能。
3. 掌握可锻铸铁的牌号和用途及选用。
4. 具有辨别可锻铸铁组织和正确选用可锻铸铁的能力。

可锻铸铁又称马铁,可锻铸铁的组织是由金属基体和团絮状石墨组成。本任务主要研究可锻铸铁的形成、组织、性能、牌号和用途以及选用。

一、相关知识

(一) 可锻铸铁的成分和生产过程

可锻铸铁的生产过程是:首先浇注成白口铸铁件,然后再经可锻化(石墨化)退火,使渗碳体分解为团絮状石墨,即可制成可锻铸铁,其生产过程分为两步,如图7-6所示。

$$生铁 \xrightarrow{熔炼浇注} 白口铸铁(Fe_3C) \xrightarrow{高温石墨化退火} 可锻铸铁_{(金属基体+团絮状石墨)}$$

图7-6　可锻铸铁的生产过程

为保证在一般的冷却条件下铸件能获得全部白口,又要在退火时易使渗碳体分解,并以团絮状石墨析出,必须严格控制铁水的成分。与灰铸铁相比,可锻铸铁中碳、硅含量较低,以保证铸铁件获得白口组织,但也不能太低,否则退火时难以石墨化,延长退火时间。可锻铸铁的化学成分一般为含C $2.3\%\sim2.8\%$,含Si $1.0\%\sim1.6\%$,含Mn $0.3\%\sim0.8\%$,含S$\leqslant$ 0.2%,含P$<0.1\%$。

(二) 可锻铸铁的组织和性能

由于退火方法(图7-7)不同,可锻铸铁分别得到不同的组织。

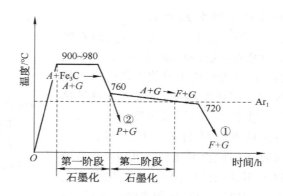

图7-7　可锻铸铁的石墨化退火

1. 黑心可锻铸铁和珠光体可锻铸铁

这种类型的可锻铸铁是在中性介质中,将白口铸铁坯件加热到$900\sim980℃$,使铸铁组织转变为奥氏体和渗碳体,经过长时间(30 h左右)保温后,渗碳体发生分解而得到团絮状石墨,此为第一阶段石墨化。在随后的缓冷过程中,奥氏体中过饱和的碳将充分析出并附在已形成的团絮状石墨表面,使石墨长大,完成第二阶段石墨化($760\sim720℃$),形成铁素体和石墨,再缓冷至$700\sim650℃$,出炉空冷(图7-7曲线①),最后得到铁素体可锻铸铁,又称黑心可锻铸铁,其显微组织如图7-8a所示。如果在第一阶段石墨化后,以较快的速度($100℃/h$)冷却通过共析温度转变区(图7-7曲线②),使第二阶段石墨化不能进行,则得到珠光体可锻铸铁,其显微组织如图7-8b。目前我国以生产黑心可锻铸铁为主,也生产少量珠光体可锻铸铁。

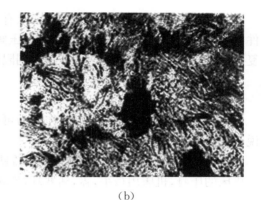

（a） （b）

图 7 - 8 可锻铸铁的显微组织

（a）黑心可锻铸铁；（b）珠光体可锻铸铁

2. 白心可锻铸铁

白心可锻铸铁是将白口铸铁件放在氧化性介质中退火（在石墨化的同时还伴有脱碳过程）而得到的。这种铸铁生产中很少使用，原因是白心可锻铸铁从表层到心部组织不均匀，其力学性能，尤其是韧性较差，而且要求较高的热处理温度和较长的热处理时间。

由于石墨形状的改变，减轻了石墨对基体的割裂作用。因此可锻铸铁的强度比灰铸铁高，塑性、韧性得到很大的改善。黑心可锻铸铁具有较高的塑性和韧性，珠光体可锻铸铁具有较高的强度、硬度和耐磨性。

（三）可锻铸铁的牌号及用途

可锻铸铁的牌号为 KTZ（H、B）数字-数字，KT 表示"可铁"，意为可锻铸铁，Z（H、B）分别表示珠光体、黑心和白心，左起第一组数字为最小抗拉强度（单位 MPa），第二组数字为最小延伸率。常用的黑心可锻铸铁和珠光体可锻铸铁的牌号和性能以及用途见表 7 - 2。

表 7 - 2 黑心可锻铸铁和珠光体可锻铸铁的牌号、性能和用途

种类	牌 号	试样直径/mm	力学性能				用 途 举 例
			σ_b/MPa	$\sigma_{r0.2}$/MPa	δ/%	HBS	
			不小于				
黑心可锻铸铁	KTH300 - 06	12 或 15	300		6	不大于 150	适用管道配件、中低阀门、汽车后桥外壳、机床用的扳手、弹簧钢板支座、农具等
	KTH330 - 08		330		8		
	KTH350 - 10		350	200	10		
	KTH370 - 12		370		12		
珠光体可锻铸铁	KTZ450 - 06	12 或 15	450	270	6	150～200	适用支承较高载荷、耐磨损，并要求一定韧性的零件，如连杆、摇臂、活塞环等
	KTZ550 - 04		550	340	4	180～250	
	KTZ650 - 02		650	430	2	210～260	
	KTZ700 - 02		700	530	2	240～290	

可锻铸铁主要用于制造形状复杂,要求有一定塑性、韧性,承受冲击和振动,耐蚀的薄壁铸件,如汽车、拖拉机的后桥、转向机构,低压阀门,管件等。但由于其退火时间长、生产过程较复杂、生产率较低、成本高,故其应用受到限制,部分可锻铸铁件已被球墨铸铁代替。

二、实践与研究

(1) 联系可锻铸铁的生产过程,你认为可锻铸铁能用于制造尺寸大、壁厚的铸件吗? 讨论说明理由。

(2) 下列铸件是选用灰铸铁还是可锻铸铁,说明理由:

机床的床身,机床用扳手,盖,活塞环,齿轮箱,弹簧钢板支座。

三、拓展与提高

不可锻造的可锻铸铁

可锻铸铁只是表明它比灰铸铁具有较高的塑性和韧性,表明人类在铸铁研制中取得了很大的进步和突破,其实它是不能锻造的。

任务四　球墨铸铁

【学习目标】

1. 了解球墨铸铁的成分、组织和性能。
2. 掌握球墨铸铁的孕育处理的方法和作用。
3. 掌握球墨铸铁的热处理方法及作用。
4. 掌握球墨铸铁的牌号和用途及选用。
5. 具有辨别球墨铸铁组织和正确选用球墨铸铁的能力。

灰铸铁的力学性能差,它的用途受到很大限制。可锻铸铁的性能虽然得到提高,但它只能用于薄壁铸件,因此人类不断探索新型铸铁,球墨铸铁的出现和稀土的开发利用,使铸件的生产和应用都得到飞速的发展。本任务主要研究球墨铸铁的生产、组织、性能、热处理和用途以及球铁的选用。

一、相关知识

(一) 球墨铸铁的化学成分和生产

球墨铸铁是铁液经球化处理而不是在凝固后经过热处理,使石墨大部分或全部呈球状,有时少量为团絮状的铸铁。由于石墨呈球状,对基体的割裂作用最小,故铸铁的力学性能得到改善。

常用的球化剂有镁、稀土和稀土镁合金。我国普遍采用的是稀土镁合金。镁是良好的促进石墨球化的元素,当铁液中含有 $0.04\% \sim 0.08\%$ 镁时,石墨就能完全球化。但镁的沸点低 $(1\,120\,℃)$、密度小$(1.738\,\mathrm{g/cm^3})$,若直接加入铁液中,镁会立即沸腾汽化,其回收率只有

5%～10%，且操作方法复杂，劳动条件差，易出事故。稀土元素的球化作用不如镁，但其具有强烈的脱硫、去氧、除气、净化金属、细化晶粒、改善铸造性能等作用。将稀土元素、镁、硅和铁熔化制成稀土镁合金作球化剂，综合了镁和稀土的优点，球化效果好。但镁和稀土元素都强烈阻碍石墨化。

为提高铁液石墨化能力，避免产生白口，并使石墨球细小、形状圆整、分布均匀，在球化处理后还应进行孕育处理。常用的孕育剂为 $w_{Si}=75\%$ 的硅铁合金。

球墨铸铁的成分要求比灰铸铁严格，其成分为含 C 3.6%～4.0%，含 Si 2.0%～2.8%，含 Mn 0.6%～0.8%，含 S≤0.07%，含 P<0.1%，含 Re 0.02%～0.04%，含 Mg 0.03%～0.05%。

（二）球墨铸铁的组织和性能

按基体组织不同，常用球墨铸铁有铁素体球墨铸铁、铁素体-珠光体球墨铸铁、珠光体球墨铸铁和下贝氏体球墨铸铁（经等温淬火获得的），其显微组织如图 7-9 所示。

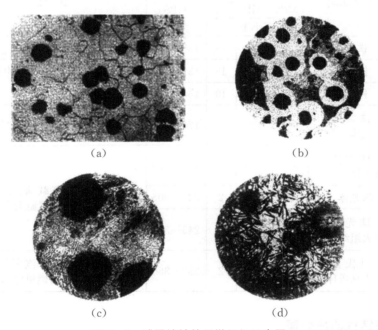

(a)　　　　　　　　　　(b)

(c)　　　　　　　　　　(d)

图 7-9　球墨铸铁的显微组织示意图
(a) 铁素体基体；(b) 铁素体-珠光体基体；(c) 珠光体基体；(d) 下贝氏体基体

由于球状石墨对基体的割裂作用和引起应力集中现象明显减小，故球墨铸铁的力学性能比灰铸铁高得多。它的某些性能可和相应组织的铸钢相媲美，如疲劳强度与中碳钢接近，耐磨性优于表面淬火钢，屈强比（$\sigma_{r0.2}/\sigma_b$）为 0.7～0.8，比钢约高 1 倍，但塑性、韧性比钢低。

球墨铸铁中石墨球越圆整、球径越小、分布越均匀，其力学性能越好。铁素体球墨铸铁的塑性、韧性较好，强度、硬度较低；珠光体球墨铸铁与前者相比，强度、硬度较高，耐磨性好，但塑性、韧性较差。如经合金化和热处理后，还可获得下贝氏体、马氏体、托氏体、索氏体等基体组织，改善了力学性能，以满足工业生产需要。

此外，球墨铸铁同样具有灰铸铁的某些优点，如较好的铸造性能、减振性、减摩性、切削加工性及低的缺口敏感性等。但球墨铸铁的过冷倾向较大，易产生白口组织，而且其液态收缩和凝固收缩较大,易形成缩孔和缩松,故其熔炼工艺和铸造工艺都比灰铸铁要求高。

(三) 球墨铸铁的牌号及用途

球墨铸铁的牌号由"QT"("球铁"二字汉语拼音字首)和其后的两组数字组成,两组数字分别表示最低抗拉强度和最低伸长率。例如 QT600-3 表示 $\sigma_b \geqslant 600$ MPa、$\delta \geqslant 3\%$ 的球墨铸铁。球墨铸铁的牌号、性能及用途见表 7-3。球墨铸铁应用广泛,可代替铸钢、锻钢和可锻铸铁来制造一些受力复杂、性能要求高的重要零件。例如用珠光体球墨铸铁代替 45 钢和 35CrMo 钢制造拖拉机曲轴、连杆、凸轮轴、齿轮及蜗杆等;用铁素体球墨铸铁制造阀门、机座和汽车后桥壳等。

表 7-3　球墨铸铁的牌号、力学性能和用途

牌　号	基体组织	力学性能				用　途　举　例
		σ_b /MPa	$\sigma_{r0.2}$ /MPa	$\delta/\%$	HBS	
		不小于				
QT400-18	铁素体	400	250	18	130～180	适用承受冲击、振动的零件,如汽车、拖拉机的轮毂、驱动桥壳、中低阀门,农具零件等
QT400-15	铁素体	400	250	15	130～180	
QT450-10	铁素体	450	310	10	160～210	
QT500-7	铁素体＋珠光体	500	320	7	170～230	机器座架、传动轴、飞轮、电动机架、内燃机的机油泵齿轮等
QT600-3	铁素体＋珠光体	600	370	3	190～270	适用支承较高载荷、复杂的零件,如连杆、曲轴、凸轮轴、气缸套等
QT700-2	珠光体	700	420	2	225～305	
QT800-2	珠光体或回火组织	800	480	2	245～335	
QT900-2	贝氏体或回火马氏体	900	600	2	280～360	高强度的齿轮,如汽车后桥螺旋锥齿轮、大减速齿轮器、内燃机曲轴等

(四) 球墨铸铁的热处理

球墨铸铁的热处理与钢相似,但因其含碳、硅、锰量较多,所以热处理需要较高的加热温度和较长的保温时间,其淬透性比碳钢好。

球墨铸铁常用的热处理方法有以下四种。

1. 退火

1) 去应力退火　球墨铸铁的铸造应力较大,为消除应力,对不再进行其他热处理的球墨铸铁常进行去应力退火。其方法是将铸件加热到 500～600℃,保温 2～8 h 后缓冷。

2) 低温退火　当铸态基体组织为铁素体和珠光体而无自由渗碳体时,为获得塑性、韧性较好的铁素体球墨铸铁,可进行低温退火。其方法是将铸件加热到 700～760℃,保温 2～8 h,使珠光体中的渗碳体分解为铁素体和石墨,然后随炉缓冷至 600℃左右,出炉空冷。

3) 高温退火　当铸态组织中存在自由渗碳体时,为获得铁素体球墨铸铁,需进行高温退火。其方法是将铸件加热至 900～950℃,保温 2～5 h,使自由渗碳体分解为铁素体和石墨,

然后随炉缓冷至 600℃ 左右,出炉空冷。

2. 正火

正火的目的是为了增加基体中珠光体的数量、细化晶粒,提高球墨铸铁的强度和耐磨性。常用正火方法有以下两种:

1) 高温正火(完全奥氏体化正火)　将铸件加热到 880～950℃,保温 1～3 h,使基体组织全部奥氏体化,然后出炉空冷,获得珠光体球墨铸铁。为增加基体中珠光体的数量,还可采用风冷、喷雾冷却等加快冷却速度的方法,以保证铸件的强度。

2) 低温正火(不完全奥氏体化正火)　将铸件加热到 820～860℃,保温 1～4 h,使基体部分转变为奥氏体,部分保留为铁素体,然后出炉空冷,得到珠光体和少量破碎状铁素体的基体组织。与高温正火相比,这种组织的球墨铸铁强度稍低一些,但塑性和韧性较好。

由于正火的冷却速度较快,正火后铸件内有较大应力,因此正火后还要进行去应力退火(常称回火)。

3. 调质

对于受力复杂、要求综合力学性能较高的球墨铸铁件,如连杆、曲轴等,可采用调质。方法是将铸件加热到 860～920℃,使基体转变为奥氏体,在油中淬火得到马氏体,然后经 550～600℃ 回火(保温 4～6 h),获得回火索氏体基体组织。这种组织的铸件不仅强度高,而且塑性和韧性比经正火后的珠光体球墨铸铁好。调质一般只适合小尺寸铸件,尺寸过大时,因淬不透,调质效果不好。

4. 等温淬火

对于形状复杂、热处理易变形或开裂,又要求强度高、塑性和韧性好的零件,如齿轮、曲轴、凸轮轴等,常采用贝氏体等温淬火。其方法是将铸件加热至 860～900℃,保温后迅速放入 250～350℃ 的盐浴中等温 30～90 min,出炉空冷。等温淬火后的组织为下贝氏体和球状石墨。等温淬火后一般不再进行回火。由于等温盐浴的冷却能力有限,故一般只适用于截面尺寸不大的零件。经等温淬火后,球墨铸铁的抗拉强度可达 1 200～1 500 MPa,硬度为 38～50 HRC,韧性为 $A_K=24～64$ J。

二、实践与研究

(1) 下列铸件可选哪种铸铁材料制作:沙车轮、凸轮、弹簧钢板支承座、曲轴、中低阀门?

(2) 球墨铸铁与灰铸铁都可进行热处理,它们有何不同?

三、拓展与提高

“以铁代钢,以铸代锻”的时代

由于球墨铸铁的力学性能可与钢媲美,并具有铸铁的优良性能。因此,以往受力大的构件都是由钢制作的,现在可用球墨铸铁代替;过去钢制零件必须进行锻造,现在只要铸造即可。球墨铸铁的研制成功颠覆了传统的机械制造工艺,在机械制造中真正实现了“以铁代钢,以铸代锻”,是铸铁生产上的一次重大革命。现在,球墨铸铁可用于制造强度、硬度、韧性要求高,形状复杂的零件,如水管道、发动机曲轴等,由于球墨铸铁的价格比钢低,因此应用日益广泛。

任务五　蠕墨铸铁

【学习目标】
1. 了解蠕墨铸铁的生产过程和成分。
2. 掌握蠕墨铸铁的组织和性能。
3. 掌握蠕墨铸铁的牌号和用途及选用。
4. 具有正确选用蠕墨铸铁的能力。

蠕墨铸铁是 20 世纪 60 年代发展起来的一种新型金属材料，因其石墨显微组织形似动物蠕虫状而得名。蠕墨铸铁具有独特的组织和性能，强度和韧性比灰铸铁高，接近于球墨铸铁，导热性、减振性、铸造性和切削加工性比球墨铸铁好，更接近于灰铸铁。因此本任务主要研究蠕墨铸铁的生产、成分、组织、性能、用途和选用。

一、相关知识

（一）蠕墨铸铁的化学成分和生产过程

蠕墨铸铁的生产方法与球墨铸铁相似，即在生铁熔炼后，向铁液中加入适量的蠕化剂，进行脱硫、脱氧和促使碳结晶成蠕虫状石墨，这是蠕化处理，然后加孕育剂促进石墨化，并细化蠕墨铸铁的晶体，进行孕育处理，形成蠕墨铸铁。蠕化剂目前主要采用的有稀土镁钛合金、稀土硅铁合金和稀土镁钙合金等。孕育剂有硅铁合金和硅钙合金。蠕墨铸铁的成分一般是含 C 3.5%～3.9%，含 Si 2.2%～2.8%，含 Mn 0.4%～0.8%，含 S <0.1%，含 P<0.1%。

（二）蠕墨铸铁的组织与牌号

蠕墨铸铁的金属基体上分布有蠕虫状的石墨，蠕虫状石墨的长宽比一般在 2～10 范围内。石墨的结构介于片状和球状之间，呈弯曲的厚片状，两头圆钝，且具有球状石墨类似的结构，如图 7-10 所示的蠕墨铸铁的显微组织图。

根据蠕化剂的加入和石墨化程度，蠕墨铸铁可得到铁素体、铁素体＋珠光体、珠光体三种金属基体组织。不同金属基体组织对力学性能有不同的影响。

蠕墨铸铁的牌号由"RuT"（"蠕铁"二字的汉语拼音字首）和其后一组数字组成，数字表示最低抗拉强度（单位 MPa）。

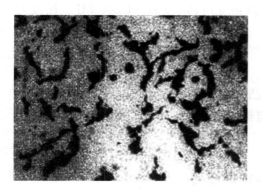

图 7-10　蠕墨铸铁的显微组织图

（三）蠕墨铸铁的性能和用途

蠕墨铸铁的性能介于灰铸铁和球墨铸铁之间，其强度接近于球墨铸铁，并具有一定的塑性和韧性，而耐热疲劳性、减振性和铸造性能优于球墨铸铁，与灰铸铁相近，切削加工性能和球墨铸铁相似,比灰铸铁稍差。

蠕墨铸铁是 20 世纪发展起来的一种新型铸铁,目前已在生产中大量应用。主要用于制作形状复杂,要求组织致密、强度高,承受较大热循环载荷的铸件,如柴油机的气缸盖、气缸套、进(排)气管、钢锭模、阀体等。蠕墨铸铁牌号、性能和用途见表 7-4。

表 7-4 蠕墨铸铁的牌号、性能和用途

牌 号	力学性能				用 途 举 例
	σ_b /MPa	$\sigma_{r0.2}$ /MPa	δ/%	HBS	
	不小于				
RuT260	260	195	3	121～197	增压器废气进气壳体、汽车底盘零件等
RuT300	300	240	1.5	140～217	排气管、变速箱体、气缸盖、液压件、纺织机零件、钢锭模等
RuT340	340	270	1.0	170～249	重型机床件、大型齿轮箱体、起重机卷筒等
RuT380	380	300	0.75	193～274	活塞销、气缸套、制动盘、钢珠研磨盘、吸淤泵体
RuT420	420	335	0.75	200～280	

二、实践与研究

(1) 将下列常用铸铁牌号填入相应的表格(表 7-5)。

表 7-5 常用铸铁牌号

类 别	灰 铸 铁	可 锻 铸 铁	球 墨 铸 铁	蠕 墨 铸 铁
牌 号				

牌号:QT400-15;KTH300-06;HT300;RuT300。

(2) 制造下列零件,请选用合适的材料,填入表 7-6 中。

表 7-6 零件材料选用表

零件	普通机床的床身	汽车后桥外壳	柴油机曲轴	排气管
材料的牌号				

牌号:RuT300;QT700-02;KTH350-10;HT200。

三、拓展与提高

合 金 铸 铁

随着工农业生产的需要,只有前面介绍的几种铸铁不能完全满足需要,为了有更多的新材料满足需要,铸铁领域发展了合金铸铁,使铸铁具有特殊的性能。合金铸铁是指常规元素(硅、锰)高于普通铸铁规定含量或含有其他合金元素,具有较高力学性能或某些特殊性能的铸铁,如耐磨铸铁、耐热铸铁、耐蚀铸铁等。

　　耐磨铸铁是指不易磨损的铸铁。主要通过激冷或加入某些合金元素在铸铁中形成耐磨损的基体组织和一定数量的硬化相。按其工作条件不同,可分为抗磨铸铁和减摩铸铁两类。

　　耐热铸铁是指可以在高温使用,其抗氧化或抗生长性能符合使用要求的铸铁。耐热铸铁的种类很多,如硅系、铝系、铬系、硅铝系等。我国目前广泛采用的是硅系和硅铝系耐热铸铁。耐热铸铁主要用于制造加热炉炉底板、炉条、烟道挡板、换热器、粉末冶金用坩埚及钢锭模等。

　　耐蚀铸铁是指能耐化学、电化学腐蚀的铸铁。耐蚀铸铁的种类很多,如高硅、高镍、高铝、高铬等耐蚀铸铁。耐蚀铸铁主要用于化工部门,如管道、容器、阀门、泵等。

思考与练习

1. 何谓铸铁? 铸铁与钢相比有何优点?
2. 试分析石墨对铸铁性能的影响。影响石墨化的因素有哪些?
3. 为什么铸铁牌号不用化学成分表示,而以力学性能表示?
4. 铸铁的抗拉强度和硬度主要取决于什么? 如何提高铸铁的抗拉强度和硬度? 铸铁的抗拉强度高,其硬度是否也一定高,为什么?
5. 为什么在同一灰铸铁件中,往往表层和薄壁部位易产生白口组织? 用什么方法能予以消除?
6. 灰铸铁的热处理有哪些方法,其作用是什么?
7. 球墨铸铁是如何获得的? 为什么球墨铸铁热处理效果比灰铸铁要显著?
8. 可锻铸铁和球墨铸铁,哪种适宜制造薄壁铸件,为什么?
9. 下列牌号表示什么铸铁? 其符号和数字表示什么含义?
   HT150；QT450－10；KTH300－06；KTZ550－04；RuT300。
10. 下列构件可选用什么铸铁材料制造? 简述理由。
    台虎钳;汽车缸体;扳手;法兰;换热器;球磨机的磨球;吸淤泵体。

项目八　　非铁合金与其他材料

案例导入

　　汽车发动机散热器俗称水箱,如图8-1所示,其主要作用是降低发动机在工作时产生的热量,要求此部件须具有很好的导热性能和较高的强度。为保证发动机的正常运转及使用性能,散热器必须选用导热性好的材料制造。有色金属均具有良好的导热性。导热性比较好的有银、铜、铝等。因银来源较少、价格较高,因此,生产中广泛使用铜合金。

图8-1　汽车发动机散热器

　　除钢铁材料以外的其他金属材料统称为非铁合金(也称为有色金属)。与钢铁材料相比,非铁合金具有某些特殊的性能,因而成为现代工业不可缺少的材料。非铁合金种类繁多,应用较广的是铝、铜、钛、锌及其合金以及滑动轴承合金等。粉末冶金材料因其具有的特点,在刀具和模具领域得到广泛的应用。本项目重点研究铝、铜及其合金的性能和用途,并对粉末冶金材料中的硬质合金的特性和种类进行研究。

任务一　铝及铝合金

【学习目标】

　　1. 了解铝合金的分类及热处理特点。

　　2. 了解工业纯铝的性能、牌号和用途。

　　3. 掌握各种铝合金的牌号、性能和用途。

　　4. 具有根据实际要求,正确选用铝及铝合金的能力。

　　铝是大自然赐予人类的金属材料。优良的性能、丰富的产品、广泛的用途,人类正享受着铝带给我们的福祉,为了能更好地正确使用铝及铝合金,人们就必须了解铝及铝合金的性能、分类和用途。本任务主要研究铝及铝合金的分类、牌号、性能和用途。

一、相关知识

(一) 工业纯铝

铝的应用要比铜和铁晚得多,至今仅一百多年的历史。但由于铝具有许多优良的性能,是一种应用极其广泛的金属,铝的年产量已超过了铜,位于铁之后,居第二位。

1. 纯铝的性能

纯铝是银白色的金属,熔点为 660℃,具有面心立方晶格,无多晶型性转变。铝具有以下优良性能。

1) 密度小　铝的密度为 $2.7×10^3 kg/m^3$,仅为铁的 1/3,是一种轻型金属。

2) 导电、导热性好　铝的导电、导热性仅次于银和铜。电导率约为铜的 62%(若以相同质量的导线比较,铝的导电能力约为铜的 2 倍),故铝广泛用于电子、电器及电机工业来代替铜制作导体。

3) 耐腐蚀　铝在大气中抗腐蚀能力强,这是由于铝能在表面形成一层致密的氧化膜(Al_2O_3),将大气隔离而防止表面进一步氧化,但铝对酸、碱和盐无耐蚀能力。

4) 塑性好　工业纯铝的塑性很高($δ=50%$,$ψ=80%$),能通过冷或热的压力加工制成各种型材,如丝、线、箔、片、棒、管等。

2. 纯铝的牌号及用途

按 GB/T 16474—1996 规定,纯铝牌号用 1××× 四位数字、字符组合系列表示。牌号的第二位表示原始纯铝(如 0 或 A)或改型纯铝(如 1~9 或 B~Y);牌号的最后两位数字表示最低铝的百分含量,当纯度为 99% 的纯铝精确到 0.01% 时,牌号的最后两位数字表示最低铝百分含量中小数点后面的两位。如:1A99 表示 99.99% 的纯铝,1A97 表示 99.97% 的纯铝,常用的纯铝有 1A99、1A97、1A95、1A93、1A90、1A85、1A80、1070、1060、1050、1030 等。

纯铝的强度、硬度很低($σ_b=80~100 MPa$,20HBS),一般不直接用纯铝作结构材料使用。通过冷变形强化可提高纯铝的强度($σ_b=150~250 MPa$),但塑性有所降低($ψ=50%~60%$)。纯铝主要用于食品、药品和烟草的包装(图 8-2),制作电线(图 8-3)、电缆、电器和散热器,配制铝合金和生活用品(图 8-4)。

图 8-2　铝箔

图 8-3　铝导线

图 8-4　水壶

（二）铝合金

纯铝的强度低，不宜用来制作承受载荷的结构零件。向铝中加入适量的硅、铜、镁、锰等合金元素，可制成较高强度的铝合金，若再经冷变形强化或热处理，可进一步提高强度。铝合金的比强度（强度与密度之比）高，耐蚀性和切削加工性好，在国民经济特别是在航天航空工业中得到广泛应用。

1. 铝合金的分类

按照铝合金的成分和工艺特点，可分为压力加工铝合金（形变铝合金）和铸造铝合金。其中，形变铝合金又可分为不可热处理的形变铝合金和可热处理强化的形变铝合金（图 8-5）。

图 8-5 为铝基二元合金状态图的一般类型，位于 D 左边的合金，加热时均可得到单相 α 固溶体，塑性好，适宜进行压力加工，故称为形变铝合金。其中 F 点左边的合金，α 固溶体成分不随温度而变化，不能用热处理强化，F 点右边（DF 之间）合金，α 固溶体成分随温度变化，可用热处理强化。D 点右边的合金由于出现了共晶体组织，塑性差，适宜于铸造，故称为铸造铝合金。

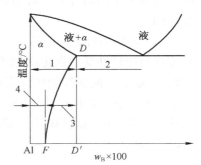

图 8-5　铝合金状态图的一般类型

1—变形合金；2—铸造合金；
3—热处理能强化的合金；
4—热处理不能强化的合金

2. 铝合金的强化方法

铝合金可以通过冷加工或热处理的方法进行强化，其种类不同，强化方法也不一样。

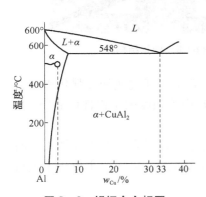

图 8-6　铝铜合金相图

1）不可热处理的形变铝合金　由图 8-5 可知，这类铝合金在固态范围内加热、冷却都不会产生相变，因而只能用冷加工方法，如冷轧、压延等工艺进行形变强化。

2）可热处理的形变铝合金　这类铝合金既可以进行变形强化也可进行热处理强化。其热处理的方法是先固溶处理，然后进行时效处理。铝合金的固溶处理方法与淬火十分相似，故也称为淬火。它与钢的淬火不完全相同。以如图 8-6 所示的合金Ⅰ为例进行说明。图 8-6 是一个铝铜合金相图，Ⅰ号合金的固溶处理是将铝合金加热到 α 相区，获得单一的 α 固溶体组织，而后投入水中快冷淬火，使 $CuAl_2$ 来不及从 α 相中析出，结果在室温下获得过饱和 α 固溶体组织。

淬火后的铝合金强度硬度并无明显提高（$\sigma_b=250$ MPa，固溶处理前 $\sigma_b=200$ MPa）。但若将此合金在室温下放置 4~5 d 后再测其强度，则其强度比固溶处理状态有显著提高（$\sigma_b=400$ MPa）。这种固溶处理后的合金随时间延续而发生强化的现象称为时效。在室温下所进行的时效称为自然时效；在加热的条件下所进行的时效称为人工时效。

3）铸造铝合金　铸造铝合金组织中有一定比例的共晶体，熔点低，故流动性好，可用于制造形状复杂的零件，但共晶体往往比较粗大使强度低，塑性、韧性差。因而常采用变质处理使共晶体细化，并在一定程度上使铸造铝合金强化。

3. 常用铝合金的牌号、用途

1）形变铝合金　按照 GB/T 16474—1996 规定，变形铝合金牌号用四位数字、字符组合系列表示。牌号中的第一位数字是用主要合金元素 Cu、Mn、Si、Mg、Mg_2Si、Zn 的顺序来表示变形铝合金的组别,依其主要合金元素的排列顺序分别标示为 2、3、4、5、6、7;牌号中的第二位表示原始铝合金(如 0 或 A)或改型铝合金(如 1~9 或 B~Y);后两位数字用以表示同一级别中不同铝合金。常用的变形铝合金分为防锈铝合金、硬铝合金、超硬铝合金、锻铝合金四类。

(1)防锈铝合金。防锈铝合金属 Al-Mn、Al-Mg 系合金。它不能进行热处理强化而只能进行冷塑性变形强化,在变形铝合金中其强度最低,但耐蚀性、塑性和焊接性能良好,抛光性好,能长时间保持表面光亮,防锈铝主要用于通过压力加工制造各种高耐蚀性、抛光性好的薄板零件(如电子、仪器的外壳、油箱)、防锈蒙皮,以及受力小、质轻、耐蚀的结构件,在飞机、车辆、制冷装置和日用器具中应用广泛。防锈铝型材如图 8-7 所示,典型牌号有 5A05、3A21 等。

图8-7　防锈铝型材

图8-8　硬铝结构件

(2)硬铝合金。硬铝合金属 Al-Cu-Mg 系合金。这类合金可通过热处理强化来获得较高的强度和硬度,但耐蚀性差。硬铝主要用于航空工业制造中等强度的结构件(图 8-8),如螺旋桨叶片、铆钉等。典型牌号有 2A01、2A11 等。

(3)超硬铝合金。超硬铝合金属 Al-Cu-Mg-Zn 系合金。这类合金经淬火加人工时效后可具有很高的强度和硬度,切削性能良好。典型牌号有 7A04、7A06 等。主要用于飞机大梁、起落架、加强框、自行车车架(图 8-9)等。

图8-9　超硬铝制造的自行车

图8-10　轿车轮圈

（4）锻造铝合金。锻造铝合金属 Al－Cu－Mg－Si 系合金。其元素种类多,但含量少,因而合金热塑性好,适于锻造,故称"锻铝"。典型牌号有 2A50、2A70、6A02 等。主要用于制造外形复杂的锻件和模锻件。如内燃机活塞、形状复杂或高温下工作的复杂锻件、结构件,如轿车轮圈(图 8－10)等。

常用形变铝合金的牌号、力学性能及用途见表 8－1。

表 8－1　常用形变铝合金的牌号、力学性能及用途

类　别		代　号	牌　号	材料的状态	力学性能			用　途
					σ_b/MPa	$\delta/\%$	HBS	
不能热处理强化的铝合金	防锈铝合金	LF5	5A05	退火	280	20	70	焊接油箱、油管、焊条、铆钉以及中载零件及制品等
		LF11	5A11	退火	280	20	70	
		LF21	3A21	退火	130	20	30	油箱、焊条、铆钉及轻载零件及制品等
能热处理强化的铝合金	硬铝合金	LY1	2A01	固溶处理＋自然时效	300	24	70	工作温度不超过100℃的结构用中等强度铆钉等
		LY11	2A11	固溶处理＋自然时效	420	15	100	中等强度的结构件,如骨架、模锻的固定接头、支柱、螺栓和铆钉等
		LY12	2A12	固溶处理＋自然时效	480	11	131	高强度结构件及小于150℃工作的零件,如骨架、铆钉等
	超硬铝合金	LC4	7A04	固溶处理＋人工时效	600	12	150	结构件中的主要受力件,如飞机大梁、蒙皮、起落架
	锻铝合金	LD5	2A50	固溶处理＋自然时效	420	13	105	形状复杂、中等强度的锻件
		LD7	2A70	固溶处理＋自然时效	440	12	120	内燃机活塞和在高温下工作复杂的锻件、板材、可在高温下工作的结构件
		LD10	2A14	固溶处理＋自然时效	480	10	135	承受重载荷的锻件

2）铸造铝合金　铸造铝合金的塑性较差,一般不进行压力加工,只用于成型铸造。铸造铝合金按主要合金元素的不同,铸造铝合金可分为 Al－Si 系、Al－Cu 系、Al－Mg 系、Al－Zn 系。其牌号表示方法按 GB/T 8063—1994 规定,铸造有色金属牌号由四部分组成,例如:ZAlZn11Si7 表示锌的质量分数为 11%、硅的质量分数为 7% 的铸造铝合金。

(1) Al‑Si 系。铝硅合金俗称硅明铝,一般用来制造质轻、耐蚀、形状复杂但强度要求不高的铸件,如发动机气缸(图 8‑11)、手提电动工具、带轮(图 8‑12)、仪表的外壳。加入铜、镁等元素的铝硅合金还有较好的耐热性与耐磨性,常用于制造内燃活塞等。

图 8‑11 汽车发动机气缸

图 8‑12 带轮

图 8‑13 门锁

(2) Al‑Cu 系。铝铜系合金强度较高,加入镍、锰更可提高耐热性。铝铜合金主要用于制造高强度或高温条件下的工作零件。

(3) Al‑Mg 系。铝镁合金具有良好的耐蚀性,可用于铸造腐蚀条件下工作的铸件,如氨泵体、泵盖及海轮配件。

(4) Al‑Zn 系。铝锌合金有较高的强度,价格便宜,用于制造医疗器械零件、仪表零件和日用品(图 8‑13)。

常用铸造铝合金(价格为 13 000～15 000 元/t)的牌号、主要性能及用途见表 8‑2。

表 8‑2　常用铸造铝合金的牌号、力学性能和用途

类别	代号	牌　号	热处理	力学性能			用　　　途
				σ_b/MPa	δ/%	HBS	
铝硅合金	ZL102	ZAlSi2	退火	143	3	50	形状复杂的零件,如仪表、抽水机壳体
	ZL101	ZAlSi7Mg	固溶处理+人工时效	202	2	60	
	ZL107	ZAlSi7Cu4	固溶处理+人工时效	273	3	100	
	ZL105	ZAlSi5Cu1Mg	固溶处理+人工时效	231	0.5	70	
	ZL109	ZAlSi2Cu1Mg1Ni1	固溶处理+人工时效	241		100	
铝铜合金	ZL201	ZAlCu5Mn	固溶处理+自然时效	290	8	70	气缸头、活塞、挂架梁、支臂等

（续表）

类别	代号	牌　号	热处理	力学性能			用　　　途
				σ_b/MPa	δ/%	HBS	
铝镁合金	ZL301	ZAlMg10	固溶处理＋自然时效	280	9	60	在大气或海水中工作的零件，能承受较大振动载荷
铝锌合金	ZL401	ZAlZn1Si7		241	1.5	90	压力铸造零件，工作温度不超过 200℃，结构形状复杂的汽车、飞机零件

二、实践与研究

根据零件的使用条件，选用哪些铝材料制造下列零件，说明理由。

易拉罐；飞机支架；自行车轮圈；汽车轮圈；铸造门锁。

三、拓展与提高

攻克铝冶炼难关的人

铝是地壳中储存量最丰富的金属（7.7%），因铝的化学性质活泼，在自然界铝以稳定的化合态存在，如氧化铝（Al_2O_3），由于氧化铝的熔点达到 2 054℃，因而早期制备铝比较困难。铝是 1827 年被发现的，直到 1886 年铝的冶炼难关由美国一位年轻的大学生霍尔攻克的。

当时 22 岁的霍尔在美国奥柏林学院化学系学习。一天，学院的一位教授在上课时讲道：铝的性能非常优异，是一种大有前途的金属，但目前还未找到价格低廉的冶炼方法。言者无意，听者有心，年轻聪明的霍尔决定攻克这一难关。他收集了炼铝的原料及实验用品，在家中的柴房作起了实验。他借鉴了前人的冶炼活泼金属的方法——电解法，经过一次次的实验，将氧化铝和冰晶石混合，把氧化铝的熔点降到 1 000℃左右，在熔融的氧化铝中通入直流电，终于成功冶炼得到金属铝。为了纪念霍尔的功绩，至今这块铝还珍藏在美国制铝公司中。

任务二　铜及铜合金

【学习目标】
1. 了解工业纯铜的性能、牌号和用途。
2. 了解铜合金的分类及性能。
3. 掌握各种铜及铜合金的牌号和用途。
4. 具有根据实际需要选用铜及铜合金的能力。

铜是人类应用最早的金属，人类的历史就经历了以它命名的青铜器时代。随着科学的发展，虽然不断有各种新型金属材料问世，但铜仍然是重要的基础金属材料。它在日常生活中应用十分广泛，在国民经济的发展中起着重要的作用。

一、相关知识

（一）工业纯铜

铜是重有色金属，其全世界产量仅次于铁和铝。工业上使用的纯铜，其铜含量为99.7%～99.95%，它是玫瑰红色的金属，表面形成氧化亚铜Cu_2O膜层后呈紫色，故称紫铜。其特点如下：

（1）密度为 8.96 g/cm³，熔点 1 083℃，无同素异构转变，无磁性。

（2）具有优良的导电性和导热性，其导电性仅次于银。

（3）纯铜在大气、淡水中具有良好的耐蚀性，但在海水中较差。

（4）纯铜的强度不高，硬度较低，塑性很好。冷变形后，其强度可达 400～500 MPa，硬度提高到 100～200HBS，但伸长率下降到 5%，采用退火可消除铜的加工硬化。

因此，工业纯铜的主要用途是配制铜合金，制作导线、艺术品（图8-14）、导热材料（图8-15）及耐蚀器件等。

图 8-14　奖牌

图 8-15　加热器

工业纯铜分为未加工产品和加工产品两种。未加工产品代号有 Cu-1、Cu-2 两种。加工产品代号有 T1、T2、T3 三种。代号数字越大，纯度越低。

（二）铜合金

铜合金是在纯铜中加入 Zn、Sn、Al、Mn、Ni、Fe、Be、Ti、Zr 等合金元素所制成的。铜合金既保持了纯铜优良的特性，又有较高的强度。除用于导电、装饰和建筑外，铜合金主要在耐磨和耐蚀条件下使用。

1. 铜合金的分类

按化学成分分，铜合金可分成黄铜、青铜和白铜三大类。黄铜是以锌为主要合金元素的铜合金，白铜是以镍为主要合金元素的铜合金，青铜是以除锌、镍外的其他元素为主要合金元素的铜合金。

按生产加工方式分，又分为加工铜合金和铸造铜合金。

2. 黄铜

黄铜的主要性能与含锌量有关,从外观上看,它的颜色随含锌量的增加由黄红色变到淡黄色。含锌量对黄铜机械性能的影响如图 8-16 所示,由图看出,在含锌量超过 32% 后延伸率开始下降,但强度继续升高,当含锌量超过 45% 后,强度和塑性都急剧下降,几乎无使用价值。所以黄铜的含锌量均控制在 45% 以下。

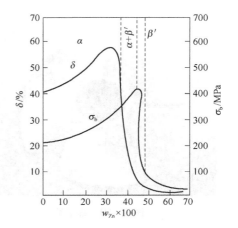

图 8-16　锌含量对黄铜机械性能的影响

1) 普通黄铜　普通黄铜是指铜锌合金。当 $w_{Zn} <$ 32% 时黄铜组织为单相 α,具有优良的耐蚀性和塑性,可进行冷热压力加工,强度比纯铜好,一般冷塑性加工成板材、线材、管材等;w_{Zn} 增至 32%～45% 时,组织为 $\alpha+\beta$(β 为硬脆化合物),冷变形能力较差,不适于冷变形加工,但在高温下塑性较好,适于热变形加工,一般热轧成棒材、板材等;当 $w_{Zn} > 45\%$ 以后,铜合金组织全部是脆性的 β 相,致使强度和塑性急剧下降,已无使用价值。普通黄铜由于结晶温度间隔很小,流动性很好,故有较好的铸造性能。普通黄铜价格在铜合金中最低。

普通黄铜的牌号用“黄”字的汉语拼音字首“H”加数字表示,数字表示铜的平均质量分数,如:H80 表示 $w_{Cu} = 80\%$,余量为锌的黄铜。代号为 H68、H70、H80 主要用于弹壳(图 8-17)和精密仪器;代号为 H59、H62 等,主要用作水管、油管、散热管、螺钉(图 8-18)等。

图 8-17　弹壳

图 8-18　螺纹管件

2) 特殊黄铜　为进一步改善黄铜的性能,在黄铜的基础上加入 Al、Mn、Sn、Si、Pb、Ni 等其他元素就得到特殊黄铜。特殊黄铜是以加入的第二合金元素来命名的,如铅黄铜、锡黄铜、铝黄铜、硅黄铜等。锡增加了黄铜的强度和在海水中的抗蚀性,因此锡黄铜又称为海军黄铜,加入铅使黄铜的力学性能恶化,但改善切削加工性能,硅元素加入使黄铜的强度硬度提高,与铝一起能增加黄铜的耐磨性,形成高强度耐磨铝黄铜。

特殊黄铜由“H”＋合金元素符号＋铜含量＋合金元素含量组成,如 HPb59-1 表示铅黄铜,含铜的质量分数为 59%,合金元素铅的质量分数为 1%,余量为锌的黄铜。特殊黄铜主要用于制造冷凝管、螺旋桨(图 8-19)、钟表零件、高强度结构件(图 8-20)。

图 8-19　螺旋桨

图 8-20　高强度耐磨件

铸造黄铜的牌号由"ZCu"＋合金元素符号＋合金元素含量组成,如 ZCuZn31Al2(旧代号为 ZHAl67－2.5)表示铸造黄铜,含锌 31％,含铝 2％,其余为铜的含量 67％。常用黄铜(价格为 25 元/kg 左右)的牌号、性能和用途见表 8-3。

表 8-3　常用黄铜的牌号、力学性能及用途

合金类别	合金代号	力学性能			用　途
		σ_b/MPa	δ/％	HBS	
普通黄铜	H90	$\dfrac{260}{480}$	$\dfrac{45}{3}$		双金属片、供水和排水管、艺术品
	H70	$\dfrac{320}{660}$	$\dfrac{53}{3}$		冷冲压件、热交换器、弹壳、波纹管
	H62	$\dfrac{330}{600}$	$\dfrac{49}{3}$		散热器、垫圈、弹簧、螺栓、螺钉
特殊黄铜	HPb59-1	$\dfrac{400}{650}$	$\dfrac{45}{16}$	$\dfrac{44}{80}$	销、轴套、螺栓、螺钉、螺母、分流器
	HA177-2	$\dfrac{400}{650}$	$\dfrac{55}{12}$	$\dfrac{60}{170}$	耐蚀零件
	HSi80-3	$\dfrac{300}{600}$	$\dfrac{58}{4}$	$\dfrac{90}{110}$	船舶零件、水管零件
	ZCuZn40Mn3Fe1	$\dfrac{440}{490}$	$\dfrac{18}{15}$	$\dfrac{98}{108}$	耐海水腐蚀的零件,如船用螺旋桨等大型铸件

3. 青铜

青铜是人类历史上应用较早的合金,原指铜锡合金,因外观呈青白色而得名。现在人们仍把加入 Al、Si、Pb、Be、Mn 元素的铜基合金统称为青铜,但在前面冠以元素名称,如锡青铜(普通青铜)、特殊青铜(铝青铜、铍青铜等)。

1) 锡青铜　锡青铜的耐蚀性很好(胜过黄铜),铸造收缩率小,适于制造形状复杂的零

件,但其铸件易形成分散缩孔,在较高压力下易渗漏。由于具有一定的强度、硬度,又有良好的减摩性和耐蚀性,常用于制造轴承和轴套、青铜会徽、青铜透光镜(图8-21)。

2) 特殊青铜 为了进一步提高青铜的力学性能和工艺性能,常在铜中加入铝、硅、铅、铍等元素组成硅青铜、铝青铜、铍青铜和铅青铜等,它们都不含锡。铝青铜的强度、耐磨性、耐蚀性和耐热性比黄铜、锡青铜都好且价格低,并且还可热处理强化。适于制造轴承、阀座、涡轮等零件。铍青铜不仅具有高的强度、硬度与弹性极限,同时还具有抗磁与受冲击时不产生火花等特性。

图8-21 青铜透光镜

青铜牌号表示方法是采用"Q+主加元素符号+主加元素含量+其他元素含量"表示。如QSn4-3表示锡青铜,其主加元素Sn含量为4%,其他元素含量为3%。铸造青铜牌号表示方法与铸造黄铜相同。常用青铜见表8-4。

表8-4 常用青铜的牌号、力学性能及用途

合金类别	合金代号	力学性能			用 途
		σ_b/MPa	$\delta/\%$	HBS	
普通青铜	QSn4-3	$\frac{350}{550}$	$\frac{40}{3}$	$\frac{60}{160}$	弹簧材料、耐磨抗磁材料
	ZCuSn10P1	$\frac{220}{310}$	$\frac{3}{2}$	$\frac{78}{88}$	重要的减摩零件,如轴承、轴套、涡轮
特殊青铜	QAl9-4	$\frac{550}{900}$	$\frac{40}{5}$	$\frac{110}{180}$	齿轮、轴套等
	ZCuAl10Fe3	$\frac{490}{540}$	$\frac{13}{15}$	$\frac{98}{108}$	耐磨零件及在蒸气、海水中工作的高强度耐蚀件
	QBe2	$\frac{550}{850}$	$\frac{40}{3}$	HV$\frac{90}{250}$	重要的弹簧零件、钟表零件、波纹管
	QSi-1	$\frac{370}{700}$	$\frac{50}{3}$	$\frac{80}{180}$	弹簧、耐磨零件,如齿轮

4. 白铜

白铜是以镍为主要加入元素形成的铜合金,因色白而得名。按化学成分的不同,白铜可分为普通白铜和特殊白铜。

1) 普通白铜 通常含镍量小于50%的铜合金称为白铜。由于铜和镍的晶格类型相同,在固态时能无限互溶,因而它具有优良的塑性,还具有很好的耐蚀性、耐热性和特殊的电性能,因此,普通白铜是制造钱币、精密机械零件(图8-22)和电器元件不可缺少的材料。普通白铜的牌号用"B+数字"表示。B是"白"字汉语拼音字首,数字表示平均含镍量的百分数。如B19表示平均含镍为19%、含铜为81%的普通白铜。

图8-22 白铜手表表盘

2) 特殊白铜 特殊白铜是在普通白铜中加入锌、铝、铁、锰等元素而组成的合金。加入合金元素能改善白铜的力学性能、工艺性能和电热性能,并具有某些特殊性能。

特殊白铜的牌号用"B+主加元素符号+数字",如 BMn3-12 表示含镍3%、含锰12%、含铜85%的锰白铜。

常用普通白铜的化学成分、性能和用途见表8-5。

表8-5 常用白铜的化学成分、性能和用途

合金类别	合金代号	化学成分/%				力学性能		用途
		Ni	Mn	其他	Cu	σ_b/MPa	δ_5/%	
普通白铜	B19	18.0～20.0			余量	400	3	在蒸气、海水中工作的精密仪器、仪表和耐蚀零件
	B30	29.0～33.0			余量	550	3	
特殊白铜	BZn15-20	13.5～16.5		Zn 18.0～22.0	余量	550	1.5	仪表零件、医疗器械、弹簧等
	BAl6-1.5	5.5～6.5		Al 1.2～1.8	余量	550	3	制造耐蚀、耐寒的高强度零件及弹簧
	BMn3-12	2.0～3.5	11.5～13.0		余量	350	25	制造精密电阻仪器、精密电工测量仪
	BMn43-0.5	42.5～44	0.1～1.0		余量	650	4	制作精密电阻、热电偶及补偿导线

二、实践与研究

看看你的周围有哪些铜制品,根据颜色判定它们属于哪类铜或铜合金,思考为什么这些产品用此材料制作?

三、拓展与提高

透光的铜镜

我国上海博物馆保存着两枚被外国人称为魔镜的西汉时期青铜镜,这种青铜镜的外表和普通古铜镜无异,也可以照面正容,镜背也有纹饰图案(一面铭文为"见日之光,天下大明",另一面铭文为"内清质以昭明"),但把它对准太阳光或其他光源时,奇迹便会出现,铜镜背面的图纹会被映射到墙壁上,这就是青铜的稀世珍宝——透光镜。

青铜镜体是不透明的,青铜背面的图纹是怎样穿过镜体的呢? 原因何在? 直到1975年上海交通大学盛宗毅副教授揭开了透光镜的奥秘。因为铜镜有铭文和图案的地方比较厚,无铭文的地方比较薄。由于厚薄不均,造成铜镜产生铸造应力,并在磨镜时发生变形,厚处曲率小,薄处曲率大,因差异十分小,仅几微米,肉眼根本没有办法察觉。当光线照射到镜面时,曲率大的地方反射光比较分散,投影就较暗;曲率小的地方反射光比较集中,投影就比较亮,这就是铜镜"透光"的深奥秘密。

任务三　粉末冶金材料简介

【学习目标】
1. 了解粉末冶金材料的性能、牌号和用途。
2. 具有根据实际需要选用非铁合金和硬质合金材料的能力。

非铁合金除铝、铜及其合金以外,还有粉末冶金材料。它也是模具零部件常选用的材料和模具加工材料。了解该材料的性能、牌号和用途是非常必要的,本任务主要对粉末冶金材料的性能、用途进行介绍。

一、相关知识

粉末冶金是指用金属粉末或金属与非金属粉末作原料,通过配料、压制成型、烧结来制成零件或材料的方法。它不但可以制成用一般熔炼、铸造法难以生产的特殊材料(如含油轴承材料),还可使制品达到或接近于零件要求的形状、尺寸精度,节约材料,节省加工工时。粉末冶金的生产工艺过程与陶瓷类似,包括粉末制备、压制成型、烧结及后期处理几个工序。机械制造工业中,常见的粉末冶金制品主要有粉末冶金减摩材料、粉末冶金摩擦材料及硬质合金三种。

1. 粉末冶金减摩材料

常用粉末冶金减摩材料来制造滑动含油轴承。这种轴承的耐磨性好,而且它的孔隙能储存润滑油(含油率可达 12%～30%),故又称为含油轴承。当轴和轴承工作时,温度升高,使金属粉末膨胀,孔隙容积减小,孔隙中的油被压挤到轴承表面形成一层油膜,产生润滑作用。轴停止转动时,温度下降,润滑油又渗入孔隙中储存起来。这种轴承多用于中速、轻载荷轴承,特别适宜不能经常加油的轴承,如纺织机械、食品机械、家用电器等。常用含油轴承有铁基($Fe+G$、$Fe+S+G$)和铜基($Cu+Pb+Zn+G$)两大类(注:G 表示一类合金元素的代号)。

2. 粉末冶金摩擦材料

粉末冶金摩擦材料根据基体金属不同,分为铁基材料和铜基材料。根据工作条件的不同,分为干式材料和湿式材料。

粉末冶金摩擦材料通常由强度高、导热性好、熔点高的金属组元作为基体(如 Fe、Cu),并加入能提高摩擦系数的摩擦组元(如 Al_2O_3、SiO_2 及石棉等),以及能抗咬合、提高减摩性的润滑组元(如 Pb、Sn、G、MoS_2 等)组成。与普通的摩擦材料相比具有不易磨损、许可载荷和速度较大、摩擦系数大等优点。如以前金属切削机床中,摩擦离合器用淬硬的弹簧钢或渗碳钢浸入油中作为湿式摩擦材料,虽然许用应力提高了,但摩擦系数较小,制动速度较慢。而现在则广泛采用了粉末冶金摩擦材料来制造离合器和制动器,不仅有较高的制动速度而且还能承受较大的压力。此外,粉末冶金摩擦材料还用于汽车、拖拉机等的离合器、制动器上的摩擦片和刹车片。

3. 硬质合金

硬质合金是用粉末冶金方法制造的由难熔金属碳化物粉末(如 WC、TiC 等)与金属粉末(如 Co、Ni 等)组成的材料(也称金属陶瓷或碳化物陶瓷)。其中碳化物为硬质相,保证合金的高硬度、高耐磨性,金属粉末作为黏结剂,并使合金具有一定韧性。

1) 性能特点 硬质合金的性能特点是硬度高(相当于 69~81 HRC)、耐磨性好(比高速钢高 15~20 倍),热硬性(可在 1 000 ℃使用)远远超过高速钢,并具有很高的抗压强度和弹性模量(均高于高速钢),良好的耐蚀、抗氧化性;缺点是抗弯强度较低(只有高速钢的 1/3~1/2),韧性很差(A_K=2~4.8 J),导热性差。硬质合金主要用来制作高速切削刀具和切削硬而韧的材料的刀具。有时也用来制造某些冷作模具(如拉丝模、冷挤压模)及不受冲击、无温度急剧变化的高耐磨零件(如磨床顶尖等)。由于硬度高,加工时多采用电加工(如电火花、线切割等)或磨削加工。

2) 常用硬质合金 常用硬质合金按成分与性能特点可分为三类。

(1) 钨钴类硬质合金。此类硬质合金主要成分为碳化钨,钴为黏结剂。其牌号用"YG+数字"表示,"YG"为"硬"与"钴"的拼音字首,数字为钴的含量。如 YG15 表示钴含量为15%,其余为含碳化钨的钨钴类硬质合金。此种材料制作的刀具适合加工脆性材料。

(2) 钨钴钛类硬质合金。其主要成分为碳化钨和碳化钛,钴为黏结剂。它的牌号用"YT+数字"表示,"YT"为"硬"与"钛"的拼音字首,数字为碳化钛含量。如 YT5 表示碳化钛含量为 5%,其余为碳化钨和钴的硬质合金。钨钴钛类硬质合金较钨钴类硬质合金的硬度、耐磨性及热硬性高,且切削时不易黏刀,但其韧性、抗弯强度不如后者。此种材料制作的刀具适合加工塑性材料。

一般,碳化物的含量愈高,黏结剂的含量愈低,则硬质合金的硬度愈高,而韧性与抗弯强度愈低(硬脆材料通常不测抗拉强度)。

(3) 通用硬质合金。它是在钨钴钛类硬质合金基础上加入一些碳化钽或碳化铌以部分取代碳化钛,取代的数量愈多则其抗弯强度愈高。这类合金的牌号用"YW+数字"表示,"YW"为"硬"与"万"的拼音字首,数字为此类合金的顺序号。通常有 YW1 和 YW2 这两个牌号,这类合金适于切削各种钢材,尤其对不锈钢、耐热钢、高锰钢的切削效果较好。

近来还开发了不含碳化钨而以碳化钛或碳化铬为基体的无钨型硬质合金。这类合金可明显提高切削速度、降低粗糙度数值,并可用于切削钛和钛合金。

常用硬质合金的牌号、性能特点和用途见表 8-6。

表 8-6 常用硬质合金的牌号、性能特点和用途

类别	牌号	性 能 特 点	主 要 用 途
钨钴类硬质合金	YG3X	是目前市场的钨钴类合金中耐磨性最好的一种,但冲击韧性较差	用于铸铁、有色金属及合金的精加工等,也适用于合金钢、淬火钢的精加工
	YG6	耐磨性较好,但低于 YG3、YG3X 合金;冲击韧性高于 YG3,可使用的切削速度较 YG8C 合金高	用于铸铁、有色金属及合金连续切削时的粗加工,间断切削时的半精加工、精加工,也可用于制作地质勘探用的钻头等
	YG6X	属于细颗粒碳化钨合金,耐磨性较 YG6 高,使用强度与 YG6 相近	用于冷硬铸铁、合金铸铁、耐热钢及合金钢的加工

（续表）

类别	牌号	性　能　特　点	主　要　用　途
钨钴类硬质合金	YG8	使用强度较高,抗冲击、抗振性能较 YG6 合金好,耐磨性较差	用于铸铁、有色金属及其合金和非金属材料连续切削时的粗加工,也用于制作电钻、油井的钻头
钨钴钛类硬质合金	YT5	在此类合金中强度最高,抗冲击、抗振性能最好,不宜崩刀,但耐磨性较差	用于碳钢和合金钢的铸锻件与冲压件的表层切削加工或不平整断面与间断切削时的粗加工
	YT15	耐磨性优于 YT5,抗冲击能力较 YT5 差,切削速度较低	用于碳钢和合金钢的铸锻件与冲压件的表层切削时的粗加工、间断切削时的半精加工和精加工
	YT30	耐磨性和切削速度较 YT15 高,使用强度、抗冲击及抗振性能较差	用于碳钢、合金钢的高速切削的精加工,小断面的精车、精镗
通用硬质合金	YW1	能承受一定的冲击载荷,通用性较好,刀具寿命长	用于不锈钢、耐热钢、高锰钢的切削加工
	YW2	耐磨性稍差于 YW1,但其使用强度高,能承受较大冲击载荷	用于耐热钢、高锰钢和高合金钢等难加工钢材的粗加工和半精加工

4. 钢结硬质合金

钢结硬质合金是近年来用粉末法生产的新型硬质合金,它是由碳化物粉末（TiC 或 WC）为主要成分,合金钢或碳钢粉末（如铬钼钢、高速钢等）作为黏结剂的硬质合金。这类合金中碳化物粉末含量较低（多小于 50%）,而钢粉末的含量较高（多大于 50%）。与一般硬质合金相比,其硬度为 70 HRC 左右,耐磨性较差,但韧性明显提高。

钢结硬质合金的性能介于工模具钢与硬质合金之间,并可像钢一样进行锻造、切削加工和热处理。它已广泛用于制造冷作模具、形状复杂的刀具（如铣刀、钻头等）及要求刚度大、耐磨性好的零件（如镗杆等）。由于钢结硬质合金具有良好的强、韧性,用其制作的冷作模具,寿命大大延长。例如用 DT 钢结硬质合金制的某硅钢片冷冲模比 YG20 合金寿命长 40倍左右。

二、实践与研究

下列构件可选用什么材料制造,说明其理由。

导弹发动机外壳;汽车上高速工作的轴承;加工铸铁的刀具;特大批量加工产品的冲裁模具。

三、拓展与提高

粉末冶金简介

粉末冶金是一项新兴技术,但也是一项古老技术。根据考古学资料,远在公元前 3000 年左右,埃及人就在一种风箱中用碳还原氧化铁得到海绵铁,经高温锻造制成致密块,再锤打成铁的器件。3世纪时,印度的铁匠用此种方法制造了"德里柱",重达6.5t。19世纪初,相继在俄国和英国出现将铂粉经冷压、烧结,再进行热锻得致密铂,并加工成铂制品的工艺。

19世纪50年代出现了铂的熔炼法后,这种粉末冶金工艺便停止应用,但它为现代粉末冶金工艺打下了良好的基础。直到1909年库利奇的电灯钨丝问世后,粉末冶金才得到了迅速的发展。

现代粉末冶金发展中有以下三个重要标志:

(1)克服了难熔金属(如钨、钼等)熔铸过程中产生的困难。1909年制造电灯钨丝(钨粉成形、烧结、再锻打拉丝)的方法为粉末冶金工业迈出了第一步,从而推动了粉末冶金的发展,1923年又成功地制造了硬质合金。硬质合金的出现被誉为机械加工工业中的革命。

(2)20世纪30年代用粉末冶金方法制取多孔含油轴承取得成功。这种轴承很快在汽车、纺织、航空等工业上得到了广泛的应用。继而,发展到生产铁基机械零件,发挥了粉末冶金无切屑、少切屑工艺的特点。

(3)向更高级的新材料新工艺发展。20世纪40年代,新型材料如金属陶瓷、弥散强化材料等不断出现。60年代末到70年代初,粉末高速钢、粉末超合金相继出现,粉末冶金锻造已能制造高强度零件。

思考与练习

1. 简述粉末冶金材料的加工制作过程。常见的粉末冶金材料有哪几种,它们各有什么性能特点?

2. 与高速钢相比,硬质合金具有哪些突出的优点、缺点? 钢结硬质合金呢?

3. 硬质合金与钢结硬质合金各适于制造什么零部件,其原因是什么?

案例导入

　　某教授带领模具班的学生到机械厂实习，看到冲床旁摆着一堆刃部崩裂的冲槽模上冲头，如图9-1所示，经了解后是最近过早失效报废的，车间主任正在为此事犯愁。教授的到来正好帮助解决了这一难题。

图9-1　冲槽模上冲头的失效

　　冲头失效分析如下：

　　（1）检验。经检查发现此冲头的材料为Cr12钢，断口周边未见异常冲击和磨蚀，从断口区横向截取金相试样进行显微组织观察，断口表层未见氧化脱碳现象，但在近外表面处有垂直表面的二次裂纹，金相组织为回火马氏体＋粒状碳化物＋少量残余奥氏体，部分块状共晶碳化物呈带状分布，断口呈穿晶发展，二次细裂纹曲折发展。

　　（2）分析。由金相分析可看到，冲头的内部显微组织基本正常。由二次裂纹的形态、位置可推断，冲头小凸台处断裂前已产生疲劳裂纹，但该处的断裂主要为过载断裂。

　　（3）结论。冲头在工作中连续承受循环载荷，产生疲劳裂纹，再加上超载工作而引起冲头断裂。

　　（4）改进措施。首先改进结构设计，在凸台拐角处适当增大圆弧半径，以减少应力集中，防止过早出现疲劳裂纹；其次是改用强度更高的W18Cr4V钢代替原来的Cr12钢，并增加锻造比，致使共晶碳化物碎化和均匀分布。

　　根据教授的建议改进后，冲头的使用寿命平均提高5倍以上。

　　模具是一种重要的加工工艺装备，是国民经济各工业部门发展的重要基础之一，模具性能的好坏、寿命高低，直接影响产品的质量和经济效益，而模具材料与热处理以及表面处理是影响模具寿命诸因素中的主要因素，因而为了提高模具的使用寿命，降低成本，增加效益，这就要求合理选用模具材料，合理实施热处理和表面强化处理，大力推广应用新材料、新工艺和新技术。为此本项目主要研究模具的种类、工作条件、失效形式，阐述各种模具的性能要求和模具材料选用的基本原则。

任务一　认识模具

【学习目标】
1. 认识模具及模具的分类。
2. 认知模具的服役条件与模具的失效形式。
3. 了解模具的失效分析。
4. 具有根据模具工作条件分析模具失效形式的能力。

模具是加工工件的一种工具,模具的服役条件与模具加工产品的质量有密切的关系,也与模具的寿命有直接的关系。本任务主要研究模具的分类,模具服役条件以及模具的失效形式。

一、相关知识

(一) 模具的分类

模具通常根据工作条件的不同可分为冷作模具、热作模具和型腔模具三大类。

1. 冷作模具

根据工艺特点,可将冷作模具分为冷冲裁模具和冷成形模具两类。冷冲裁模具主要是使板料产生分离工序而加工零件的模具;冷成形模具主要是使材料发生冷塑性变形而形成零件的模具,包括冷弯曲模具、冷拉深模具、冷镦模具、冷挤压模具等。

2. 热作模具

热作模具可分为热冲切模具、热变形模具和压铸模具三类。热冲切模具包括各种热切边模具和热切料模具。热变形模具包括各种锤锻模具、压力机锻模具和热挤压模具。压铸模具包括各种铝合金压铸模具、铜合金压铸模具以及黑色金属压铸模具等。

3. 型腔模具

根据成形材料的不同,可将型腔模具分为塑料模具、橡胶模具、陶瓷模具、玻璃模具、粉末冶金模具等。

(二) 模具的主要失效形式

模具失效是指模具失去正常工作的能力。模具的失效有达到预定寿命的正常失效,也有远低于预定寿命的早期失效。正常失效是比较安全的,而早期失效则带来经济损失,甚至可能造成人身伤亡和设备事故,因此,应尽量避免。模具的失效不能仅理解为破坏或断裂,它还有着更广泛的含义。

模具在工作过程中可能同时出现多种形式的损伤,各种损伤之间有相互渗透、相互促进、各自发展,而当某种损伤的发展导致模具失去正常功能时,则模具失效。模具的主要失效形式是断裂、过量变形、表面损伤和冷热疲劳。冷热疲劳主要出现于热作模具。其他三种失效形式,热作模具上均可能出现,并按损伤的形态分类如图9-2所示。

1. 断裂失效

根据模具断裂前变形量的大小和断口形状的不同,断裂可分为脆性断裂和韧性断裂两种。造成模具断裂和开裂的原因很多,除了模具安装和操作不当外,与模具的设计、材质、热处理工艺等因素有密切的关系。

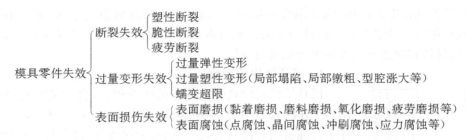

图9-2　模具零件的失效形式

2. 磨损失效

模具在工作中的相对运动,不可避免地引起磨损,因此耐磨性是模具钢的基本性能之一。冷作模具的磨损主要是咬合磨损和磨料磨损,热作模具的磨损主要是热磨损。

3. 疲劳失效

冷作模具承受的载荷都是在一定的能量下,周期性施加的多次冲击载荷,容易出现应力疲劳失效。热作模具长期经受反复加热和冷却所产生的热应力作用,容易出现热疲劳失效,尤其是压铸模具,热疲劳失效占失效总数的 $60\%\sim70\%$。

4. 变形失效

在冷镦、冷挤和冷冲过程中,冲头由于抗压、抗弯强度不足而出现镦粗、下陷、弯曲(图9-3)等变形失效。

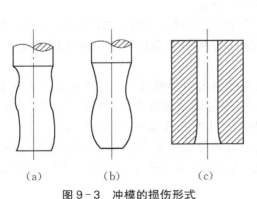

图9-3　冲模的损伤形式

(a)弯曲;(b)镦粗;(c)模孔胀大

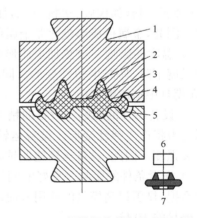

图9-4　锻模损伤的部位和形式

1—燕尾开裂;2—型槽开裂;3—热疲劳;
4—塌陷;5—磨损;6—毛坯;7—锻件

在热锻模、热辊锻模上,尤其是热锻模的下模,型腔表面在热坯料的热作用下容易出现软化、塌陷(图9-4)等失效形式。

5. 腐蚀失效

腐蚀失效主要发生在热作模具和塑料模具中,在金属压铸模中比较容易出现冲蚀。在成形含氟、氯塑料的塑料模具中容易出现介质腐蚀失效。

(三) 模具寿命及其影响因素

模具经大批量生产使用,因磨损或其他形式失效,不可修复而报废之前,生产出的合格产品的数目称为模具的寿命。模具寿命的影响因素是多方面的,下面主要从结构设计、工作条件、模具材料和制造工艺等四个方面进行分析。

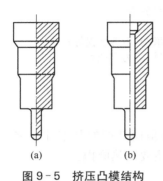

图 9-5　挤压凸模结构

(a) 整体式;(b) 组合式

1. 模具结构的影响

模具结构对模具受力状态的影响很大,合理的模具结构能使模具工作时受力均匀,不易偏载,应力集中小。结构形状、尺寸设计不合理易引起模具失效。例如,尖锐转角、过大的截面变化易造成应力集中;热处理淬火过程中,尖锐转角易引起残余拉应力,缩短模具寿命。

预防措施:凸模各部的过渡应平缓圆滑,任何微小的刀痕或表面缺陷都会引起强烈的应力集中,其直径与长度应符合一定要求。如图 9-5a 所示为正挤压空心工件的整体凸模,挤压时极易在心轴根部产生应力集中而折断。改为如图 9-5b 所示的组合式时,消除了应力集中,可以防止模具的早期断裂失效。

2. 模具工作条件的影响

模具工作条件对模具寿命的影响包括以下四个方面:

1) 被加工材料的影响　被加工材料的性能和厚度对模具寿命有很大的影响。被加工材料的强度越高、厚度越大,模具承受的力也越大,模具的寿命相对较低,若被加工材料与模具材料的亲和力大,在冲压成形过程中会和模具发生粘附磨损,将降低模具的寿命。一般来讲,非金属材料(如橡胶、塑料等)的强度较低,所需的成形力较小,模具受力也较小,模具寿命高。因此,金属件成形模比非金属件成形模的寿命低。

2) 温度的影响　在热加工成形时,模具因与坯料接触受热而升温,随着温度的上升,模具的强度下降,易产生塑性变形。同时,模具同工件接触的表面与非接触表面温度差别很大,在模具中造成温度应力。

3) 设备特性的影响　设备的精度与刚度对模具寿命影响极大。在工件成形过程中,设备因受力将产生弹性变形。设备运转速度过高,易造成局部应力超过模具材料的屈服应力或断裂强度。因此,设备运转速度越高,模具越易产生断裂或塑性变形而失效。

4) 润滑条件的影响　良好的润滑条件可以有效降低摩擦力、摩擦热和冲压力。减少模具的磨损,显著提高模具的使用寿命。如冲裁硅钢片时,采用充分润滑的模具寿命大约是无润滑模具的 10 倍。

3. 模具材料的影响

模具材料的性能如硬度、耐磨性、耐腐蚀性、塑性变形抗力、断裂抗力、冷热疲劳抗力等必须满足模具的具体使用要求,否则将导致模具的早期失效。模具材料质量缺陷,如材料疏松、缩孔、夹杂、成分偏析、晶粒组织粗大、碳化物分布不均等均易造成模具失效。

4. 模具制造工艺的影响

模具制造工艺对模具寿命的影响包括以下三个方面：

1) 锻造工艺的影响　锻造工艺不合理，会降低钢材的性能，造成锻造缺陷，形成导致模具早期失效的隐患。如镦粗、冲孔和扩孔等过程技术参数选择不当易使锻坯开裂；锻造时镦击力过大，变形量过大，易产生裂纹；加热不均、温度过高会产生材料晶粒粗大的过热现象，或导致晶界熔化和氧化的过烧现象。

2) 加工工艺的影响　模具的型腔部位或凸模的圆角部位在机加工中，常常因进刀太深而使局部留下刀痕，造成严重应力集中，当进行淬火处理时，应力集中部位极易产生微裂纹。在模具的电加工中，会出现不同程度的变质层，此外由于局部骤热和骤冷，还容易形成残余应力和龟裂。磨削加工时进给量过大、冷却不足，则容易产生磨削裂纹和磨削烧伤，减低模具的疲劳强度和断裂抗力。

3) 热处理工艺的影响　模具热处理安排在模块锻造、粗加工之后，几乎是模具加工的最终工序，热处理工序的确定对模具性能的影响极大，加热温度高低、保温时间长短、冷却速度快慢等热处理工艺参数选择不当，都会影响模具的寿命。模具淬火加热时温度过高，容易造成模具的过热、过烧，冲击韧度下降，从而导致模具的早期断裂。如果淬火温度过低，会降低模具的硬度、耐磨性及疲劳抗力，容易造成模具的塑性变形、磨损失效。淬火加热时不注意采取保护措施，会使模具表面氧化和脱碳，脱碳将造成淬火软点或软区，降低模具的耐磨性、疲劳强度和抗咬合能力，影响其使用寿命。淬火冷却速度过快或油温过低，模具容易产生淬火裂纹。如果回火温度太低或回火时间太短，将无法消除淬火过程中的残余应力，使模具的韧性降低，容易发生早期断裂。

（四）模具的失效分析及预防措施

预防模具失效，首先要了解模具的工作条件，再正确分析模具失效的原因，才能找出提高模具寿命的措施。

模具的种类很多，本书主要针对金属制件的冷作模具和热作模具以及非金属制件的成形模具进行分析。各种模具的工作条件不同，其失效的形式也会各不相同。

1. 模具失效分析的方法

模具失效分析的主要目的是为了避免或减少同类失效现象的重复发生，延长模具的使用寿命，提高经济效益。

模具失效的分析过程主要包括以下几个步骤：

（1）现场调查，收集被破坏的模具的特征和有关失效过程信息，初步判定失效的源头。

（2）通过翻阅相关技术资料和检测报告、询问生产人员等方式，对模具材料、制造工艺和工作情况进行调查。

（3）对模具的工作条件和断裂状况进行分析。

（4）对断口进行取样，通过化学分析、金相检验、力学性能试验等检测手段对断口进行分析。

（5）根据对模具断裂状况和断口特征分析的结果，综合判定失效模具断裂的性质和类型，列出所有可能引起断裂的原因，再进行综合分析、推理和验证，逐一排除不可能的因素，最终判定引起断裂失效的真正原因。

（6）根据判定的断裂原因，有针对性地提出防护措施，以避免或减少这种断裂失效现象的重复发生。

2. 冷作模具的失效分析和预防措施

冷作模具质量的好坏将直接影响其制品的质量,模具的寿命又决定着零件的生产成本及经济效益,而影响冷作模具的因素很多。所以,冷作模具的失效形式也是各种各样。通常根据实际生产经验,针对冷作模具的几种基本失效形式,提出有效的预防措施。

1) 冷作模具的服役条件 冷作模具的受力情况因成形方法的不同而不同。

(1) 冷挤压模具工作时,通常是将大截面的坯料变形为小截面的工件(或反之),坯料受到强烈的三向压应力作用,发生剧烈的塑性变形。由于被挤压材料的变形抗力较高,如钢的冷挤压,其变形抗力高达 1 900 MPa 以上,使模具承受强大的挤压反作用力和摩擦力;同时,摩擦功和变形功转化成热能,使模具表面温升达 300~400℃,而且,每一次挤压过程都是在很短的时间内完成的,从而使模具在工作时温度升高、不工作时温度下降,即模具承受着冷热交变温度和多次冲击负载的作用。如此苛刻的工作条件,使得冷挤压模具的使用寿命比其他模具要短得多。

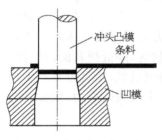

图9-6 冷冲模工作示意图

(2) 冷冲模的服役条件。在冲裁过程中,由于板料的弯曲,模具的受力主要集中于刃口附近的狭小区域,如图 9-6 所示。凸、凹模刃口区域不仅位于最大端面压应力和最大侧面压应力的交聚处,而且也处于最大端面摩擦力和最大侧面摩擦力的交汇处,工作时刃口承受着剧烈的压应力和摩擦力作用。

(3) 在冷镦加工的过程中,模具受到巨大的冲击压力和摩擦力的作用。

2) 失效原因分析 苛刻的工作条件,使得冷作模具的使用寿命比其他模具要短许多。因此,为了延长冷作模具的使用寿命、降低成本、提高经济效益,需要查明模具失效的根本原因,并采取有效的措施加以解决。

(1) 断裂。这是冷作模具最常见的一种损坏形式,主要是因为载荷超过模具材料的强度极限或模具产生应力集中所造成的,如凸模折断、凹模及紧固圈开裂、顶杆断裂、镶块疲劳开裂等。模具断裂失效如图 9-7a 所示。

(2) 变形。由于冷作成形时作用在工作模具上的载荷非常大,直接承受压力作用的工作模具,将会产生一定的弹性变形或塑性变形,使得模具无法使用而报废,如凹模型腔的弹性膨胀、凸模的镦粗、弯曲,顶料杆的镦粗,垫块的中心压塌等变形。模具变形失效如图 9-7b 所示。

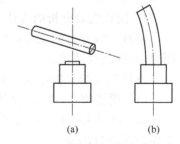

图9-7 模具的主要失效形式

(a) 断裂;(b) 变形

(3) 磨损。由于毛坯润滑、软化处理、模具热处理强度等方面的原因,使得冷作模具与其他模具一样,常发生型腔表面早期磨损损坏失效,如韧带工作面表面粘金属、点蚀、剥落或尺寸急剧变化等。

当模具零件产生上述这些缺陷时,就不能成形出合格的紧固件产品,势必会影响企业的生产计划。

3) 预防措施 为了防止模具早期失效、有效地延长模具的使用寿命,可主要从以下几个方面采取相应的预防措施。

（1）模具材料。由于冷作模具承受单位挤压力较大，所以应选择强度高、韧性好、耐磨性好的高性能模具材料。由于凸模的工作条件比凹模更易受偏心力的作用，所以，凸模材料的耐磨性应该选得比凹模材料更高些。

（2）热处理。模具热处理包括：冷作模具坯料锻造后的及时回火以细化晶粒；粗加工后的回火以消除应力；电火花、线切割后的去应力低温回火。经验表明，直径≤80 mm 的模具，宜采用棒料直接机加工，无须再锻造，因为锻造不当反而会造成过烧、粗晶、偏析等缺陷。

模具淬火和回火时还应注意加热速度、保温时间、淬火温度、冷却速度、回火次数、表面硬度等。模具淬火加热时温度过高，容易造成模具的过热、过烧，冲击韧性下降，从而导致模具的早期断裂；如果淬火温度过低，会降低模具的硬度、耐磨性及疲劳抗力，容易造成模具的塑性变形、磨损失效。淬火加热时还要注意采取保护措施，防止表面氧化和脱碳，脱碳将造成淬火软点和软区，降低模具的耐磨性、疲劳强度，影响其使用寿命。

淬火冷却速度过快和油温过低，模具容易产生淬火裂纹。如果回火温度太低，而且不够充分，将无法消除淬火过程中的残余应力，使模具的韧性降低，容易发生早期断裂。

（3）模具设计。冷作模具的结构必须有足够的强度、刚度、可靠性和良好的导向性，但模具的结构形式不合理将会直接影响模具的使用寿命。模具工作部分的圆弧拐角处应设计为足够大的圆角半径，避免尖角过渡产生应力集中，韧带的宽度应根据金属流动情况合理设计，以最大限度地减小摩擦力，一般在 1.5～3.5 mm。

（4）模具加工。在模具切削加工过程中，应采取以下措施：提高表面粗糙度，磨削形成的微裂纹痕迹，过渡部分要平滑，不能有机加工刀痕及微小缺陷，防止使用过程中出现应力集中导致裂纹产生。

3. 热作模具的失效分析和预防措施

常见的热作模具有热锻模、热冲裁模和热挤压模等。热作模具在工作中除了承受冲击力之外，还要承受急冷急热的工作条件影响，使模具产生塑性变形、开裂、磨损、断裂等各类失效形式，因此热作模具的合理设计、模具钢的选用、合适的锻造工艺、热处理工艺以及正确的操作都直接影响模具的使用寿命。

1）热作模具的服役条件

（1）热锻模在工作过程中的机械负荷主要是冲击力和摩擦力，热负荷主要是交替受加热和冷却。

（2）热冲裁模具工作时模具的刃口部分承受挤压、摩擦和一定的冲击载荷，同时还因为金属坯料上的传热而升温，但由于锻压设备以及所加工金属坯料的尺寸的不同，使各类热冲裁模具的刃口部位承受热载荷作用。

（3）热挤压模在挤压时承受压缩应力和弯曲应力，脱模时承受一定的拉应力作用，模具和金属坯料的接触时间长，受热温度比热锻模高。热挤压模承受的冲击载荷很小，而承受的静载荷很大。凸模主要承受巨大的压力、附加弯矩以及拉应力。凹模主要承受接触应力、切向拉应力以及热应力。

2）失效原因分析

（1）断裂。断裂按性质可分为脆性断裂和机械疲劳断裂。脆性断裂是指模具在很大的冲击载荷作用下，容易使模具薄弱处或应力集中处产生开裂，当裂纹受力扩展至一定尺寸

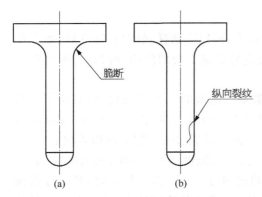

图9-8 凸模发生脆断和裂纹的部位

时,便会发生快速失稳而导致突然断裂。机械疲劳断裂是模具经受许多次锻击后发生的断裂。图9-8所示为凸模发生脆断和裂纹的部位:脆断位置主要发生在凸模上半部与法兰的过渡处,少数出现在凸模中部;裂纹发生位置主要分布于凸模中下部,而且大部分为纵向裂纹。

(2)冷热疲劳失效。热作模具在循环热应力的反复作用下,容易产生疲劳裂纹或破坏。模具的截面尺寸越大,沿截面的温度梯度也越大,型腔表面受急热、急冷的作用而内层的温度变化较小,表层的热胀冷缩受内层的约束而产生热应力。型腔表面在循环热应力的作用下产生塑性应变,经过一定的循环次数,导致表面产生许多细小的热疲劳裂纹,在受到机械应力、氧化腐蚀等其他因素的作用下,细小的裂纹继续扩展,最后发展为脆性断裂或疲劳断裂。

(3)磨损。磨损是由于摩擦而引起的形状尺寸变化,它包括磨粒磨损、粘着磨损、氧化腐蚀磨损、表面疲劳磨损等。磨损失效可表现为刃口变钝、棱角变圆、平面凹凸、形状尺寸发生变化等。对模具磨损影响较大的因素是模具的温度、模具材料的化学成分和硬度、模具型腔的表面状况以及模具的使用条件等。

(4)塑性变形。塑性变形常发生在模具型腔中受力大、受热温度升高的部位。塑性变形与高温工作密切相关,温度升高使模具材料的屈服强度下降,且当温度高于模具的回火温度时,热作模具进一步软化。当软化部位的屈服极限低于该部位所承受的应力值时,就会产生塑性变形。

3)预防措施

(1)合理选材。要求模具钢在高温下仍能保持较高的强度和良好的冲击韧性、较高的耐磨性和足够的硬度,以及良好的抗疲劳性。

(2)正确地进行模具的预热及冷却。模具的预热对于减少模具的断裂破损是十分重要和必要的措施,在使用前应进行预热,使模具温度上升到200～300℃,减少模具表面和内部的温差,降低热应力,以防止出现热应力开裂。为减少热量,避免模具温度过高、强度降低而产生塑性变形,在使用过程中应及时冷却模具。可以用循环水把热量带走,如果工作频率高、温度不易降低时,也可用外部直冷式水圈喷冷。在有条件时,可用压缩空气冷却模具,注意尽量不要长时间连续热冲。

(3)采用正确的锻造方法。改善锻件的碳化物分布的状况,提高其等级,以求改善其热处理性能及使用性能。同时,应制定严格的热处理规范,保证模具刃口有足够的韧性和硬度。

(4)表面强化处理。热作模具经表面强化处理可以提高模具表面的硬度、耐磨性、耐蚀性、抗咬合、抗氧化、抗冷热疲劳等性能,提高模具表面抗擦伤能力和脱模能力,提高生产率。

4. 塑料模具的失效分析和预防措施

塑料模具主要用于成形塑料制品。根据成形方法的不同,可分为注射成形模、压塑模、挤塑模、塑料挤出模、吹塑模等。

塑料模具是塑料成形加工中不可缺少的工具,在总的模具产量中所占的比例逐年增加,在当前已处于重要位置。我国塑料模具的应用在国民经济中的地位愈来愈重要。制造塑料模具的钢材耗用量大,模具品种规格多、形状复杂、表面粗糙度值要求低、制造难度大。因此综合分析塑料模具的工作条件、失效,以及提高它的使用寿命,对于保证制件质量,降低制造成本显得非常重要。

1) 塑料模具的服役条件　塑料模具直接与塑料接触,经受压力、温度、摩擦和腐蚀等作用。

塑料模具型腔承受的注射压力一般为 40～140 MPa,闭模压力为 80～300 MPa 或更高,受热温度为 140～300℃,其具体参数与塑料的种类有关。型腔表面承受摩擦和腐蚀的剧烈程度取决于塑料种类及其填充物的性质。

塑料制件的外观要求很高,透明制件的要求更高,因而要求模具成形面的表面粗糙度值小,少量的磨损或腐蚀便可导致失效,需要重新抛光才能继续使用。

塑料制件的形状复杂,模具型腔的结构也相应复杂,型腔局部具有较大的应力集中。

2) 失效原因分析

(1) 磨损失效。当塑料模具使用的材料与热处理不合理时,塑料模具的型腔表面硬度低,且耐磨性差,其表现为:型腔表面因磨损及变形引起的尺寸超差;粗糙度值因拉毛而变高,表面质量恶化。尤其是当使用固态物料进入塑模型腔时,固态物料会加剧型腔表面的磨损,故塑料模具产生磨损失效。加之,塑料加工时含有氯、氟等成分受热分解出腐蚀性气体 HCl、HF,使塑料模具型腔表面产生腐蚀磨损,形成侵蚀失效。

(2) 局部塑性变形失效。塑料模具所采用的材料强度与韧性不足,变形抗力低;当填充的物料进入塑模型腔内时,容易造成超载、持续受热、周期受压而应力分布不均匀,以及塑模型腔表面硬化层过薄,从而使塑模产生局部的塑性变形而引起表面皱纹、凹陷、麻点、棱角堆塌,超过要求限度而造成失效以及回火不充分等因素使塑料模具寿命缩短,过早失效。

(3) 断裂失效。塑料模具形状复杂,多棱角且边薄,应力严重集中在韧性不足之处。同时,塑料模具所采用的合金工具钢回火不充分,而发生断裂失效。

3) 预防措施

(1) 选用合适的塑料模具材料。合适的塑料模具材料应具有以下特性:

① 有较高的硬度、良好的耐磨性,并且有足够的硬化深度,心部有足够的强韧性,以免脆断、塑性变形。

② 有一定的抗热性,在 150～250℃ 下长期工作,不氧化、不变形,尺寸稳定性好。

③ 有一定的耐蚀性,防止注塑时有腐蚀介质析出。

④ 热处理变形小,研磨与抛光性能好,粗糙度低。

⑤ 有较强的花纹刻蚀性,尺寸稳定,有别于其他模具材料,尤其是型腔复杂、高精度的塑料模具对模具的选材有更高的要求。

(2) 合理选用热处理工艺。对于要求心部具有高的强韧性和表面层的耐磨性的塑料模具,可通过表面强化处理技术,提高耐磨性和使用寿命。表面强化技术不仅能提高塑模型腔表面的耐磨性,而且能使塑模内部保持足够的强韧性,这对于改善塑料模具的综合性能、节

图9-9 落料拉深复合模具

约合金元素、大幅度降低成本、充分发挥材料的潜力，以及更好地利用新材料，都是十分有效的。实践证明：表面强化技术是提高塑模质量和延长其使用寿命的主要途径。

二、实践与研究

如图9-9所示为落料拉深复合模，此模具在压力机的作用下，从板料上落下拉深坯料，再进行拉深，此模具进行的是大批量的生产，模具在加工产品时易产生的第一种失效形式是磨损，第二种失效形式可能是什么呢？说明原因。

三、拓展与提高

断 裂 失 效

模具中的断裂失效是模具中的应力水平超过材料相应的断裂抗力的结果。根据断裂前所产生的塑性变形量大小，可将断裂分为韧性断裂和脆性断裂。断口处有明显塑性变形从而消耗大量能量的断裂，称为韧性断裂；反之，则称为脆性断裂。例如在拉伸试验中，低碳钢试样拉伸后留下的断口有明显塑性变形，是韧性断裂；铸铁试样的断口没有明显的塑性变形留下，是脆性断裂。

脆性断裂事先没有明显征兆，其危害性最大，因此人们一直关注脆性断裂的预防。

任务二 认识模具材料

【学习目标】
1. 认识模具材料的性能要求。
2. 认知模具材料的分类和应用。
3. 了解选用模具材料的原则。

根据模具的服役条件和模具零部件的失效形式，可确定模具材料应具有的性能，从而有利于模具材料的正确选用。本任务主要研究模具材料应具有的性能要求，常用的模具材料的分类以及模具材料选用的基本原则。

一、相关知识

(一)模具材料的性能要求

1. 模具材料的使用性能

各种模具的工作条件不同，对模具材料的性能要求也不同。模具工作者常要根据模具的工作条件和使用寿命要求，合理地选用模具材料及热处理工艺，使之达到主要性能最优，而其他性能损失最小的最佳状态。对各类模具材料提出的使用性能要求包括硬度、强度、塑性、韧性。

1）硬度和热硬性　硬度是模具材料的主要性能指标，模具在应力的作用下，应能保持形状和尺寸不变。因此，模具应具有足够的硬度，如冷作模具的硬度一般应保持 60 HRC 左右，而热作模具和塑料模具的硬度可适当降低，一般要求在 40～50 HRC 范围内。热硬性是指模具在高温工作条件下，保持组织和性能稳定的能力，即保持高硬度、高耐磨性的能力。这是热作模具和重载快速冷作模具的重要性能指标。一般要求在 500～600℃条件下，仍能保持足够的硬度。

2）耐磨性　决定模具使用寿命的重要因素往往是模具材料的耐磨性。模具在使用时承受相当大的压应力和摩擦力，要求模具能够在强烈摩擦下仍保持精度不变。模具的磨损可分为机械磨损、氧化磨损和熔融磨损三种类型。模具的耐磨性不仅取决于材料的成分、组织和性能，而且与模具的工作温度、压力状态等因素有很大的关系。

3）强度和韧性　模具在使用时承受拉压、冲击、振动、扭转和弯曲等应力，重负荷的模具往往由于强度不够、韧性不足，造成模具局部塌陷、崩刃和断裂而发生早期失效。因此，使模具材料保持足够的强度和韧性，将有利于延长模具的使用寿命。实践证明，根据使用条件和性能要求，合理地选择模具材料的化学成分、组织状态和热处理工艺，能够得到最佳的强度和韧性配合。

4）抗疲劳性　模具工作时承受着机械冲击和热冲击的交变应力。热作模具在使用过程中，热交变应力更明显地导致模具热裂。受应力和温度梯度的影响而引起裂纹，往往在型腔表面形成浅而细的裂纹，它的迅速传播和扩展导致灾难性事故而使模具报废。提高材料的抗疲劳性，可有效地推迟疲劳裂纹的形成与扩展。

2. 模具材料的工艺性能

在模具的生产中，材料费用只占 15％左右，而机械加工、热处理、装配和管理等费用占 80％以上。所以，模具材料的工艺性能就成为影响模具生产成本和制造难易的主要因素之一。模具材料的工艺性能主要有：

1）可加工性　材料的可加工性能主要包括切削、磨削、抛光、冷拔等加工性和锻压加工性。模具钢大多属于过共析钢和奥氏体钢，热加工性能和冷加工性能都不太好，必须严格控制热加工和冷加工的工艺参数。近年来为改善钢的切削加工性，在钢中加入易切削元素或改变钢中的夹杂物的分布状态，从而提高模具表面质量和减少刀具的磨损。

随着数控机床和加工中心乃至计算机控制技术的广泛运用，模具钢除应具有良好的切削加工性外，还要有良好的镜面抛光性能、电加工性能以及压印翻模加工性能等。

2）淬硬性和淬透性　淬硬性主要取决于钢的含碳量，淬透性主要取决于钢的化学成分和淬火前钢的原始组织。模具对这两种性能的要求根据其使用条件不同各有侧重，对于要求整个截面有均匀一致性能的模具，如热作模具、塑料模具，则高淬透性显得更为重要些；而对于要求有高硬度的小型冷作模具，如冲裁模具，则更偏重于淬硬性。

3）淬火温度和热处理变形　为了便于生产，要求模具钢的淬火温度范围尽可能宽一些，特别是模具采用火焰加热局部淬火时，要求模具钢有更宽的淬火温度范围。除部分采用预硬型钢制作的模具外，绝大多数模具是在切削加工后，通过热处理而获得所需组织和性能。因此要求淬火时尺寸变化小，各向具有相近似的变化，且组织稳定。

4) 脱碳敏感性　模具钢在锻造、退火或淬火时,若在无保护气氛下加热,其表面层会产生脱碳等缺陷,而使模具的耐用度下降。脱碳敏感性主要取决于钢的化学成分,特别是含碳量。

(二) 模具材料的分类

能用于制造模具的材料很多,通常可分为钢铁材料、非铁金属和非金属材料三大类,目前应用最多的还是钢铁材料。由于模具钢是制造模具的主要材料,一般将模具材料分类如图 9 - 10 所示。

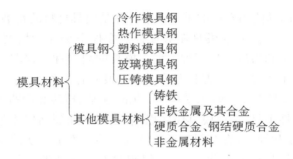

图 9 - 10　模具材料分类

1) 钢铁材料　用于制造模具的钢铁材料主要是模具钢。通常将模具钢分为冷作模具钢、热作模具钢、橡塑模具钢三类。

2) 非铁金属材料　用于制造模具的非铁金属材料主要有铜基合金、低熔点合金、高熔点合金、难熔合金、硬质合金、钢结硬质合金。

3) 非金属材料　用于制造模具的非金属材料主要有陶瓷、橡胶、塑料等。

(三) 模具材料的选用原则

一般地说,应根据模具加工能力和模具的工作条件,结合模具材料的性能和其他因素,来选择符合要求的模具材料。对于某一种类的模具,很多材料从基本性能上看能符合要求,然而必须根据所制成模具的使用寿命、生产率、模具的制造工艺的难易程度及成本高低来作出综合评价。这就必须同时考虑模具材料的使用性能、工艺性能和生产成本等因素。

在选取材料时通常应综合考虑以下几点:

1. 生产批量

当工件的生产批量很大时,凸、凹模材料应选取质量高、耐磨性好的模具钢;对于模具的其他工艺结构部分和辅助结构部分的零件材料要求,也要相应地提高。在批量不大时,可考虑降低成本,可适当放宽对材料性能的要求。

2. 被冲压材料的性能、工序性质和凸、凹模的工作条件

当被冲压加工的材料较硬或变形抗力较大时,模具凸、凹模应选取耐磨性好、强度高的材料;对于凸、凹模工作条件较差的冷挤压模,应选取有足够硬度、强度、韧性、耐磨性等综合机械性能较好的模具钢,同时应有一定的红硬性和热疲劳强度等。

3. 材料的性能

应考虑模具材料的冷、热加工性能和工厂现有条件。

4. 生产、使用情况

应考虑我国模具钢的生产和使用情况。

总之,模具材料的选取是一个十分复杂的问题,在保证工艺要求前提下尽量做到节约,应作为我们选取模具材料的总原则。

二、实践与研究

结合模具材料选用的原则,说明模具设计与制造时模具各零部件材料选用应如何考虑,以如图 9-4 所示模具中凸凹模的材料选用为例。

三、拓展与提高

模具材料与模具的使用寿命

模具材料必须满足模具对塑性变形抗力、断裂抗力、疲劳抗力、硬度、耐磨性、冷热疲劳抗力等性能的要求,如不满足,则会发生模具的早期失效,缩短模具的使用寿命。要提高模具寿命,最根本的方法是采用高性能的模具材料。尽管影响模具寿命的因素是多方面的,但模具材料的选用是一个很重要的因素。

近年来,我国研制出不少适合我国特点的新型高效模具材料。新钢种的采用,都获得了提高模具寿命数倍的效果。因此,正确选用并合理使用模具材料,是保证和提高模具使用寿命的关键所在。

模具钢的冶金质量对模具寿命也有很大的影响,钢中非金属夹杂物、中心疏松、白点、成分偏析、碳化物大小、形状分布不理想,均能降低钢的强韧性及疲劳抗力,从而降低模具使用寿命,因此对模具钢的质量要提出一定的要求,检验合格方可加工。如因材料问题严重影响模具寿命,会使整个加工制造前功尽弃,造成很大的损失。

采用先进的冶金生产技术如电渣重熔、炉外精炼、真空脱氧等都能明显提高模具钢冶金质量及模具寿命。

思考与练习

1. 模具及模具材料一般可分成哪几类?
2. 简述模具的服役条件和失效形式。
3. 模具材料应具有哪些性能?
4. 选用模具材料应遵循的原则是什么?

项目十　　冷作模具材料

 案例导入

　　某变压器生产企业,采用 Cr12 钢生产一套硅钢片冷冲模具的凹模和凸模,经淬火加低温回火后,其硬度值为 65 HRC。试模时,凸模出现崩口现象,经检查发现,这套模具主要存在两方面问题:一是材料未经过锻造,晶粒粗大;二是回火温度偏低,模具韧性不足、脆性过大。因此,当模具在冲击应力作用下,容易出现刃口崩裂。

　　冷作模具是指在冷态下完成对金属或非金属材料进行分离或塑性变形的模具。冷作模具的种类很多、结构复杂,模具在使用中受到压缩、弯曲、摩擦、疲劳、冲击等载荷的作用。冷作模具在服役条件下主要失效形式是磨损,也常出现弯曲、崩刃、断裂、变形、咬合、塌陷、啃伤等。所以研究冷作模具材料及热处理,使其满足冷作模具的性能要求,以保证模具具有一定的使用寿命是非常重要的。本项目主要研究模具材料的性能要求,阐述各种冷作模具材料的成分、性能、热处理、典型牌号以及应用,以便根据模具实际服役条件,设计时选用合适的模具材料和制定正确可行的热处理工艺。

任务一　冷作模具材料的性能要求与成分、热处理特点

【学习目标】

1. 了解冷作模具材料的使用性能要求。
2. 了解冷作模具材料的工艺性能要求。
3. 掌握模具材料的成分特点和热处理特点。
4. 具有根据模具材料的性能要求解决实际问题的能力。

　　虽然各种冷作模具的服役条件有一定的差别,但对模具的使用性能和工艺性能有很多方面是具有相同的要求的。本任务主要研究冷作模具材料应具有的使用性能和工艺性能以及相对应的模具材料所具有的成分特点和热处理特点。

一、相关知识

(一) 冷作模具材料的性能要求

根据模具的设计、加工制造过程和使用过程,对模具材料有两方面的性能要求,一是冷作模具材料应具有的使用性能,二是冷作模具材料应具有的工艺性能。

1. 使用性能要求

由于模具材料在加工和使用过程中受到不同载荷的作用,致使模具构件发生失效,针对模具的失效形式分析,冷作模具材料使用性能的基本要求是:

1) 具有良好的耐磨性　冷作模具在工作时,模具与坯料之间直接接触,存在压应力的作用,产生很大摩擦,在这种摩擦的作用下,就要求模具表面粗糙度小和硬度高,否则模具表面会有划痕,这些划痕易与坯料表面咬合,造成机械破损而磨损。

由于材料硬度和组织是影响模具耐磨性能的重要因素,所以,为提高冷作模具的抗磨损能力,通常硬度要求应高于工件硬度的 $30\% \sim 50\%$;材料的组织要求为回火马氏体或下贝氏体,其上分布着细小、均匀的粒状碳化物。

2) 具有较高的强度　强度是模具所有零部件完成正常工作的基本保证,它是材料抵抗变形和破坏的能力,强度指标对于冷作模具的设计和材料选择是个极为重要的依据,主要包括拉伸屈服点、压缩屈服点。其中压缩屈服点对冷作模具冲头材料的变形抗力影响最大。为了获得高的强度,不仅要合理选择材料,更重要的是通过适当的热处理工艺进行强化,使其达到规定要求。

3) 具有足够的韧性　从冷作模具的工作条件考虑,对受冲击载荷较大,易受偏心弯曲载荷或有应力集中的模具等,都要求韧性较高。对一般工作条件下的冷作模具,通常受到的是小能量多次冲击载荷的作用,在这种载荷作用下,模具的失效形式是疲劳断裂,所以不必追求过高的冲击韧度值,而是要提高多冲疲劳抗力。

4) 具有良好的抗疲劳性能　几乎所有的冷作模具(如冷镦、冷挤、冷冲)从其长期工作的过程看,它都会受交变载荷的作用,而发生疲劳破坏的,所以要求较高的疲劳抗力。

5) 具有良好的抗咬合能力　当冲压材料与模具表面接触时,在高压摩擦下,润滑油膜破坏,此时,被冲压件金属"冷焊"在模具型腔表面形成金属瘤,从而在成形工件表面划出道痕。咬合抗力就是对发生"冷焊"的抵抗能力。影响咬合抗力的主要因素是成形材料的性质和润滑条件。

2. 工艺性能要求

冷作模具材料在制成模具零部件过程中,需要进行各种加工,这就对模具有一定工艺性能的要求。模具材料具有的工艺性能主要包括可锻性、可切削性、可磨削性、热处理工艺性等。

1) 具有良好的锻造性能　模具的零部件在加工制作时,毛坯料都会进行锻压加工,它不仅能使坯料的内部组织缺陷得到改善,形成流线状的组织,改善切削加工性能,而且能减少模具的机械加工余量,所以锻造质量的好坏对模具质量有很大影响。

良好的锻造性的要求是变形抗力低,塑性好,锻造温度范围宽,锻裂、冷裂及析出网状碳化物的倾向性小。

2) 具有良好的切削加工性　对切削加工性能的要求是切削力小,切削用量大,刀具磨损小,加工表面光洁。对于模具材料,大多数切削加工都较困难。为了获得良好的切削加工性,需要正确进行热处理;对于表面质量要求极高的模具,往往选用含 S、Ca 等元素的易切削模具钢。

3) 具有良好的磨削加工性能　为了达到模具的尺寸精度和表面粗糙度的要求,许多模具零件必须经过磨削加工。对于磨削性的要求是对砂轮质量及冷却条件不敏感,不易发生磨伤与磨裂。

4) 具有好的热处理工艺性　热处理工艺性主要包括淬透性、淬硬性、回火稳定性、氧化脱碳倾向、过热敏感性、淬火变形与开裂倾向等。

(1) 具有好的淬透性和淬硬性。淬透性主要取决于钢的化学成分。对于大型模具除了要求表面有足够的硬度外,还要求心部有良好的强韧性配合,这就需要模具钢具有高的淬透性,淬火时采用较缓的冷却介质,就可以获得较深硬化层。

对于形状复杂的小型模具,也常采用高淬透性的模具钢制造,这是为了使其淬火后能获得较均匀的应力状态,以避免开裂或较大的变形。

淬硬性主要取决于钢的含碳量,所以对要求具有更高耐磨性的冷作模具钢,一般选用高碳钢制造。

(2) 具有良好的回火稳定性。回火稳定性反映了冷作模具受热软化的抗力。可以用软化温度(保持硬度 58 HRC 的最高回火温度)和二次硬化硬度来评定。回火稳定性愈高钢的热硬性愈好,在相同的硬度情况下,其韧性也较好。所以对于受到强烈挤压和摩擦的冷作模具,要求模具材料具有较高的耐回火性。一般,对于高强韧性模具钢,二次硬化硬度不应低于 60 HRC,对于高承载模具钢不应低于 62 HRC。

(3) 具有较小的氧化脱碳、过热倾向。氧化会使钢的表面质量下降,脱碳严重降低模具的耐磨性和疲劳寿命;过热会得到粗大的马氏体,降低模具的韧性,增加模具早期断裂的危险性。所以要求冷作模具钢的氧化脱碳、过热倾向性要小。

(4) 具有较小的淬火变形、开裂的倾向。模具钢淬火变形、开裂倾向与材料成分、原始组织状态、工件几何尺寸、形状、热处理工艺方法和参数都有很大关系,模具的设计选材时必须加以考虑。

通常,由热处理工艺引起的变形、开裂问题,可以通过控制加热方法、加热温度、冷却方法等热处理工序来解决;而由材料特性引起的变形、开裂问题,主要是通过正确选材、控制原始组织状态和最终组织状态来解决。

(二) 冷作模具材料的成分特点

根据模具材料的性能要求,冷作模具钢的成分特点如下:

1. 含碳量

含碳量是影响冷作模具钢性能的决定性因素。一般,随着含碳量的增加,钢的硬度、强度和耐磨性提高,塑性、韧性变差。对于高耐磨的冷作模具钢,碳的质量分数一般控制在 $0.7\%\sim2.3\%$,以获得高碳马氏体,并形成一定量的碳化物;对于需要抗冲击的高强韧性冷作模具,其钢材的碳的质量分数一般控制在 $0.5\%\sim0.7\%$,以保证模具获得足够的韧性。

2. 合金化的特点

冷作模具钢的合金化主要特点是:加入强碳化物形成元素,获得足够数量的合金碳化物,并增加钢的淬透性和回火稳定性,以达到耐磨性和强韧性的要求。具体加入的元素主要有 Mn、Si、Cr、Mo、W、V、Co、Ni 等,它们大部分能提高钢的淬透性,强化基体,提高硬度和耐磨性以及回火稳定性。其中强碳化物和中强碳化物形成元素的加入会产生二次硬化现象,还可以细化晶粒,显著提高钢的耐磨性和强韧性;硅能显著提高变形抗力及冲击疲劳抗力,也可提高抗氧化性和耐腐蚀性;镍既能提高钢的韧性,含量较高时,可显著提高钢的耐蚀性。

(三)冷作模具材料的热处理特点

冷作模具钢的热处理特点和低合金刀具钢类似,毛坯锻压后的预备热处理采用球化退火,最终热处理采用淬火＋低温回火。当然,具体的热处理工艺的选用主要根据模具的性能要求和服役条件确定。

二、实践与研究

现用碳素工具钢制作冷冲裁模具的凸模和凹模,当冲裁薄板产品小批量生产时,产品无质量问题,但冲裁中批量工件时,产品中出现毛刺。如将冲裁模的凸模和凹模的材料改成9Mn2V,在生产同样件数产品时未出现毛刺等缺陷。根据模具材料的性能要求解释之,并比较说明两种材料在此产品生产中应如何选用。

三、拓展与提高

模具材料的强韧性

模具构件在工作时有时受到冲击载荷的作用,这就要求模具材料具有良好的韧性。这种强韧性的获取途径有两个:一是合金化,主要合金元素是 Mn、Si、Cr、W、Mo 等,淬火组织以板条状马氏体为主,具有高抗弯强度、高冲击疲劳抗力、高韧性和良好的耐磨性;二是对模具钢进行强韧化处理,冷作模具钢的强韧化处理工艺主要包括低淬低回、高淬高回、微细化处理、等温和分级淬火等,获得高强韧性。

任务二 冷作模具材料与热处理

【学习目标】

1. 了解冷作模具材料的分类。
2. 掌握各种冷作模具钢的特性和应用。
3. 了解国内销售的进口冷作模具钢的情况。
4. 了解各种典型冷作模具的选材原则及常选用的材料。
5. 具有辨别各种冷作模具材料的基本性能和用途的能力。

制造冷作模具零件的原材料很多,冷作模具钢是最主要的,它用量大、应用面广,价廉易得。且可通过热处理改变它的许多性能,软硬刚韧均可适当调整来满足不同的需要。本任务主要研究冷作模具钢的成分、性能、热处理和用途,对硬质合金材料在冷作模具方面的应用和国内销售的进口冷作模具钢作一些介绍。

一、相关知识

(一) 冷作模具钢及热处理

到目前为止,我国已有的冷作模具钢 40 余种。按化学成分、工艺性能、力学性能及应用场合可以分为表 10-1 所示的类型。

表 10-1 冷作模具钢的分类表

冷作模具材料的类型	钢 号
碳素工具钢	T7A、T8A、T10A、T12A
低合金冷作模具钢(油淬)	8MnSi、Cr2、9Cr2、CrW5、GCr15、9Mn2、9Mn2V、CrWMn、MnCrWV、9CrWMn、SiMnMo、9SiCr、GD
中合金冷作模具钢(空淬)	Cr5MoV、Cr6WV、Cr4W2MoV、Cr2Mn2SiWMoV、8Cr2MnWMoVS
高合金(高碳高铬)冷作模具钢	Cr12、Cr12Mo、Cr12MoV、Cr12Mo1V1
高强度高耐磨性冷作模具钢	W18Cr4V、W6Mo5Cr4V2、W12Mo3Cr4V3N
抗冲击冷作模具钢	4CrW2Si、5CrW2Si、6CrW2Si、60Si2Mn、5CrMnMo、5CrNiMo、5SiMnMoV、9SiCr
基体钢和低碳高速钢	65Nb、LD、012Al、CG-2、LM1、LM2、6W6
高耐磨高强韧性冷作模具钢	9Cr6W3Mo2V2(GM)、Cr8MoWV3Si(ER5)
其他冷作模具钢	7CrSiMnMoV(CH-1)、18Ni(200)、18Ni(250)、18Ni(300)、7Mn15CrAl3VWMo(7Mn15)

1. 碳素工具钢与热处理

1) 碳素工具钢特性及用途　碳素工具钢来源方便,价格便宜,锻造工艺性能较好,易退火软化,便于模具的加工成形,经过适当热处理工艺后,可获得较高的硬度和一定的耐磨性。缺点是淬透性低,淬火时需要快速的冷却,因而容易造成淬火变形大、开裂等缺陷。此外,碳素工具钢的热硬性、耐磨性较差,模具的使用寿命较短。

当碳素工具钢的含碳量低于共析成分时,如 T7、T7A 钢,随着碳的质量分数的增加其强度增加,达到共析成分时,如 T8、T8A 钢,钢的强度和塑性稍微降低。当碳的质量分数继续增加,强度又恢复升高。当碳的质量分数超过 1.15% 时,如 T12、T13 钢,由于碳化物过多且分布难以均匀,形成网状分布,虽然硬度和耐磨性升高,但强度和韧性明显降低。

T10A 和 T12A 钢过热倾向较小,淬火晶粒较细,并且有过剩的碳化物,因此经热处理后强度较高,耐磨性较好。T10A 钢还能保证足够的韧性,所以碳素工具钢中 T10A 钢的应用最为普遍。

T10 钢适宜制造尺寸较小、形状简单和生产批量不大的拉拔模、拉深模和挤压模等。

T7、T8 钢的耐磨性虽然不如 T10A 钢,但可获得较好的韧性,对于韧性要求较高的冷作模具可以选用。T12 钢适宜制作硬度和耐磨性要求较高而韧性要求不高的切边模。

2) 碳素工具钢的热处理　碳素工具钢在毛坯锻造后进行等温球化退火,最终热处理为淬火+低温回火。由于碳素工具钢的淬透性差,水冷后,淬火内应力大,必须进行回火处理,以改善其力学性能。使用碳素工具钢制造的模具，一般采用低温回火（≤200℃），对于制造锻模用的模具钢，为了得到高的韧性，回火温度可提高至350～450℃。表10-2为碳素工具钢的常规热处理工艺规范参照表。

表 10-2　碳素工具钢的常规热处理工艺规范

钢号	淬　火　规　范				回　火　规　范	
	预热温度/℃	加热温度/℃	淬火硬度 HRC	淬火介质	回火温度/℃	回火硬度 HRC
T7A	400～500	780～820	59～62	水或油	160～180	57～60
T8A	400～500	780～820	60～63	水或油	160～180	58～61
T10A	400～500	760～810	61～64	水或油	160～180	59～62
T11A	400～500	760～810	61～64	水或油	160～180	59～62
T12A	400～500	760～810	61～64	水或油	160～180	59～62

2. 低合金冷作模具钢与热处理

1）低合金冷作模具钢的特性及用途　低合金冷作模具钢又称为油淬冷作模具钢，它是在碳素工具钢的基础上加入少量的合金元素发展而来的。通常加入的合金元素有 Cr、Mn、Si、W、V 等。其主要作用是提高淬透性，减小淬火变形开裂倾向，形成特殊碳化物，细化晶粒，提高回火稳定性。因此这类钢的强韧性、耐磨性、热硬性都比碳素工具钢高，使用寿命也较碳素工具钢长。因此碳素工具钢不能胜任的模具，可考虑用油淬冷作模具钢来制作。下面介绍几种典型的低合金冷作模具钢的特性和应用。

（1）9CrWMn 钢和 CrWMn 的特性及应用。9CrWMn 钢是低合金冷作模具钢，具有一定的淬透性和耐磨性，淬火变形小，碳化物细小均匀。主要用于碳素工具钢不能满足要求的截面较大、形状较复杂、淬火变形小的模具零件。

CrWMn 钢是 9CrWMn 钢的改进型，提高了 C、Cr、W 的含量，具有更高的淬透性，淬火变形小，耐磨性、热硬性、强韧性均优于碳素工具钢，是使用较为广泛的冷作模具钢。用途和9CrWMn 钢相同，主要用于制造要求变形小，形状较复杂的轻载冲裁模，轻载拉延、弯曲、翻边模等。

（2）9Mn2V 钢的特性及应用。9Mn2V 钢是一种比碳素工具钢具有更好综合力学性能和工艺性能的低合金模具钢，是合金工具钢中唯一不含 Ni、Cr 元素的经济型钢种。该钢碳化物细小均匀，冷加工工艺性都较好，但淬透性、淬硬性、耐回火性、强度稍低于 CrWMn 钢，并且有明显的低温回火脆性。9Mn2V 钢广泛用来制作碳素工具钢不能满足要求的冷作模具零件和塑料模具零件。用它制造厚度小于 4 mm 的冷冲模，刃磨寿命稳定在 2～3.5 万次水平，比碱浴淬火的 T10A 钢提高 50%～150%。

（3）9SiCr 钢的特性及应用。9SiCr 钢比铬钢（Cr2 或 9Cr2）有更高的淬透性和淬硬性，并有较高的回火稳定性。适合分级淬火和等温淬火。该钢可制作多种形状复杂、变形要求小的冷作模具零件，如冲模、打印模。

（4）6CrNiMnSiMoV（GD）钢的特性和应用。6CrNiMnSiMoV（GD）钢属低合金高强韧性冷作模具钢，它的合金化特点是在 CrWMn 的基础上适当降低含碳量，以减少碳化物偏析，同时增加 Ni、Si、Mn,以加强基体的强度和韧性;少量的 Mo 和 V 可以细化晶粒,提高淬透性和耐磨性,增加耐回火性;Cr 的作用主要在于提高淬透性。通过最佳的热处理工艺,可以使 GD 钢获得较多的板条马氏体,碳化物细小而均匀。GD 钢的淬火温度较低,温度区间宽,尤其适合中小企业的热处理条件。它可以替代 CrWMn、9Mn2V 钢和部分取代 Cr12MoV 钢,制造冷作模具,模具的使用寿命大幅度提高。该钢适宜制作冲裁切边复合模、冷冲模、冷镦模、冷挤压模等。

2) 低合金冷作模具钢的热处理　低合金冷作模具钢在毛坯锻造后进行等温球化退火,最终热处理为淬火+低温回火。

表 10 - 3 为一些典型的低合金冷作模具钢的热处理工艺规范参照表。

表 10 - 3　典型的低合金冷作模具钢的热处理工艺规范

钢号	淬 火 规 范				回 火 规 范	
	预热温度/℃	加热温度/℃	淬火硬度 HRC	淬火介质	回火温度/℃	回火硬度 HRC
GCr15	400～650	840～850	62～65	油或水	180～200	≥61
9Mn2V	400～650	820～850	≥62	油	150～200	60～62
CrWMn	400～650	820～840	62～65	油	140～160	62～65
9CrWMn	600～650	760～780	64～66	油	180～230	60～62
9Mn2	400～650	780～820	≥62	水	130～170	60～62
MnCrWV	400～650	780～820	≥60	油	240～260	57～59
SiMnMo	600～650	780～820	62～65	油	150～300	58～62
GD		870～930	>60	油	170～270	57～62

3. 中合金冷作模具钢与热处理

中合金冷作模具钢比低合金冷作模具钢含有更多的合金元素,钢的淬透性更好,空冷就能使钢淬硬,并具有较深的淬透深度,该钢又称为空淬冷作模具钢。下面介绍几种典型的中合金冷作模具钢的特性和应用。

1) 中合金冷作模具钢的特性和应用

(1) 8Cr2MnMoWVS 钢的特性和应用。8Cr2MnMoWVS 钢简称为 8Cr2S,属于含硫的易切削模具钢,由于该钢含碳量较高,淬火硬度高、耐磨性好,综合力学性能好,热处理变形小,可以用来制造精密的冷作模具等。

另外 8Cr2S 钢预硬化处理[供应时已预先进行了热处理(淬火+回火),并使之达到所需要的硬度]到 40～45 HRC,仍可以采用高速钢刀具进行车、刨、铣、镗、钻、铰、攻螺纹等常规加工,使模具加工后可直接使用,这对于形状复杂或要求尺寸配合精度高的模具特别适用。对塑料模具而言,由于 P20 钢机械加工困难,因此 8Cr2S 钢可代替 P20 钢作为易切削预硬型钢制作精密塑料模、压塑模。

(2) Cr5Mo1V 钢的特性和应用。Cr5Mo1V 属空淬模具钢,具有深的空淬硬化性能,该钢由于空淬引起的变形大约只含有锰系油淬工具钢的 1/4,耐磨性介于锰型和高碳高铬型工具钢之间,其韧性比任何一种都好,特别适合于要求具备好的耐磨性同时又具有特别好的韧性的冷作模具零件,如下料模和成型模、轧辊、冲头、压延模和滚丝模等。

（3）Cr4W2MoV 钢的特性和用途。Cr4W2MoV 钢是新型的中合金冷作模具钢。性能接近于 Cr12MoV、Cr12，但含铬量低。Cr4W2MoV 钢的特点主要是碳化物颗粒细小，分布均匀，具有较好的淬透性和淬硬性，并有较好的耐磨性和尺寸稳定性，该钢主要用于制造各种冲模、冷镦模、落料模等模具的零件。用它制造模具的寿命较 Cr12MoV、Cr12 钢制造模具的寿命有很大的提高。

2）中合金冷作模具钢的热处理　该类钢基本属于共析钢，钢液凝固时会产生合金元素的偏析区，构成枝晶间包有碳化物的粗晶结构。锻造加工过程中，碳化物的粗晶结构被破碎和改善，使钢的性能得到改善。因为钢的导热性差，钢锭在加热时应缓慢升温，最好在 700℃左右保温预热，在合理的锻造温度范围内可安全锻造。

经锻造的空淬冷作模具钢必须进行退火。最终热处理的选择取决于模具的性能要求，空淬冷作模具钢有很好的淬透性，在给定的淬火温度下，冷却的速度越低，钢中残余奥氏体量越多，硬度也会越低一些，这类钢淬火后硬度可达 62～65 HRC，淬火后通常采用低温回火，以消除应力，提高钢的韧性，但有时根据模具的工作条件，也有采用高温淬火，高温回火的。在低温淬火时，只有用低温回火才能获得较高的强度和韧性。对于要求以耐磨性为主的模具，最好采用前一种热处理工艺；而对于工作动载荷较高，要求韧性较高的模具，则采用高温淬火和高温回火工艺。这类钢淬火温度见表 10-4。

表 10-4　中合金冷作模具钢的淬火温度范围

钢　号	低温淬火温度/℃	高温淬火温度/℃	临界点 Ms/℃	淬火硬度 HRC
Cr5Mo1V	940～960	980～1 010	168	63～65
Cr6WV	950～970	990～1 010	150	62～64
Cr4W2MoV	960～970	1 020～1 040	142	62
Cr2Mn2SiWMoV	840～860		190	60～63
8Cr2MnWMoVS	860～920		220	62～65

4. 高合金冷作模具钢（高碳高铬钢）与热处理

高碳高铬冷作模具钢由于其含碳量和合金元素的含量都很高，该钢具有高硬度、高强度、高耐磨性、易淬透、稳定性高、抗压强度高及淬火变形小等优点。它主要有 Cr12、Cr12MoV、Cr12Mo1V1 几个钢号。它们的成分见表 10-5。

表 10-5　高碳高铬钢的化学成分（质量分数）　　　　　　　　　　　（%）

牌号	化　学　成　分								
	C	Si	Mn	P	S	Cr	Mo	V	其他
Cr12	2.00～2.30	≤0.40	≤0.40	≤0.030	≤0.030	11.50～13.00			
Cr12MoV	1.45～1.70	≤0.4	≤0.35	≤0.030	≤0.030	11.00～12.50	0.40～0.60	0.15～0.30	
Cr12Mo1V1	1.40～1.60	≤0.60	≤0.60	≤0.030	≤0.030	11.00～13.00	0.70～1.20	≤1.10	Co≤1.00

由表 10-5 可见,钢中的合金元素含量已大于 10%,属于高合金冷作模具钢。

1) 高碳高铬冷作模具钢的特性和应用

(1) Cr12 和 Cr12MoV 钢的特性和应用。Cr12 钢是高碳高铬型冷作模具钢的代表性钢号之一。该钢含有极高质量分数的碳和铬元素,钢锭主要为莱氏体组织,属于莱氏体钢。钢中会形成特殊的碳化物——Cr_7C_3,使淬火后的硬度和耐磨性大大提高。此外,高硬度的碳化物热膨胀系数很小,加上淬火钢中保留有相当数量的残余奥氏体组织,淬火变形非常小。

Cr12 钢最大的缺点是钢中碳化物分布不均匀,特别是大面积(直径>40 mm)的轧材,轧制后虽然碳化物被破碎,但碳化物会沿轧制方向呈带状分布,使钢的强度大为降低,从而造成冲裁模在使用过程中出现崩刃损坏。

Cr12 钢具有很高的淬透性、淬硬性和耐磨性,且淬火变形较小,但冲击韧性较差。目前主要用于制造要求较高、耐磨性和受冲击负荷较小的冷冲模、冷挤压模、冷镦模、冲头、拉深模、搓丝模及粉末冶金用冷压模等。

Cr12MoV 钢是由 Cr12 钢发展而来,从它们的化学成分看,Cr12MoV 钢降低了碳的质量分数,而增加了 Mo、V 合金元素,使其碳化物总量大为减少,加上钼能减轻碳化物偏析,钒能细化晶粒,所以碳化物不均匀程度比 Cr12 钢有了很大的改善,它的淬透性、韧性和综合力学性能均好于 Cr12 钢。

Cr12MoV 钢目前广泛用于制造断面较大(截面尺寸达 300~400 mm),形状复杂、经受较大冲击负荷的各种模具和工具。例如形状复杂且尺寸较大的冲裁模、搓丝模、冷挤压模、陶土模、冷切剪刀等。

(2) Cr12Mo1V1 钢的特性和应用。Cr12Mo1V1 钢是国际上广泛使用的高碳高铬型冷作模具钢。它源于美国的 D2 钢(AISI)。由于该钢的 Mo、V 质量分数比 Cr12MoV 钢高,并含有少量的钴元素,从而有效地改善了钢的组织,其晶粒更细,回火稳定性更好,强韧性、耐磨性也均有提高。所以 Cr12Mo1V1 钢的综合性能优于 Cr12MoV 钢,其用途与 Cr12MoV 钢基本相同,但更适宜于制造要求更高的各种高精度、长寿命的冷作模具。

2) 高碳高铬冷作模具钢的热处理　高碳高铬冷作模具钢锻造后一般进行等温球化退火,最终热处理为淬火+回火,但淬火和回火工艺由模具的工作条件决定。通常是高碳高铬冷作模具钢采用低温淬火(950~1 000℃)和低温回火(200℃),可以获得高的硬度和断裂韧度,但抗压强度较低;若采用高温淬火(1 080~1 100℃)与高温回火(500~520℃),可以获得良好的热硬性,其耐磨性、硬度也较高,但抗压强度和断裂韧度较低;而采用中温淬火(1 030℃)与中温回火(400℃),可以获得最好的强韧性配合。

5. 高强度高耐磨性冷作模具钢与热处理

传统的高速钢(W18Cr4V、W6Mo5Cr4V2)即是此类钢的典型钢种。自 20 世纪 70 年代开始用于冷作模具,现已成为重载冲头的基本材料。高速钢具有高强度、高抗压性、高耐磨性和高热稳定性的特点。与 Cr12MoV 相比,韧性、扭转性能和耐磨性稍差。

高强度高耐磨性冷作模具钢的热处理与高碳高铬钢的热处理相类似,冷作模具对热硬性要求不高,主要要求有较高强度和韧性。所以,对于高承载的高速钢冷作模具,采用低温淬火、低温回火方法可以防止崩刃和折断。此钢种主要用于重载冲头,如冷挤压冲头、冷镦冲头、中厚钢板冲孔冲头。

6. 抗冲击的冷作模具钢与热处理

抗冲击的冷作模具钢成分接近合金调质钢,主要合金元素是 Mn、Si、Cr、W、Mo。由于成分相近,此类钢具有一些共同特点,如碳化物少,组织均匀,淬火组织以板条状马氏体为主,具有高抗弯强度、高冲击疲劳抗力、高韧性和良好的耐磨性。但有抗压强度低,热稳定性差,淬火变形难以控制等缺陷。抗冲击的冷作模具钢的成分、性能及用途见表 10-6。

表 10-6 抗冲击的冷作模具钢的成分、性能及用途

牌 号	化学成分(质量分数)/%						性 能 及 用 途
	C	Mn	Si	Cr	W	Mo	
60Si2Mn	0.6	0.8	2				疲劳强度高、耐磨性低,主要制作小型冷镦冲头
4CrW2Si	0.4		1.0	1.2	2.2		需渗碳,具有强韧性和一定的耐磨性,主要用于制造高冲击载荷下的工具,如冲裁切边模等冲击模具
5CrW2Si	0.5		0.6	1.2	2.2		
6CrW2Si	0.6		0.6	1.2	2.2		
9SiCr	0.9	0.5	1.4	1.1	1.1		淬透性好,以制作轻载下的剪刀为主
5CrMnMo	0.55	1.4	0.4	0.8		0.2	具有高韧性,主要制作冷精压模具、大型冷镦模具、冷挤压模具的零部件
5CrNiMo	0.55	0.6		0.6	Ni1.6	0.2	
5SiMnMoV	0.5	0.6	1.6	0.3	V0.2	0.2	具有高强度,主要制造成形剪刀

下面主要介绍铬钨硅系钢特性和应用。

铬钨硅系有三个典型牌号,即 4CrW2Si、5CrW2Si、6CrW2Si。按 GB/T 1299—2000 标准,此类钢属于耐冲击工具钢,具有较高强韧性和耐磨性。既可作冷模具用钢,又可作耐冲击风动工具用钢。

铬钨硅系钢具有较高淬透性,从而保证了较高抗压强度和抗疲劳强度。4CrW2Si 和 5CrW2Si 钢,因含碳量低,淬硬性低,但渗碳淬火后,表面硬度和热稳定性显著上升,综合力学性能良好。5CrW2Si 钢、6CrW2Si 钢在 300~500℃回火有较轻微的回火脆性。在 250℃和 450℃左右回火,硬度分别可达 54~56 HRC 及 50~52 HRC,并可获得较高的冲击韧度。

4CrW2Si 钢渗碳淬火后具有外硬内韧的特点,承载能力及耐磨性均超过低淬透性冷作模具钢,主要用于制造大中型重载冷镦冲头及精压模;5CrW2Si 钢综合力学性能良好,应用最广,主要制造大、中型重载冷剪刀片、中厚钢板穿孔冲头及风动工具等。6CrW2Si 钢回火抗力、耐磨性稍高于 5CrW2Si 钢,但韧性较差,常用于失效形式为磨损和堆塌的重载冲模、压模。表 10-7 为抗冲击冷作模具钢常用的热处理工艺规范参照表。

表 10-7　为抗冲击冷作模具钢常用的热处理工艺规范

钢　号	淬　火　工　艺			回　火　工　艺	
	加热温度/℃	淬火硬度 HRC	淬火介质	回火温度/℃	回火硬度 HRC
4CrW2Si	860～900	油	≥53	200～250	53～58
				430～470	45～50
5CrW2Si	860～900	油	≥55	200～250	53～58
				430～470	45～50
6CrW2Si	860～900	油	≥57	200～250	53～58
				430～470	45～50
9CrSi	840～860	油	62～64	200～250	58～61
				280～320	56～58
				350～400	54～56
60Si2Mn	800～820	油	60～62	200～280	57～60
				380～400	49～52

7. 基体钢和低碳高速钢与热处理

随着低合金钢、不锈钢和轴承钢冷挤压技术的发展,对冷作模具钢提出了不但要有较高的硬度和耐磨性,而且还要有高韧性的要求。显然,上述的各类模具钢不能满足这些要求。目前已研制出多种高强韧性模具钢,如降碳高速钢、基体钢等。下面分别介绍 6W6 钢、65Nb钢、LD 钢的特性和应用。三种钢的化学成分见表 10-8。

表 10-8　6W6 钢、65Nb 钢、LD 钢的化学成分(质量分数)　　　　　(%)

代号	化　学　成　分									
	C	Si	Mn	Cr	Mo	W	V	Nb	P	S
65Nb	0.60～0.70	≤0.40	≤0.40	3.80～4.40	1.80～2.50	2.50～3.50	0.80～1.20	0.20～0.35	≤0.030	≤0.030
LD	0.70～0.80	0.70～1.20	≤0.50	6.50～7.50	2.00～3.0		1.70～2.20		≤0.030	≤0.030
6W6	0.55～0.65	≤0.40	≤0.60	3.70～4.30	4.50～5.50	6.00～7.00	0.70～1.10		≤0.030	≤0.030

1) 6W6Mo5Cr4V(6W6)钢的特性及应用与热处理　　6W6 称降碳高速钢,相对W6Mo5Cr4V2 钢,由于碳、钒量的降低,碳化物总量减少,碳化物不均匀性得到改善,不均匀度为 1～2 级。淬火硬化状态的抗弯强度和塑性、冲击韧度都有很大提高,但淬火硬度略有下降。为了获得良好的韧性和较高的耐磨性,该钢进行较低温度淬火和较高温度的回火,工艺参数为:1 180～1 120℃淬火,560～580℃回火三次,每次 1.5 h。经此处理,硬度为 60～63 HRC,冲击韧度 a_K 为 50～60 J/cm² 。但 6W6 钢的缺陷主要是含碳量低、耐磨性稍差、易产生脱碳。

6W6 钢可以取代高速钢或高碳高铬钢,制作黑色金属冷挤压冲头或冷镦冲头,寿命可提高 2～10 倍。

2) 基体钢的特性及应用 所谓基体钢就是具有高速钢正常淬火基体成分的钢,这类钢过剩碳化物少,细小均匀,工艺性能好,强韧性有明显改善,广泛用于高负荷、高速耐冲击冷、热变形模具。典型的有 65Nb 钢和 LD 钢。

(1) 6Cr4W3Mo2VNb(65Nb)钢。65Nb 钢与 W6Mo5Cr4V2 钢成分相比,碳含量稍高,钨、钼含量稍低,并加入少量的铌。这种合金化特点,既保证了该钢具有高速钢的强度、硬度和耐磨性,又具有较高韧性和抗疲劳强度,钢的工艺性能也得到了极大改善。65Nb 钢的变形抗力较高铬钢、高速钢低,碳化物均匀性好,因而具有良好的锻造性能。主要用来制作形状复杂的有色金属挤压模、冷冲模、冷剪模等,也可用于轴承、标准件,汽车行业中的锻模、冲模及剪切模,可获得高的使用寿命。

(2) 7Cr7Mo2V2Si(LD)钢。LD 钢是一种不含钨的基体钢。含碳量和铬、钼、钒的含量都高于高速钢基体,所以钢的淬透性和二次硬化能力有了提高,尤其是钒的二次硬化效应强烈。不仅如此,未溶的 VC 还能显著细化奥氏体晶粒,增加钢的韧性和耐磨性。钢中含有 1%(质量分数)左右的硅,具有强化基体,增强二次硬化效果的作用,同时,还能提高钢的回火稳定性,从而提高钢的综合力学性能。实践表明,LD 钢在保持较高韧性的情况下它的抗压强度和抗弯强度及耐磨性能均比 65Nb 钢高。LD 钢的锻造性能好,碳化物偏析小。因此 LD 钢广泛应用于制造冷挤压成形、冷镦、冲压和弯曲等冷作模具,其寿命比高铬钢、高速钢提高几倍到几十倍。

8. 高耐磨高强韧性冷作模具钢

高强韧性钢虽然克服了高铬、高速钢的脆断倾向,但由于钢中含碳量的减少,其耐磨性不如高铬钢和高速钢。对一些以磨损为主要失效形式的模具,这些钢种仍满足不了要求。为此研制了高耐磨、高强韧性的冷作模具钢,其典型钢种 GM(9Cr6W3Mo2V2)钢和 ER5(Cr8MoWV3Si)钢。这两种钢的化学成分见表 10-9。

表 10-9 GM 钢和 ER5 钢的化学成分(质量分数) (%)

钢的代号	化 学 成 分								
	C	Si	Mn	Cr	W	Mo	V	P	S
GM	0.95～0.96	≤0.40	≤0.40	5.60～6.40	2.80～3.20	2.00～2.50	1.79～2.20	≤0.030	≤0.030
ER5	0.95～1.10	0.90～1.20	0.30～0.60	7.0～8.0	0.80～1.20	1.40～1.80	2.20～2.70	≤0.030	≤0.030

1) GM(9Cr6WMo2V2)钢的特性及应用 GM 钢的主要性能均优于 Cr12MoV 钢,并且铬含量减少一半,符合我国的资源特点,是一种应用效果良好的新型冷作模具钢。GM 钢的二次硬化能力和回火稳定性显著高于 Cr12MoV 钢,并具有良好的线切割加工性能。GM 钢具有最佳的强韧性和耐磨性配合,同时兼有良好的冷、热加工性和电加工性。因此,在多工位级进模、高强度螺栓滚丝模和电机转子片复式冲模上已经有很多应用。

2) ER5(Cr8MoWV3Si)钢的特性及应用 ER5 钢是在美国专利钢种的成分基础上而研

制的新型冷作模具钢,与 GM 钢具有类似的性能特点,而抗磨损性比 GM 钢要好,ER5 钢强韧性优于 Cr12MoV 钢冷作模具钢,而耐磨性远远超过 Cr12MoV 钢。

ER5 钢淬火加热温度范围宽,二次硬化效果强,热处理变形小。对于耐磨性要求高,又要保证高强韧性的模具,淬火回火后的硬度为 62～64 HRC,ER5 钢锻造性能良好,退火后硬度为 220～240HBS,易于机械加工。ER5 钢在冶炼、锻造、热处理、机加工、电加工等方面无特殊要求,生产加工工艺简单可行,材料成本适中,适用于制作大型重载冷镦模、精密冷冲模等。

(二) 硬质合金

有时由于生产批量大,此时一般模具材料不能满足要求,只能选用硬质合金。硬质合金的种类很多,但制造模具用的硬质合金通常是金属陶瓷硬质合金和钢结硬质合金。

1. 金属陶瓷硬质合金

金属陶瓷硬质合金通常有钨钴类硬质合金和钨钴钛类硬质合金,冷冲模常用的是钨钴类。金属陶瓷硬质合金的共性是:高的硬度、高的抗压强度和高的耐磨性,脆性大,不能进行锻造和热处理。主要用来制作多工位级进模、大直径拉深凹模的镶块。

2. 钢结硬质合金

钢结硬质合金是以难熔金属碳化物为硬质相,以合金钢为黏结剂,用粉末冶金方法生产的一种新型的模具材料。它具有金属陶瓷硬质合金的高硬度、高耐磨性、高抗压性,并具有钢的可加工性和热处理性。硬质相主要是碳化钨和碳化钛,我国研发的硬质合金是从以 TiC 为硬质相的 GT35 到以 WC 为硬质相的 TLMW50,再到现在以 WC 为硬质相的 DT 合金,性能不断获得优化,DT 合金不仅保持高硬度、高耐磨性,而且能较大幅度地提高强度和韧性,因而能承受较大负荷的冲击,同时还具有较好的抗热裂能力,不易出现崩刃、碎裂等,是较理想的工模具材料之一。

DT 合金在退火软化后具有较好的切削加工性,可进行车、铣、刨、钻、攻螺纹等各种切削加工。它在磨削加工时,易烧伤表面或产生网状裂纹。由于 DT 合金在淬火＋低温回火后的硬度比退火后的高,所以常在退火状态下将其磨削至最终尺寸或接近最终尺寸,尽量少留磨削余量,以免淬火后磨削遇到困难。当工件的精度要求不高时,可在淬火前磨削至最终尺寸,淬火回火后稍加研磨抛光即可;当工件的精度要求高时,可留少量精磨余量,以减少淬火回火后的磨削困难。磨削时应采用高转速、小磨削量,并供给充足的冷却液,以免过热造成模具刃口回火软化或烧伤,但磨削退火状态的工件,最好采用干磨。

DT 合金和普通硬质合金一样可以进行电加工,如电火花加工和线切割加工等。电火花加工时,常用 DT 合金凸模作电极来加工 DT 合金凹模。电火花加工后,模具加工表面往往有几微米非常硬脆且伴有微裂纹的放电硬化层,一般采取二次回火来消除;同时要仔细研磨电火花加工面,以去除残存的放电硬化层中的微裂纹。

用 DT 合金制作模具时,一般都采用组合连接方法。这是因为粉末冶金件不可能压制得很大,以及为了节约 DT 合金材料并发挥与其组合连接的钢材的优点。常用的组合连接方法有镶套、焊接、黏结和机械连接等。

DT 合金的优越性能,使它得到更为广泛的应用,可用来制造冷镦模具、冷挤压模具、冲裁模具、拉深模具等。

（三）进口冷作模具钢简介

目前在我国模具加工制造业中,有些模具是采用的进口模具钢加工制造的。表 10 -10～表 10 - 14 是国内市场销售的冷作模具钢的牌号、性能及用途简单介绍。

表 10 - 10　国内市场销售的美国冷作模具钢牌号、性能及用途简介

牌号	牌 号 简 介
A2	空淬中合金冷作模具钢,美国 AISI 和 ASTM 标准钢号。该钢具有较好的耐磨性、较强的韧性和良好的空淬硬化性能,广泛用于下料模和成形模、冲头等,为国际上广泛应用的钢种。近似钢号:中国 Cr5Mo1V(GB)、德国 102363(W - Nr. /材料号)、法国 X100CrMoV5(NF)、日本 SKD12(JIS)等
D2	高碳高铬型冷作模具钢,美国 AISI 和 ASTM 标准钢号。该钢具有较高的淬透性、淬硬性和耐磨性。适宜制作各种高精度、长寿命的冷作模具、刀具和量具。为国际上通用钢种,属于莱氏体钢。近似钢号:中国 Cr12Mo1V(GB)、德国 1.2379(W - Nr.)、法国 X160CrMoV12(NF)、日本 SKD11(JIS)
D3	高碳高铬型冷作模具钢,美国 AISI 和 ASTM 标准钢号。该钢具有较好的淬透性和良好的耐磨性,但冲击韧性较差,易脆裂,多用于冲击载荷较小,具有良好耐磨性的冷冲模、拉丝模、压印模等。近似钢号:中国 Cr12 (GB)、德国 1.2080 (W - Nr.)、法国 X200Cr12 (NF)、日本 SKD1(JIS)、俄罗斯 X12 (ГОСТ)等
L3	高碳低合金冷作模具钢,美国 AISI 和 ASTM 标准钢号。该淬火后硬度很高,耐磨性很好,淬火变形不大,但塑性差。用于制作拉丝模、冷镦模等。近似钢号:中国 Cr2 (GB)、日本 SUJ2(JIS)、德国 1.02067 (W - Nr.)、俄罗斯 X (ГОСТ)等
M2	用于冷作模具的钨系高速钢,美国 AISI 和 ASTM 标准钢号。该钢具有碳化物细小均匀、热塑性好、耐磨性好、高强度等特点,适宜制作高负荷下耐磨损的冷作模具钢等。近似钢号:中国 W6Mo5Cr4V2(GB)、德国 1.3343(W - Nr.)、日本 SKH51(JIS)、俄罗斯 P6M9 (ГОСТ)等
M42	用作冷作模具的钨系含钴高速钢,美国 AISI 和 ASTM 标准钢号。是一种用量很大的超硬高速钢,其硬度可达 66～70 HRC。近似钢号:中国 W2Mo9Cr4Co8(GB)、日本 SKH59(JIS)、德国 1.3247(W - Nr.)等
O1	油淬冷作模具钢,美国 AISI 和 ASTM 标准钢号,该钢具有较好的综合力学性能,硬度较高,耐磨性好。淬火时变形较小,淬透性很好,适宜制作精密量具、样板,也用于一般要求的冲模。近似钢号:中国 MnCrWV (GB)、德国 1.2510 (W - Nr.)、法国 9MnWCrV5 (NF)、日本 SKS 3(JIS)等
O2	油淬冷作模具钢,美国 AISI 和 ASTM 标准钢号。该钢具有较好的综合力学性能,硬度较高,耐磨性好,淬火变形小,淬透性好。适宜制作各种精密量具、样板,也用于一般要求的冲模。近似钢号:中国 9Mn2V (GB)、德国 1.2842(W - Nr.)、法国 90MnV8 (NF)等

表 10 - 11　国内市场销售的日本冷作模具钢牌号、性能及用途简介

牌号	牌 号 简 介
ACD37	中碳 Cr - Mo 系冷作模具钢,日本立金金属(株)的厂家牌号。性能与该厂家 SGT 钢相近,用于钣金工模具
ARK1	中碳 Cr - Mo - V 系冷作模具钢,日本立金金属(株)的厂家牌号,专利产品。该钢具有高淬透性、高韧性、淬火变形小,用于板材加工模、打印模等

（续表）

牌号	牌 号 简 介
CRD	高碳高铬型冷作模具钢,日本立金金属(株)的厂家牌号,该钢具有较高的强度、好的淬透性和耐磨性。近似钢号:中国 Cr12 (GB)、日本 SKDI (JIS)。用于制作拉深模、大批量生产的落料模等
DC11	高耐磨空淬冷作模具钢,日本大同特殊钢的厂牌号。近似钢号:中国 Cr12Mo1V1 (GB)、日本 SKD11 (JIS)、美国 D2 (AISI)
DC53	高耐磨空淬冷作模具钢,日本大同特殊钢的厂牌号,是 DC11 的改进型。该钢高温回火后具有高硬度、高韧性、线切割性良好。出厂退火硬度 255HBS。能够制作精密冷作冲压模、拉深模、冷作裁模、冲头等
GOA	特殊冷作模具钢,日本大同特殊钢的厂牌号,专利产品,是 SKS3 (JIS)的改进型。该钢的淬透性高,耐磨性好。用于制作冷作裁模、成形模、冲头等
HMD1 HMD5	火焰淬火模具钢,日本日立金属的厂家牌号,专利产品。具有加高的硬度,热处理变形小,可焊接用于钣金工模具
HPM1 HPM2T	易切削预硬化冷作模具钢。日本日立金属的厂家牌号,专利产品。该钢具有良好的切削加工性和焊接性,一般使用硬度 40 HRC,用于冲压模、夹具等
SLD	通用冷作模具钢,日本日立金属(株)的厂家牌号。相当于日本 SKD11 (JIS)。该钢具有好的耐磨性,淬火变形小,用于一般冷作磨具、剪切机刀片、成形轧辊等
SLD8	中碳 Cr-Mo-V 系冷作模具钢,日本日立金属(株)的厂家牌号,专利产品。该钢具有高硬度,高温回火后的硬度 62～64 HRC,用于搓丝模、冷锻模等
SGT	通用冷作模具钢,日本日立金属(株)的厂家牌号。相当于日本 SKS3 (JIS)。用于钣金工模具
XVC5	用于冷作模具的钨钼系高速钢,日本日立金属(株)的厂家牌号。相当于日本 SKH57 (JIS)。该钢具有好的耐磨性和高温强度,用于冷锻、拉深模等
YCS3	普通冷作模具钢,日本日立金属(株)的厂家牌号。近似于日本 SKS93 (JIS)。常用于小批量生产的冲压模、夹具等
YK30	油淬冷作模具钢,日本大同模具钢(株)的厂家牌号。该钢具有高韧性、良好的淬透性和耐磨性,出厂退火硬度≤217HBS,常用于冲压模。近似钢号:日本 SKS93 (JIS)、美国 O2 (AISI)等
YXMI	用于冷作模具的钨钼系高速钢,日本日立金属(株)的厂家牌号。相当于日本 SKH51 (JIS)。该钢具有好的耐磨性和韧性,用于冷锻模、冷镦模、纵剪切机部件

表 10-12　国内市场销售德国冷作模具钢牌号、性能及用途简介

牌号	牌 号 介 绍
GS-247	用作冷作模的钨钼系含钴高速钢,德国蒂森克鲁伯公司的厂家牌号。该钢近似于中国 W2MoCr4VCo8 (GB)、美国 M42 (AISI/SAE)。具有高耐磨性和高温硬度,一般使用硬度 60～65 HRC
GS-307	高强韧性冷作模具钢,德国蒂森克鲁伯公司的厂家牌号。该钢近似于美国 S7 (AISI/SAE)。具有高耐磨性,热处理变形小,一般使用硬度 54～57 HRC

（续表）

牌　号	牌　号　介　绍
GS-363	空淬中合金冷作模具钢,德国蒂森克鲁伯公司的厂家牌号。该钢韧性好,硬度高,空淬后尺寸变形小,一般使用硬度56～61 HRC。近似钢号:中国 Cr5Mo1V（GB）、美国 A2（AISI）、日本 SKD12（JIS）等
GS-379	高碳高铬型冷作模具钢,德国蒂森克鲁伯公司的厂家牌号。该钢具有高的淬透性、淬硬性和耐磨性,一般使用硬度56～60 HRC。近似钢号:中国 Cr12Mo1V1（GB）、美国 D2（AISI）、日本 SKD11（JIS）等
GS-388	用于冷作模具的钨钼系高速钢,德国蒂森克鲁伯公司的厂家牌号。该钢具有较高的硬度、热硬性、热塑性好,一般使用硬度58～63 HRC。近似钢号:中国 W6Mo5Cr4V2（GB）、美国 M2（AISI/SAE）、日本 SKH51（JIS）等
GS-436	高碳高铬型冷作模具钢,德国蒂森克鲁伯公司的厂家牌号。近似于美国 D6（AISI/SAE）,该钢具有较高的硬度和耐磨性,一般使用硬度58～60 HRC
GS-510	油淬冷作模具钢,德国蒂森克鲁伯公司的厂家牌号。近似于美国 O1（AISI/SAE）,属于用途广泛的微变形钢,一般使用硬度54～60 HRC
GS-767	高强韧性冷作模具钢,德国蒂森克鲁伯公司的厂家牌号。该钢近似于美国 6F7（AISI/SAE）,一般使用硬度50～54 HRC。也可用于塑料模具
GS-821 GS-821ESR	新型高碳中铬型冷作模具钢,德国蒂森克鲁伯公司的厂家牌号。该钢具有高的强韧性和好的耐磨性,性能优于 GS-379,一般使用硬度56～59 HRC。GS-821ESR 为电渣重熔钢
GS-842	经济型冷作模具钢,德国蒂森克鲁伯公司的厂家牌号。该钢具有较高的硬度和好的耐磨性,淬火后变形小,一般使用硬度56～60 HRC。近似钢号:中国 9Mn2V（GB）、美国 O2（AISI/SAE）等
GSW-2379	高碳高铬型冷作模具钢,德国德威公司的厂家牌号。用于制作冷挤压模、冲压模,也用于制作高耐磨性塑料模具

表 10-13　国内市场销售瑞典冷作模具钢牌号、性能及用途简介

牌号	牌　号　简　介
DF-2	油淬冷作模具钢,瑞典 ASSAB（一胜百）商品牌号。该钢具有良好的冷冲裁性能,热处理变形小。用于制作小型冲压模、切纸机刀片等。近似钢号:中国 9Mn2V（GB）、美国 O2（AISI）等
DF-3	油淬冷作模具钢,瑞典 ASSAB（一百胜）商品牌号。该钢具有良好的刃口保持能力,淬火变形小。用于制作薄片冲压模、压花模等。近似钢号:中国 9CrWMn（GB）、德国 1.2510（W-Nr.）、日本 SKS3（JIS）、美国 O1（AISI）等
XW-10	空淬冷作模具钢,瑞典 ASSAB（一胜百）商品牌号。其特点为韧性好、耐磨性好、热处理变形小。近似钢号:中国 Cr5Mo1V（GB）、日本 SKD12（JIS）、美国 A2（AISI）等
XW-42	高碳高铬型冷作模具,瑞典 ASSAB（一胜百）厂家牌号。该钢具有良好的淬透性、韧性、耐磨性、强韧性好,并且抗回火性好,热处理变形小。近似钢号:中国 Cr12Mo1V1（GB）、美国 D2（AISI）

表 10-14　国内市场销售奥地利冷作模具钢牌号、性能及用途介绍

牌号	牌 号 简 介
K100	高碳高铬型冷作模具钢,奥地利 Bohler(百禄)公司的厂家牌号。该钢具有好的耐磨性、优良的耐腐性,用于制作不锈钢薄板的切边模、深冲模、冷压成型模等,出厂硬度≤250HBS。近似钢号:中国 Cr12(GB)、德国 1.2080(W-Nr.)、美国 D3(AISI)等
K110	高碳高铬型冷作模具钢,奥地利 Bohler(百禄)公司的厂家牌号。该钢具有较高的强度、硬度和良好的韧性,用于制作重载荷冲压模,出厂硬度≤50HBS。近似钢号:中国 Cr12Mo1V1(GB)、美国(AISI)等
K340	高耐磨性冷作模具钢,奥地利 Bohler(百禄)公司的厂家牌号。该钢具有良好的韧性和耐磨性,用于制作加工不锈钢的深冲压模及印花模,出厂硬度≤50HBS
K460	油淬冷作模具钢,奥地利 Bohler(百禄)公司的厂家牌号。该钢具有高的强度,热处理变形小,用于制作金属冲压模具等。近似钢号:中国 MnCrWV(GB)、德国 1.2510(W-Nr.)、美国 O1(AISI)等
S500	用作冷作模具的钨钼系含钴高速钢,奥地利 Bohler(百禄)公司的厂家牌号。该钢具有高耐磨性、高的热硬性和高温硬度,适用于要求高韧性的冷冲模,出厂硬度 240～300HBS。近似钢号:中国 W2Mo9Cr4VCo8(GB)、美国 M42(AISI/SAE)
S600	用于冷作模具的钨钼系高速钢,奥地利 Bohler(百禄)公司的厂家牌号。该钢具有较高的硬度、热硬性、热塑性好,适用于要求一般韧性的冷冲模,出厂硬度 240～300HBS。近似钢号:中国 W6Mo5Cr4V2(GB)、美国 M2(AISI/SAE)、日本 SKS9(JIS)等
S705	用于冷作模具的钨钼系高速钢,奥地利 Bohler(百禄)公司的厂家牌号。该钢的热硬性和耐磨性均优于 S600,用于精密冷却模,出厂硬度≤25HBS。近似钢号:中国 W2Mo9Cr4VCo8(GB)、德国 1.3243(W-Nr./材料号)、美国 M35(AISI/SAE)

二、实践与研究

曾经有人根据冷作模具钢的成分、热处理和性能特点,得到冷作模具钢按一定规律变化的图 10-1。它表示以 T10 钢为基准,按性能要求选用常用冷作模具钢的大致方向。研究图 10-1,你能说出它在不同方向通过合金化和热处理后得到相应的性能吗?试试看。

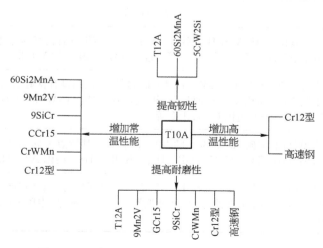

图 10-1　按材料的性能选用冷作模具钢的方向

三、拓展与提高

冷作模具钢的微细化处理

在冷作模具材料的热处理中，强韧化处理有很多种方法，其中有一种是对冷作模具钢进行微细化处理。

微细化处理包括钢中基体组织的细化和碳化物的细化两个方面。基体组织的细化可提高钢的强韧性，碳化物的细化不仅有利于增加钢的强韧性，而且增加钢的耐磨性。微细化处理的方法通常有两种。

（一）四步热处理法

冷作模具钢的预备热处理一般都采用球化退火，但球化退火组织经淬、回火，其中碳化物的均匀性、圆整度和颗粒大小等因素对钢的强韧性和耐磨性的影响尚不够理想。采用四步热处理法，使钢的组织和性能得到很大的改善，模具的使用寿命可提高 1.5～3 倍。具体工艺过程为：

第一步——采用高温奥氏体化，然后淬火或等温淬火。

第二步——是高温软化回火，回火温度以不超过 Ac_1 为界，从而得到回火托氏体或回火索氏体。

第三步——低温淬火，由于淬火温度低，已细化的碳化物不会溶入奥氏体而得以保存。

第四步——低温回火。

在有些情况下，可取消模具毛坯的球化退火工序，而用上述工艺中第一步加第二步作为模具的预备热处理，并可在第一步结合模具的锻造进行锻造余热淬火，以减少能耗，提高工效。

（二）循环超细化处理

将冷作模具钢以较快速度加热到 Ac_1 或 Ac_m 以上的温度，经短时停留后立即淬火冷却，如此循环多次，由于每加热一次，晶粒都得到一次细化，同时在快速奥氏体化过程中又保留了相当数量的未溶细小碳化物，循环次数一般控制在 2～4 次，经处理后的模具钢可获得12～14 级超细化晶粒，模具使用寿命可提高 1～4 倍。

任务三　冷作模具的选材

【学习目标】

　　1. 了解冷作模具的选材的原则。

　　2. 了解常用冷作模具选材的方法和各种冷作模具常选用的材料。

　　3. 具有根据冷作模具的使用条件，正确选用冷作模具材料的能力。

冷作模具种类多，服役条件各异，冷作模具的选材是一个值得研究的问题。本任务主要研究冷作模具选材的原则和各种冷作模具常选用的材料。

一、相关知识

(一)冷作模具的选材原则

合理地选用模具材料并进行精确的成形加工和适当的热处理,能够有效地提高模具的使用寿命。冷作模具选材时不仅要遵循冷作模具材料必须满足的使用性能、工艺性能和经济性外,而且应从模具结构、工作条件、制品形状及尺寸、加工精度、生产批量等方面加以综合考虑。

一般,对于形状复杂、尺寸精度要求高的模具,应选用低变形材料;承受负荷大的模具,应选用高强度材料;承受强烈摩擦和磨损的模具,应选用高硬度、耐磨性好的材料;承受冲击负荷大的模具,应选用韧性高的材料。

(二)常用的冷作模具的选材

1. 冲裁模具的选材

冷冲裁模具主要用于各种板料的冲切成形,按其功能不同可分为剪裁、冲孔、落料、切边、整修和精冲等工序。

冷冲裁模具的主要失效形式是磨损,刀口由锋利到圆钝,使冲裁件产生毛刺。对冲裁模具的主要性能要求是高的硬度和耐磨性,足够的抗压、抗弯强度和适当的韧性。

冷冲裁模具的材料选用,主要根据产品的形状和尺寸、被冲材料特性、工作载荷大小、失效形式、生产批量、模具成本等因素来决定。具体来说如下:

1)薄板冲裁模选材 薄板(厚度≤1.5 mm)冲模的主要失效形式是磨损,其选材的依据是制品的生产批量、尺寸大小和复杂程度。对于小批量(<1 000 件)、尺寸小、形状简单的薄板冲模,选用碳素工具钢;对于中、小批量($10^3 \sim 10^5$ 件)、形状较复杂、尺寸较大的冲裁模,选用低合金冷作模具钢制作;对于大批量(>10^6 件)、尺寸较大、形状复杂的模具,选用高合金冷作模具钢,即高耐磨性(Cr12 型)或高强度高耐磨性(高速钢)的冷作模具钢。对于特大批量的薄板冲模,可选用硬质合金、钢结硬质合金材料或高强度强韧性的冷作模具钢。

2)厚板冲裁模选材 厚板冲裁模的承受的载荷大,刃口易磨损、崩刃和折断,因此主要考虑材料的强韧性和高耐磨性。小批量生产,选用碳素工具钢、低合金冷作模具钢和抗冲击冷作模具钢。大批量生产,选用高碳高铬钢和高速钢或新型模具钢(基体钢等)。

表 10-15 为冷冲裁模常用材料参考表。冲裁模的辅助零件选材及热处理要求见表 10-16。

表 10-15 冲裁模常用材料参考表

模具种类	加工对象	材料	要求硬度 HRC	
			凸模	凹模
薄板冲裁模	软料薄板(<1 mm)	锌合金、T8A、T10A	56~60	37~40
	硬料薄板	CrWMn、9CrWMn、Cr5Mo1V、GM	48~52	62~64
	小批量简单件	T10A、Cr2	58~62	
	中、小批量复杂件	9Mn2V、9CrWMn、CrWMn、CH-1、GD	60~62	62~64

（续表）

模具种类	加工对象	材　料	要求硬度 HRC	
			凸模	凹模
薄板冲裁模	大批量冲裁件	Cr5Mo1V、Cr6WV、Cr12MoV、Cr12Mo1V1、GM、YG10X、YG15	60～62　62～64　66～68（硬质合金）	
	高精度冲裁件	Cr12MoV、Cr12Mo1V1、Cr2Mn2SiWMoV、ER5、GCr15、CrWMn	58～60　60～62　56～58（易折断件）	
	软硅钢片小型件	CrWMn、Cr12、Cr4W2MoV、ER5	60～62	60～64
	硬硅钢片中型复杂件	Cr5Mo1V、Cr6WV、Cr4W2MoV、Cr12MoV、Cr12Mo1V1	57～59　58～60（复杂易损件）	
	各种易损小冲头	W18Cr4V、W6Mo5Cr4V2、6W6、GM	59～61	
厚板冲裁模	低碳钢中厚板	T8A、9SiCr、60Si2Mn、Cr12MoV、CH－1、012Al、CG－2	54～58	57～60
	低碳钢厚板	6CrW2Si、Cr6WV、Cr5Mo1V、Cr12Mo1V1、6W6	52～56	56～58
	奥氏体钢板	Cr12MoV、Cr12Mo1V1、W18Cr4V、LD	56～61	57～60
	高强度钢中厚板	Cr4W2MoV、W6Mo5Cr4V2、6W6、65Nb、LD	58～61	57～60
精冲模		Cr12MoV、Cr12Mo1V1、Cr4W2MoV、W6Mo5Cr4V2、Cr12	60～62	61～63

表 10－16　冲裁模辅助零件的选材及热处理要求

零件名称	选用材料	热处理硬度 HRC
上、下模板	HT200、ZG45、Q235	
导柱、导套	T8A、T10A 或 Q235	60～62（Q235 渗碳淬火）
垫板、定位板、挡板、挡料钉	45	43～47
导板、导正钉	T10A	50～55
侧刃、侧刃挡板	T8A、T10A、CrWMn	58～62
斜楔、滑块	T8A、T10A	58～62
弹簧、簧片	65、65Mn、60Si2Mn	43～47
顶杆、顶料杆（板）	45	43～47
模柄、固定把	Q235	

2. 冷镦锻模的选材

冷镦时，金属毛坯在室温下受到冲击压力而发生塑性变形，并在模具中使坯料体积重新分布与转移，从而得到所需要的形状。冷镦成形工艺主要用于紧固件（各种规格的螺钉、螺帽)的成形。

冷镦模具在工作过程中要承受很大的冲击力,并且冲击频率很高。凹模的型腔表面和冲头的工作表面还要承受强烈的冲击摩擦,工作温度升高,此外,由于被冷镦材料的不均,坯料的端面不平,冷镦机调整精度不够等原因,还使冲头受到弯曲应力。

冷镦模的主要失效形式是擦伤、崩落、脆性开裂等。

冷镦模的材料选用根据冷镦模的工作条件及硬化层不能过浅也不能整个截面淬硬的特点,对这类模具材料的选择,应按模具零件不同部位的受力情况、截面大小、硬化层深度要求,以及生产批量的大小等因素来决定。表 10-17 为冷镦模具的材料选用参照表。

表 10-17 冷镦锻模材料选用举例及工作硬度

模具类型及零件名称			工作条件	推荐选用的材料牌号		工作硬度 HRC
				中、小批量生产(<10 万件)	大批量生产(>20 万件)	
冷镦凹模	开口模整体模块		轻载荷、小尺寸	T10A、Mn2	T10A、Mn2	表面 59~62 心部 40~50
			轻载荷、较大尺寸	GCr15、CrWMn	GCr15、CrWMn	表面>62 心部<55
	闭合模	整体模块	轻载荷、小尺寸	T10A、Mn2		表面 59~62 心部 40~50
			轻载荷、较大尺寸	GCr15、CrWMn		表面>62 心部<55
		嵌镶模块模芯	重载荷、形状复杂的大、中型模具	Cr6WV、Cr4W2MoV	YG15、YG20、YG25、GT35、GJW50、DT	58~62
				Cr5Mo1V、Cr12MoV		58~62
				W18Cr4V、W6Mo5Cr4V2		>60
				7Cr7Mo3V2Si、基体钢		58~62
		嵌镶模块模套	重载荷、形状复杂的大、中型模具	42CrMo、40CrMnMo、4Cr5W2VSi、4Cr5MoSiV、4Cr5MoSiV1	六角螺母冷镦模 T7A、T10A 钢球滚齿冷镦模 GCr15、CrWMn	48~52
冷镦冲头(凸模)			轻载荷、小尺寸	T10A、Mn2		58~60
			轻载荷、较大尺寸	GCr15、CrWMn		60~61
			重载荷	Cr6WV、Cr4W2MoV	YG15、YG20、YG25、GT35、GJW50、DT(另附模套)	56~64
				Cr5Mo1V、Cr12MoV		56~64
				W18Cr4V、W6Mo5Cr4V2		63~64
				6W6、7CrSiMnMoV		56~64
				7Cr7Mo3V2Si、基体钢		56~64

（续表）

模具类型及零件名称	工作条件	推荐选用的材料牌号		工作硬度 HRC
		中、小批量生产（<10万件）	大批量生产（>20万件）	
切裁工具		T10A、 Cr4W2 MoV、Cr12MoV、W6Mo5Cr4V2		≥60
顶出杆	冲击载荷较大，要求韧性高的	6W6、T7A		57～59
	中等冲击载荷，要求韧性和耐磨性都好	9CrWMn、CrWMn		<60
	冲击载荷不大，要求耐磨性好的	W6Mo5Cr4V2		62～63

3. 冷挤压模具的选材

冷挤压是在常温下，利用模具在压力机上对金属以一定的速度施加相当大的压力，使金属产生塑性变形，从而获得所需形状和尺寸的零件。

根据冷挤压模的服役过程，冷挤压模具的正常失效方式主要是擦伤磨损或氧化磨损。而早期失效形式主要是凸模的断裂。因此冷挤压模具必须具有高的强韧性、良好的耐磨性、一定的热疲劳性和足够的回火稳定性，与厚板冲裁模有相似之处。

冷挤压模具的材料选用。为了提高冷挤压模的使用寿命，保证冷挤压模具有良好的性能，在选材上应注意以下几点：

（1）碳素工具钢和低合金工具钢淬硬性、强韧性和耐磨性较差，使用中易折断、弯曲和磨损，有时挤压模具会被压成鼓形，只宜作挤压应力较小、批量也不大的正挤压模具。

（2）Cr12型钢是正挤压模具普遍采用的钢种，但在使用中，因韧性低、碳化物偏析严重，其脆断倾向大，因而正逐步被新型冷作模具钢替代。

（3）高速钢的抗压强度、耐磨性在冷作模具钢中最高，特别适宜制作承受高挤压负荷的反挤压凸模。但高速钢与Cr12型钢有同样的问题，即韧性低，易脆断，W18Cr4V钢更严重。为克服高速钢的缺点，保持其优点，生产中常用低温淬火来提高钢的断裂抗力。

（4）降碳型高速钢和基体钢用于冷挤压模具效果十分显著，降碳型高速钢主要用于冷挤压冲头。但对于大批量生产的模具，这两类钢的耐磨性还欠缺。

（5）对于大批量生产的冷挤压模具，应采用硬质合金，应用最多的是钢结硬质合金，常用来作冷挤压凹模。表10-18为冷挤压模具常用材料，以供参考。

表10-18 冷挤压模具常用材料

模具种类	加工对象		材　料	要求硬度 HRC
轻载冷挤压模	铝合金	凸模	60Si2Mn、CrWMn、Cr5Mo1V、Cr12MoV、LD、W18Cr4V、Cr6WV	60～62

（续表）

模具种类	加工对象		材　料	要求硬度 HRC
轻载冷挤压模	铝合金	凹模	T10A、Cr4W2MoV、W18Cr4V、Cr12Mo1V1、W6Mo5Cr4V2、MnCrWV、W12Mo3Cr4V3N	58～60
			YG15、YG20C	
	铜合金	凸模	W18Cr4V、Cr12MoV、LD	60～62
		凹模	CrWMn、65Nb、Cr4W2MoV、Cr12Mo1V1	58～60
重载冷挤压模	钢(挤压力 1 500～2 000 MPa)	凸模	Cr12MoV、65Nb、LD、W6Mo5Cr4V2、6W6、CH-1	60～62
		凹模	CrWMn、65Nb、LD、Cr4W2MoV、Cr12MoV1	58～60
			YG15、YG20C	
	钢(挤压力 2 000～2 500 MPa)		W18Cr4V、W6Mo5Cr4V2、65Nb、LD、GT35、TLMW50	61～63　66～72
			YG15、YG20C、DT	
模具型腔挤压凸模	一般中小件		T10A、GCr15、9SiCr	59～61
	大型复杂件		5CrW2Si	59～61(渗碳)
	复杂精密件		Cr12MoV、Cr12MoV1	59～61
	批量压制件		W6Mo5Cr4V2、65Nb、LD、6W6	59～61
	高强度件(挤压力＞2 500 MPa)		Cr12、W18Cr4V、W6Mo5Cr4V2	61～63

4. 拉深模具的选材

拉深模具,拉深又称拉延和压延。它是利用模具使平面材料变成开口空心零件的冲压方法。

拉深模具常见的正常失效形式是黏附。对拉深模具的主要性能要求是具有高的强度和耐磨性,在工作中不发生黏附和划伤。

拉深模的材料选用。拉深模具的耐磨性能好坏,与被拉材料的种类、厚度、变形量、润滑方法以及模具的设计和加工精度等因素有关。因此,对这类模具材料的选择,应按照其具体工作条件来决定。

对于中小型模具,可选用质量较好的模具钢;对于大中型模具,在满足模具使用性能要求的前提下,应尽量采用价格低廉的材料,如球墨铸铁等;对于大批量生产的模具或模具上磨损严重的部位,可采用镶嵌模块式的办法解决,即在合金铸铁模框中镶嵌质量较好的材料作为模芯。

为了防黏附,在拉深铝、铜合金和碳素钢时,可对凸模和凹模材料进行渗氮和镀铬。拉深奥氏体不锈钢时,采用铝青铜作为凹模材料,对抗黏附性能起到很好的作用。

表 10-19 是根据工作条件推荐选用的拉深模具材料及硬度要求,以供参考。

表 10-19 拉深模具的材料选用举例及工作硬度

零件名称	工作条件		推荐选用的材料牌号			工作硬度 HRC
	制品类别	被拉深材料	小批量生产（<1万件）	中批量生产（<10万件）	大批量生产（100万件）	
凹模	小型	铝或铜合金	T10A、CrWMn、9CrWMn	CrWMn、9CrWMn、Cr5MoV、Cr6WV、7CrSiMnMoV(CH-1)	Cr6WV、Cr5MoV、Cr4W2MoV、Cr12Mo1V1	62～64
		深冲用钢				
		奥氏体不锈钢	T10A（镀铬）、铝青铜	铝青铜、Cr6WV（渗氮）、Cr5MoV（渗氮）	Cr12MoV（渗氮）、YG类硬质合金、钢结硬质合金	
	大、中型	铝或铜合金	合金铸铁、球墨铸铁	合金铸铁 嵌镶模块：Cr6WV、Cr4W2MoV、Cr5MoV	嵌镶模块：Cr6WV、Cr4W2MoV、Cr5MoV、Cr12MoV	
		深冲用钢				
		奥氏体不锈钢	合金铸铁嵌镶模块：铝青铜	嵌镶模块：Cr6WV（渗氮）、Cr4W2MoV（渗氮）、铝青铜	嵌镶模块：Cr6WV（渗氮）、Cr4W2MoV（渗氮）、Cr12MoV（渗氮）、W18Cr4V（渗氮）	
冲头（凸模）	小型		T10A、40Cr（渗氮）	T10A、Cr6WV、Cr5MoV	Cr6WV、Cr5MoV、Cr4W2MoV、Cr12MoV	58～62
	大、中型		合金铸铁	CrWMn、9CrWMn	Cr6WV、Cr5MoV、Cr4W2MoV、Cr12MoV	
压边圈	小型		T10A、CrWMn、9CrWMn	T10A、CrWMn、9CrWMn	T10A、CrWMn、9CrWMn	54～58
	大、中型		合金铸铁	合金铸铁	CrWMn、9CrWMn	

二、实践与研究

（1）根据表 10-20 冷作模具的选材、热处理与使用寿命的关系。仔细分析，说明模具的选材和热处理与模具使用寿命之间的关系，在选材和热处理工艺设计时应注意什么？

表 10-20 冷作模具的选材、热处理与使用寿命

模具	材料	原热处理工艺	失效形式与寿命	改进的热处理工艺	失效形式与寿命
冲头	W18Cr4V	1 260℃淬火，560℃回火三次，63～65 HRC	小于2 000件，脆断	改用 W9Mo3Cr4V 钢，1 180～1 190℃淬火，550～560℃回火二次，58～60 HRC	1.6万
手表零件冷冲模	CrWMn	常规工艺处理	脆断	670～790℃循环加热淬火，180～200℃回火	寿命提高3～4倍
轴承保持架冷冲模	GCr15	球化退火，840℃淬火，150～160℃回火	2 000件，脆断	1 040～1 050℃正火，820℃四次循环加热淬火，150～160℃回火	1.4万件

（续表）

模具	材 料	原热处理工艺	失效形式与寿命	改进的热处理工艺	失效形式与寿命
冷挤压冲头	Cr12	球化退火，980℃淬火，280℃回火	7 000～8 000件、脆断、掉块、崩刃	调质，980℃淬火，280℃回火	10 万件
高速钢锯条冷冲模	W9Mo3Cr4V	球化退火，1 100℃淬火，200℃回火，63～64 HRC	(3～5)万件，断裂	锻后余热球化退火，1 200℃淬火，350℃和550℃回火二次，61 HRC	27 万件
冷挤压凸模	W18Cr4V、Cr12MoV、W6Mo5Cr4V2	常规工艺	300～500 件，脆断	改用基体钢，常规工艺热处理	5 000 件

（2）现设计冲裁模冲裁如图 10-2 所示的零件，请根据以下两种情况考虑设计模具工作零件时应如何选材和热处理，并说明理由。可能失效的形式是什么？能不能改进？

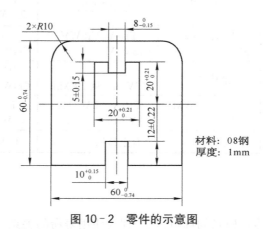

材料：08钢
厚度：1mm

图 10-2　零件的示意图

① 当冲裁批量为小批量时，板的材料为 08 钢，厚度为 1 mm 和 4 mm；

② 当冲裁批量为特大批量时，板的材料为 08 钢，厚度为 1 mm。

三、拓展与提高

（一）落料拉深复合模凸凹模的材料与热处理工艺选用实例

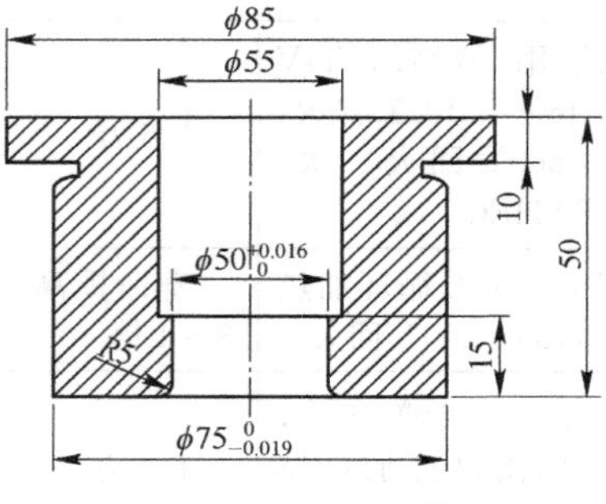

图 10-3 为落料拉深复合模的凸凹模零件简图。在冲压过程中，该零件既是落料工序的凸模，同时又是拉深工序的凹模。

1. 材料的选用

凸凹模作为多工序复合模的重要零件，其工作条件较为苛刻，落料凸模刃口承受着很大的剪切应力和摩擦力作

图 10-3　凸凹模

用,拉深凹模处则承受着强烈的摩擦和挤压拉滑作用。此外,由于受到内外尺寸的限制,其壁厚往往较薄,结构也比较复杂。该凸凹模主要的失效形式有崩刃、刃口变钝、咬合、剥落、脆断等。

根据该零件的工作条件和失效形式,其性能要求主要是具有高的强韧性、硬度和耐磨性,淬透性足够且淬火变形要小。能满足该零件性能要求的钢材主要有 Cr12、Cr12MoV、Cr12MoV1、W6Mo5Cr4V2 等。考虑到该零件的尺寸不算很大,且冲压的钢板较薄,决定选用 Cr12 钢来制造。

2. 热处理工艺的制定

选用 Cr12 钢制造凸凹模的工艺路线是:下料→锻造→等温退火→机械加工→淬火+低温回火→磨削加工→检验入库。

钢料经下料、锻造后,须进行等温退火处理,其主要目的是降低硬度,消除内应力,以获得球粒状碳化物组织,为最终热处理作组织准备。

1) 等温退火工艺　将锻件毛坯放置于箱式电阻炉内,随炉加热到 840℃,保温 120 min 后停电,随炉冷却至 730℃,再次通电保温 180 min 后停电,随炉冷却至 550℃ 出炉空冷。退火后硬度为 245~265 HBS。

退火件经各种机械加工后,只留磨削加工余量,即可进行淬火处理。淬火加热可采用箱式炉或盐浴炉。用箱式炉加热时,工件应放在有效温度区:对于小型模具或淬火后采用电火花加工成形的模具,一般可直接放入淬火温度或稍低于淬火温度的电炉中加热;对于中型模具或已经加工成形的模具,一般采用装箱保护加热;对于大型模具不能装箱保护时,可采用涂料保护加热,防止表面脱碳或氧化。用盐浴炉加热时,工件应浸入距离液面 300 mm 以下,并在 800℃ 左右进行预热。

2) 淬火工艺　先将工件装箱保护(图 10-4)后置于相应的电阻炉中,随炉加热至 800℃ 预热保温 60 min,待工件内外温度基本一致后继续升温至 980℃,保温 90 min,采用预冷机油淬火法:打开炉门,将铁箱取出炉外,空冷至 850~900℃ 后,从箱内取出工件,立即放入机油池中静止冷却(如果摆动冷却会增加变形)。淬火后其硬度为 60~62 HRC。

工件淬火后必须及时进行回火,其主要作用是消除淬火应力和稳定组织。具体回火工艺为:将淬火后的工件洗去油迹,装入箱式炉中,随炉加热至 220℃,保温 150 min 后取出空冷,回火后硬度为 58~60 HRC。

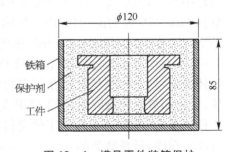

图 10-4　模具零件装箱保护

铁箱
保护剂
工件

(二) 冷挤压凸模的材料与热处理工艺选用实例

图 10-5 为冷挤压凸模简图,计划挤压紫铜毛坯 15 万件。

1. 材料的选用

用冷挤压方式使紫铜成形时,由于紫铜的三向受压变形抗力非常大,冷挤压凸模将承受大于 1 000 MPa 的压应力。同时在紫铜的变形过程中,凸

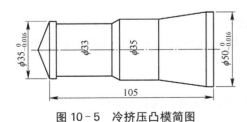

图 10-5　冷挤压凸模简图

模表面反复与被压的紫铜剧烈摩擦,不但使接触面严重磨损,而且会产生大量的摩擦热和变形热,使凸模表面温度迅速升高到 200～300℃,可见其工作条件比其他冷作模具更为苛刻。该凸模主要的失效形式包括擦伤磨损、氧化磨损和断裂等。为此,凸模的性能要求主要是具有高的硬度、耐磨性、足够的韧性和抗热氧化性能。可选用的钢种有 CrWMn、Cr4W2MoV、Cr12、Cr12MoV、W18Cr4V、W6Mo5Cr4V2、基体钢、钢结硬质合金等。考虑到该模具挤压的是紫铜材料,虽然是小型零件,但属于大批量生产,最后选用 W6Mo5Cr4V2 钢。

2. 热处理工艺的制定

选用 W6Mo5Cr4V2 钢生产冷挤压凸模的工艺路线为:下料→锻造→等温退火→机械加工→淬火＋三次高温回火→粗磨→离子氮化→精磨。

1) 等温退火工艺 将锻件坯料置于箱式炉内,随炉加热至 850℃,保温 120～150 min 后,随炉冷却至 750℃,再次保温 180～200 min,随炉冷却至 500～550℃出炉空冷,退火后硬度≤255 HBS。

2) 淬火工艺 工件经机械加工(留有磨削加工余量)后,用铁线绑好,以便吊挂于炉内,采用盐浴炉加热淬火。通常备有两个盐浴炉,炉温分别为 850℃和 1 150℃,工件先浸入 850℃的盐浴炉中预热,保温 16 min,待工件内外温度基本一致后,迅速转移到 1 150℃的盐浴炉中,保温 13 min 后取出,放入机油池内冷却。淬火后硬度为 58～60 HRC。

3) 回火工艺 工件淬火后须及时进行回火,通常进行 560℃三次高温回火。即将淬火后的工件置于箱式电阻炉中,随炉加热到 560℃,保温 60 min 后取出油冷或空冷,以上回火过程反复进行三次,使得钢中的残余奥氏体基本转变为回火马氏体组织,此时工件的硬度略有升高,一般为 62～65 HRC。

4) 离子氮化工艺 将粗磨后的工件(配合面单面磨薄 0.15 mm),清洗干净,置于 250℃烘箱中烘干,然后将工件整齐安装于离子氮化炉中,盖好炉罩,起动真空泵抽真空,当气压降低到 133.3 Pa 左右时,对炉内工件输入高压电流起辉。当工件表面起辉趋于稳定后,即可逐渐增大工作电流,开始升温,升温速度应小于 200～250℃/h,以减少工件变形。工件温度至 350℃左右即可通入分解氨气,继续升温至 520℃进行保温。在渗碳过程中要注意控制通入气体流量,使炉内气压保持在规定的范围之内。经 10 h 保温渗氮后,即可停止供气,减少电流,维持弱辉光慢慢降温,当工件温度降至 300℃以下时,即可停电灭辉光,使工件加快冷却。工件冷至 150℃以下时取出工件交付验收。离子氮化后,工件表面可获得 0.2～0.25 mm 厚的渗层深度,经精磨磨削 0.05～0.1 mm 余量后,表层硬度为 600 HV 左右。

思考与练习

1. 冷作模具钢的失效形式有哪些,应具备哪些特性?

2. 比较 Cr12 型冷作模具钢与高速钢在性能、应用上的区别。

3. 什么是基体钢,有哪些典型钢种?与高速钢相比,其成分、性能特点有什么不同?应用场合如何?

4. 简述铬钨硅系抗冲击冷作模具钢的特性及应用特点。

5. 简述 Cr12MoV 的最终热处理淬火＋回火的工艺规范不同,能满足模具钢不同的性能要求。

6. 冷冲裁模应如何选材?

7. 冷挤压模选材时应注意什么？

8. 由于管理上的疏漏，错把 10 钢当作 T10A 制成冷冲模的工作零件，问使用过程中可能会出现哪些问题？

9. 从工艺性能和承载能力角度试判断下列钢号属于哪类冷作模具钢？
   W6Mo5Cr4V2；Cr4W2MoV；7Cr7Mo2V2Si；Cr12Mo1V1；5CrW2Si；9SiCr；Cr8 MoWV3Si；8Cr2MnWMoVS；SiMnMo。

10. 比较 DT 钢结硬质合金与 YG 类硬质合金在性能、应用上的区别。

11. 下列钢号是哪个国家的？它们分别可用我国什么牌号近似表示？
    A2；S705；D3；K100；O1；GS－363；DC11；DF－3；XW－42；M2。

案例导入

　　某公司选用 5CrNiMo 钢制造一副柴油机曲轴锤锻模,经整体淬火和回火后,硬度为 44～46 HRC,符合常规硬度要求。在装模试锻时,加工出来的锻件质量也较为满意。但在正式投产十多天后发现模具燕尾部位出现明显的裂纹。这是为什么呢? 因为锤锻模在制造的时候是整体淬火和高温回火的,燕尾尖角处会产生较大的应力集中,所以锤锻模投入使用后,因承受较大的冲击载荷而裂开,以致失效。为了防止锤锻模燕尾尖角处开裂,通常是模具淬火后需要进行二次回火,即先整体回火,然后再对燕尾部分进行较高温度的二次回火,降低燕尾尖角处的硬度,提高冲击韧性。

　　热作模具是指用于热变形加工和压力铸造的模具。其工作特点是在外力作用下,使加热的固体金属材料产生一定的塑性变形,或者使高温的液态金属铸造成形,从而获得各种所需形状的零件或精密毛坯。本项目主要研究热作模具材料的性能要求、常用的热作模具材料及热处理,并对热作模具的选材和进口热作模具钢进行一定的研究。

任务一　热作模具材料的性能要求及成分、热处理特点

【学习目标】
　　1. 了解热作模具材料的性能要求。
　　2. 掌握热作模具材料的成分特点和热处理特点。
　　3. 具有根据热作模具材料的性能要求解决实际问题的能力。

　　热作模具工作中承受很大的冲击载荷、强烈的摩擦、剧烈的冷热循环所引起的不均匀热应变和热应力以及高温氧化,常出现崩裂、塌陷、磨损、龟裂等失效现象。因此本任务主要研究热作模具材料应具有的性能要求、成分特点和热处理特点。

一、相关知识

（一）热作模具材料的性能要求

1. 较高的高温强度和良好的韧性

热作模具，尤其是热锻模，工作时承受很大的冲击力，而且冲击频率很高，如果模具没有高的强度和良好的韧性，就容易开裂。

2. 高的热硬性和良好的耐磨性能

由于热作模具工作时除受到毛坯变形时产生摩擦磨损之外，还受到高温氧化腐蚀和氧化铁屑的研磨，所以需要热作模具材料有较高的热硬性和良好的耐磨性。

3. 高的热稳定性

热稳定性是指钢材在高温下可长时间保持其常温力学性能的能力。热作模具工作时，接触的是炽热的金属，甚至是液态金属，所以模具表面温度很高，一般为 $400 \sim 700 ℃$。这就要求热作模具材料在高温下不发生软化，具有高的热稳定性，否则模具就会发生塑性变形，造成堆塌而失效。

4. 高温抗氧化能力

由于热作模具生产温度高，都是在有氧的条件下工作，模具材料表面易被氧化，影响模具的表面质量和零件的表面质量，因此模具材料必须具有高温抗氧化能力。

5. 高的热疲劳抗力

热作模具的工作特点是反复受热受冷，模具一时受热膨胀，一时又冷却收缩，形成很大的热应力，而且这种热应力是方向相反，交替产生的。在反复热应力作用下，模具表面会形成网状裂纹（龟裂），这种现象称为热疲劳，模具因热疲劳而过早地断裂，是热作模具失效的主要原因之一。所以热作模具材料必须要有良好的热疲劳性。

6. 高淬透性

热作模具一般尺寸比较大，热锻模尤其是这样，为了使整个模具截面的力学性能均匀，这就要求热作模具钢有高的淬透性能。

7. 良好的导热性

为了使模具不致积热过多，导致力学性能下降，要尽可能降低模面温度，减小模具内部的温差，这就要求热作模具材料要有良好的导热性能。

8. 良好的切削加工工艺性能

热作模具材料应有良好的可切削加工性能，包括冷、热加工性能，以便提高产品质量，降低模具的制造费用，满足加工成形的需要。

9. 具有良好的耐热熔蚀性

熔融金属以高压高速注入压铸模内，对模壁冲刷和侵蚀，且易使金属黏结、渗入模壁，发生化学作用，造成模壁腐蚀。这就要求模具材料与熔融金属的亲和力小，并已通过表面处理形成防黏模、熔蚀的保护层。

（二）热作模具钢的成分特点

1. 含碳量

一般为中碳，碳的质量分数为 $0.3\% \sim 0.6\%$。保证材料具有较高的强度和硬度，较高的淬透性以及较好的塑性、韧性。

2. 合金元素

加入的合金元素有 Cr、Mn、Si、Ni、W、Mo、V 等合金元素。其中 Cr、Mn、Si、Ni 合金元素的作用是强化铁素体和提高淬透性。W、Mo 合金元素是为了防止回火脆性,Cr、W、Si 合金元素能提高相变温度,使模具在交替受热与冷却过程中不致发生相变而发生较大的容积变化,从而提高其抗热疲劳的能力。另外,W、Mo、V 等在回火时以碳化物形式析出而产生二次硬化,使热作模具钢在较高温度下仍保持相当高的硬度,这是热作模具钢正常工作的重要条件之一,Cr、Si 能提高钢的抗氧化性。

（三）热作模具钢的热处理特点

热作模具钢的最终热处理一般为淬火后高温(中温)回火,以获得均匀的回火索氏体组织,硬度在 40 HRC 左右,并具有较高的韧性。

二、实践与研究

到热作模具加工产品的工厂参观,你会发现废旧的模具中,模具出现的问题,结合模具的性能要求,填写表 11-1。

表 11-1　模具的失效现象与产生的原因(模具性能要求不足)

模　具　失　效	产　生　原　因
模具产生变形	
模具表面龟裂现象	
压铸模内表面有很多坑和麻点	
模具表面有氧化皮	

三、拓展与提高

提高热作模具性能的方法

热作模具工作中的最大特点是模具必须在高温下工作,因此热作模具不仅要有很好的常温下的力学性能,而且要在高温下工作时,也要具有良好的高温性能。改善材料性能的方法常用的有合金化和热处理。当这两种方法都不能解决问题时,只有根据模具的使用状况,具体问题具体解决。

大多数热作模具都采用表面处理的方法,如渗碳、渗氮和碳氮共渗来提高模具的耐磨性、抗熔蚀性,以防模腔产生黏模现象;对模具表面进行渗铝、渗铬可提高模具的抗氧化性,尤其对高温下的压铸模。磷化、镀铬也可以提高模具的抗氧化性,降低摩擦系数,防止黏模;模腔内表面感应加热,提高模腔的硬度、耐磨性,同时保持其强韧性。对热切边模来说,提高钢的耐磨性,可以在模具刃口处用电焊条堆焊或用等离子喷焊一层高耐磨、高热强的钴及合金。

任务二 热作模具材料与热处理

【学习目标】
1. 了解热作模具材料的分类。
2. 掌握各种热作模具钢的特性及应用。
3. 了解国内销售的进口热作模具钢的性能和应用情况。
4. 了解各种热作模具的选材原则及常选用的材料。
5. 具有辨别各种热作模具材料的基本性能和用途的能力。

热作模具材料主要用于制作高温状态下进行压力加工的模具,根据热作模具材料的性能要求,热作模具材料主要有热作模具钢、硬质合金、高温合金、难熔金属合金、压铸模用铜合金等,本任务主要研究热作模具钢的特性和应用,对其他热作模具材料和进口热作模具材料进行简单介绍。

一、相关知识

(一)热作模具钢与热处理

1. 热作模具钢的分类

(1)热作模具钢按用途分有热锻模用钢、热挤压模用钢、压铸模用钢、热冲裁模用钢。可更细分有锤锻模用钢、机锻模用钢、热挤压模用钢、热镦模用钢、热冲裁模用钢、压铸模用钢。

(2)热作模具钢按工作温度分为低耐热钢(350~370℃)、中耐热钢(550~600℃)、高耐热钢(580~650℃)。

(3)按特有的性能分为高韧性热作模具钢、高热强性热作模具钢、高耐磨性热作模具钢。

(4)按合金元素分类可分为低合金热作模具钢(钨系、铬系和铬钼系)、中合金热作模具钢、高合金热作模具钢(钨钼系和铬钼系),或分成钨系热作模具钢、铬系热作模具钢、铬钼系和铬钨钼系热作模具钢。铬钼系高合金热作模具钢的高温强度及热稳定性不及钨钼系,而冷热疲劳抗力及韧性高。热作模具钢具体分类及钢号见表 11-2。

表 11-2 热作模具钢具体分类及钢号

按用途	按性能	按合金元素	按工作温度	钢号(GB)
锤锻模用钢	高韧性热作模具钢	低合金热作模具钢	低耐热模具钢	5CrMnMo、5CrNiMo、4CrMnSiMoV、5Cr2NiMoVSi
机锻模、热挤压模和热镦模用钢	高热强热作模具钢	中合金热作模具钢	中耐热模具钢	4Cr5MoSiV、4Cr5MoSiV1、4Cr5W2VSi、4Cr3Mo3SiV
	特高热强热作模具钢	高合金热作模具钢	高耐热模具钢	3Cr2W8V、3Cr3Mo3W2V、5Cr4Mo3SiMnVAl、5Cr4W5Mo2V

（续表）

按用途	按性能	按合金元素	按工作温度	钢号(GB)
压铸模用钢	高热强热作模具钢	中合金热作模具钢	中耐热模具钢	4Cr5MoSiV1、4Cr5W2VSi
		高合金热作模具钢	高耐热模具钢	3Cr2W8V、3Cr3Mo3W2V
热冲裁模用钢	高耐磨热作模具钢	低合金热作模具钢	低耐热模具钢	8Cr3

2. 低合金热作模具钢与热处理

这类钢主要有高的韧性、低的耐热性或高的耐磨性、低耐热性的特性。具有高的韧性、低耐热性的钢，它的含碳量通常在 $0.3\%\sim0.6\%$，为了提高淬透性和热强性，加入少量的合金元素铬、钼、钒、镍、锰、硅等，加入少量的铜或钨有助于清除高温回火脆性，主要有 5CrNiMo、5CrMnMo、4CrMnSiMoV、5Cr2NiMoVSi、5SiMnMoV 等牌号的钢。具有高的耐磨性和低耐热性的钢，它的含碳量在 0.8% 左右，属于高碳钢。含碳量高，是为了保证钢具有高的耐磨性，加入铬元素，提高钢的淬透性和耐热性，主要有 8Cr3 钢。低合金热作模具钢的化学成分见表 11-3。

表 11-3　低合金热作模具钢的化学成分(质量分数)　　　　　(%)

牌　号	C	Si	Mn	Cr	Mo	V	Ni	S	P
5CrMnMo	0.50～0.60	0.25～0.60	1.20～1.60	0.60～0.90	0.15～0.30			≤0.030	≤0.030
5CrNiMo	0.50～0.60	≤0.40	0.50～0.80	0.50～0.80	0.15～0.30		1.40～1.80	≤0.030	≤0.030
4CrMnSiMoV	0.35～0.45	0.80～1.10	0.80～1.10	1.30～1.50	0.40～0.60	0.20～0.40		≤0.030	≤0.030
5Cr2NiMoVSi	0.46～0.53	0.60～0.90	0.40～0.60	1.54～2.00	0.80～1.20	0.30～0.50	0.80～1.20	≤0.030	≤0.030
8Cr3	0.75～0.85	≤0.40	≤0.40	3.20～3.80				≤0.030	

1) 典型的低合金热作模具钢的特性及应用

(1) 5CrNiMo 钢和 5CrMnMo 钢。5CrNiMo 钢以良好的综合力学性能和良好的淬透性而著称。淬火后，经 500～600℃ 回火，硬度达 40～48 HRC，抗拉强度达 1 200～1 400 MPa，冲击韧度为 40～70 J/cm²，而且第二类回火脆性不敏感。该钢的不足之处是工作温度稍低，锻坯中易产生白点。因此该钢具有良好的韧性、强度和高的耐磨性，适合于制造形状复杂、冲击负荷大，要求高强度和韧性较高的中大型锤锻模。

5CrMnMo 钢是考虑我国资源情况，为节约镍而以锰代镍研制的，它具有与 5CrNiMo 钢相类似的性能,淬透性稍差。此外高温下工作时,耐热疲劳性稍差于 5CrNiMo 钢,此钢适用于制造要求具有较高强度和耐磨性,而韧性要求不高的各种中、小型锤锻模。要求韧性高时,采用电渣重熔钢。

(2) 4CrMnSiMoV 钢。它是 5CrMnSiMoV 钢的改进钢,降低含碳量 0.1%,其目的是在维持钢的强度的基础上,提高钢的韧性。此钢具有较高的强度、耐磨性和良好的冲击韧性,其高温性能、抗回火稳定性、热疲劳抗力均高于 5CrNiMo 钢,此钢适用于大、中型锻模,也适用于中、小型锻模,如连杆模、齿轮模等。

(3) 5Cr2NiMoVSi 钢。此钢简称为 5Cr2 钢,由于钢中合金元素的作用,钢的淬透性很好,钢在加热时奥氏体晶粒长大倾向小,热处理加热温度范围宽,钢的稳定性好,热疲劳性能和冲击韧性较好,适宜于制造大截面的热锻模具和大截面的压力机和锤锻模等热作模具。

(4) 8Cr3 钢。此钢是在碳素工具钢 T8 的基础上添加一定量的铬(3.20%~3.80%),由于铬元素的加入,使钢具有较好的淬透性和一定的室温、高温强度,而且形成细小、均匀分布的碳化物,该钢通常用于承受冲击载荷不大,工作温度在 500℃ 以下的热冲裁模、热切边模、热剪切用的成形模具。

8Cr3 钢锻后必须进行退火,退火工艺一般为加热 790~810℃,保温 2~3 h,出炉,空冷至700~720℃,等 3~4 h,炉冷至 600℃ 出炉空冷。退火后的硬度一般小于或等于 241HBS。

8Cr3 钢制热冲裁模的淬火温度为 820~840℃,淬火冷却在油中进行。为避免开裂及变形,在入油前可在空气中预冷至 780℃。在油中冷却到 150~200℃ 时出油,并立即进行回火。

模具的回火温度根据其工作硬度而定,8Cr3 钢经 480~520℃ 回火后,其硬度为 41~45 HRC。8Cr3 钢的回火温度不应低于 460℃,低于此温度回火韧性太低。

2) 低合金热作模具钢的热处理　低合金热作模具钢的最终热处理是淬火＋中(高)温回火。具体的淬火温度和回火温度的选择,视模具具有的尺寸、工作条件及失效形式而定。如果模具以脆断失效,则热处理工艺参数以提高钢的韧性为目标,如果模具以磨损或变形失效,则热处理要以提高材料的热强度和红硬性为目的。

3. 中合金热作模具钢及热处理

中合金热作模具钢特点是含碳量较低(0.3%~0.5%),含有较多的铬、钼、钒等碳化物形成元素,在较小截面时与 5CrNiMo 钢具有相近的韧性,而在工作温度 500~600℃ 时却具有更高的硬度、热强性和耐磨性,在许多热作模具上都广泛应用。主要有 4Cr5MoSiV 钢、4Cr5MoSiV1 钢、4Cr5W2VSi 钢、4Cr3Mo3SiV 钢。表 11-4 为中合金热作模具钢的化学成分。

表 11-4　中合金热作模具钢的化学成分(质量分数)　(%)

牌　号	C	Si	Mn	Cr	Mo	V	W	S	P
4Cr5MoSiV	0.33~0.43	0.80~1.20	0.20~0.50	4.70~5.50	1.10~1.60	0.30~0.60		≤0.030	≤0.030
4Cr5MoSiV1	0.32~0.42	0.80~1.20	0.20~0.50	4.70~5.50	1.10~1.75	0.80~1.20		≤0.030	≤0.030

（续表）

牌　号	C	Si	Mn	Cr	Mo	V	W	S	P
4Cr5W2VSi	0.32～0.42	0.80～1.20	≤0.40	4.50～5.50		0.60～1.00	1.60～2.40	≤0.030	≤0.030
4Cr3Mo3SiV	0.35～0.45	0.80～1.20	0.25～0.70	3.00～3.75	2.00～3.00	0.25～0.75		≤0.030	≤0.030

1）中合金热作模具钢的特性及应用

（1）4Cr5MoSiV 钢。该钢是一种空冷硬化的热作模具钢,钢在中温条件下具有很好的韧性,较好的热强度、热疲劳性能和一定的耐磨性,在较低的奥氏体化温度条件下空淬,热处理变形小,空淬时产生的氧化铁倾向小,而且可以抵抗熔融铝的冲蚀作用,该钢通常用于压铸铝的压铸模、热挤压模和穿孔用的工具或芯棒,也可以用于型腔复杂、产生冲击载荷较大的锤锻模、锻造压力机整体模具或镶块以及高耐磨塑料模等。此外由于该钢具有好的中温强度,也可用于制造飞机、火箭等在 400～500℃ 工作温度的结构件。

（2）4Cr5MoSiV1 钢。该钢是一种空冷硬化的热作模具钢,也是所有热作模具钢中最广泛使用的钢号之一。与 4Cr5MoSiV 钢相比,该钢具有很高的热强度和硬度,在中温下具有很好的韧性,热疲劳性能和一定的耐磨性。在较低的奥氏体化温度条件下空淬,热处理变形小,空淬时产生的氧化铁倾向小,而且可以抵抗熔融铝的冲蚀作用,该钢通常用于压铸铝的压铸模、热挤压模和穿孔用的工具或芯棒,锤锻模、锻造压力机模具、精锻机用的模具、镶块以及铝、铜及其合金的压铸模。

（3）4Cr5W2VSi 钢。该钢是一种空冷硬化的热作模具钢。在中温下具有较高的热强度、硬度,有较高的耐磨性、韧性和较好的热疲劳性能。采用电渣重熔,可以比较有效地提高该钢的横向性能。该钢用于制造热挤压用的模具和芯棒,铝、锌等轻金属的压铸模,热顶锻结构钢和耐热钢用的工具,以及成型某些零件用的高速锤模具。

（4）4Cr3Mo3SiV 钢。该钢具有较高的热强性、热疲劳性能,又有良好的耐磨性和抗回火稳定性等特点,该钢适宜制作热挤压模具的芯棒、挤压缸内套和垫块等。

2）中合金热作模具钢的热处理　当中合金热作模具钢用来制作热挤压模具时,其锻后的预备热处理通常有退火、调质、正火三种方法,根据不同的组织要求而定。最终热处理是淬火＋中温回火,选择淬火温度时主要考虑奥氏体晶粒的大小和冲击韧度的高低,其次是考虑模具的工作条件、结构形状、失效形式对性能的要求。回火温度选择的原则是:在不影响模具抗脆断能力的前提条件下,尽可能提高模具的硬度,这需要根据模具的具体失效形式确定回火参数。

当中合金热作模具钢用来制作压铸模时进行正常的淬火＋中温回火。

4. 高合金热作模具钢及热处理

高合金热作模具钢的含碳量不高,但合金元素含量高。这类钢有高的耐热性,极高的高温强度和高温硬度,可以在 600～700℃ 高温下工作,同时具有高的耐磨性,淬透性好,有强烈的二次硬化效果,好的回火抗力,较高的热疲劳性和断裂韧性。高合金热作模具钢的塑性、韧性和抗冷疲劳性低于中合金热作模具钢。这类钢主要有 3Cr2W8V 钢、3Cr3Mo3W2V 钢、5Cr4Mo3SiMnVAl 钢、5Cr4W5Mo2V 钢等。表 11－5 为高合金热作模具钢化学成分。

表 11-5　中合金热作模具钢的化学成分(质量分数)　　　　(%)

牌 号	C	Si	Mn	Cr	Mo	V	W	S	P	其 他
3Cr2W8V	0.30~0.40	≤0.40	≤0.40	2.20~2.70		0.20~0.50	7.50~9.00	≤0.030	≤0.030	
3Cr3Mo3W2V	0.32~0.42	0.60~0.90	≤0.65	2.80~3.30	2.50~3.00	0.80~1.20	1.20~1.80	≤0.030	≤0.030	
5Cr4Mo3SiMnVAl	0.47~0.57	0.80~1.10	0.80~1.10	3.80~4.30	2.80~3.40	0.80~1.20		≤0.030	≤0.030	Al 0.30~0.70
5Cr4W5Mo2V	0.40~0.50	≤0.40	≤0.40	3.40~4.40	1.50~2.10	0.70~1.10	4.50~5.30	≤0.030	≤0.030	

1) 高合金热作模具钢的特性及应用

(1) 3Cr2W8V 钢。该钢是我国长期以来应用最广泛的典型的压铸模用钢,也可用于其他热作模具钢。该钢的韧性和导热性较好,具有较高的热硬性和热强性。

3Cr2W8V 钢属于过共析钢,在机加工之前要进行锻造,反复镦粗与拔长以消除碳化物偏析,减少粗大碳化物。退火后组织为珠光体与碳化物,硬度为 207~255HBS。3Cr2W8V 钢常规淬火加热温度应采用 1 050~1 150℃。如果模具要求有较好的塑性和韧性,承受较大的冲击负荷时,应采用下限加热温度;对于压铸那些熔点较高的合金(如铜合金、镁合金)的压铸模,为了满足在较高温度下所需的热硬性和热稳定性,可在上限温度范围加热淬火。回火温度应根据性能要求和淬火温度来选择,回火次数为 2~3 次。由于该钢有明显的回火脆性,回火后应采用油冷,然后可再经 160~200℃ 补充回火。

由于 3Cr2W8V 钢在淬火加热中脱碳和变形倾向较小,目前钢厂生产量仍然较大,热处理设备及工艺比较稳定,耐热性较高,该钢广泛应用于压力机锻模、热挤压模、压铸模等方面。对于 3Cr2W8V 钢,提高使用寿命的关键是采用热处理新工艺提高其强韧性。目前采用高温淬火工艺、控制淬硬层淬火工艺、贝氏体等温淬火工艺等,这些工艺方法的实施,使用 3Cr2W8V 钢制造的模具的使用寿命延长好几倍。

(2) 3Cr3Mo3W2V(HM)钢。该钢是参照国外有关钢种结合我国资源条件研制的新型热作模具钢。此钢由于成分的特点,使钢具有优良的强韧性,在保持高强度和高的热稳定性的同时,还表现出良好的耐热疲劳性。试验结果和使用实践表明,这种钢的耐回火性、抗磨损性能均优于 3Cr2W8V 钢,热疲劳抗力比 3Cr2W8V 钢高得多。

(3) 5Cr4W5Mo2V(RM2)钢。该钢碳的质量分数为 0.5% 左右,所含合金元素总量为 12%,使用状态含碳化物较多,其中碳化物以 X_6C 型为主。因此,该钢具有较高的回火抗力及热稳定性,在硬度 50 HRC 时的热稳定性可达 700℃,抗磨损性能也好。适于制作小截面热挤压模、高速锻模及辊锻模。

2) 高合金热作模具钢的热处理　高合金热作模具钢的最终热处理仍然是淬火+中(高)温回火,其淬火工艺参数和回火工艺参数都根据模具的工作条件、结构形状、失效形式和对性能的要求来确定。

5. 几种新型的热作模具钢简介

1) 4Cr3Mo3W4VNb(GR)钢　该钢是在钨钼系热作模具钢中,加入少量铌而获得高回火抗力和高的热强性。其耐热疲劳抗力、热稳定性、耐磨性及高温强度明显高于3Cr2W8V 钢。

该钢经 1 160～1 200℃油淬,630～600℃回火两次,每次 1 h 的处理,其硬度可达 50～55 HRC,抗拉强度可达 1 880 MPa,冲击韧度为 17 J/cm²。该钢的淬透性、冷热加工性均好,适于制造热镦、精锻、高速锻等热锻模具。

2) 4Cr3Mo2NiVNbB(HDB)钢　随着无切削新工艺的发展,对模具钢的性能及模具使用寿命提出更高的要求。如果挤压黑色金属及铜等有色金属合金的热作模具,其工作温度可达 700℃左右,在这种条件下,国内广泛采用的 3Cr2W8V 钢及 4Cr5MoVSiNb(HD13)钢等,其耐磨性及热疲劳抗力已不能满足要求,HD(4Cr3Mo2NiVNb)经过改良为 HD2,使钢获得良好的室温和高温的力学性能,并具有良好的热稳定性及工艺性能,在 HD 的基础上添加B,提高淬透性、断裂韧性和热疲劳抗力模具的工作温度可达 700℃ 以上,使用寿命比3Cr2W8V 钢提高 2 倍以上。

3) 基体钢　基体钢中有多个钢种可以兼作冷作模具用钢和热作模具用钢,如6W8Cr4VTi(LM1)、6Cr5Mo3W2VSiTi(LM2) 和 6Cr4Mo3Ni2WV(CG－2)等,其中5Cr4Mo3SiMnVAl(012Al)钢较多地用于热挤压模具。由于这类钢具有较高的韧性和热稳定性、耐热疲劳性也很高,采用基体钢制造热挤压模和精锻模等,其使用寿命高于3Cr2W8V 钢。

(二) 硬质合金

由于硬质合金具有很高的热硬性和耐磨性,还有良好的热稳定性、抗氧化性和耐腐蚀性,因而可用于制造某些热作模具。钨钴类硬质合金(通常制成镶块)可用于热切边凹模、压铸模、工作温度较高的热挤压凸模或凹模等。例如气阀挺杆热镦挤模,原采用 3Cr2W8V 钢制作,热处理后的硬度为 49～52 HRC,使用寿命 5 000 次。后在模具工作部分采用 YG20 硬质合金镶块,模具寿命提高到 15 万次。应用于热作模具的还有奥氏体不锈钢、钢结硬质合金和高碳高铬合金钢钢结硬质合金等。

(三) 高温合金

高温合金的种类很多,有铁基、镍基、钴基合金等。其工作温度高达 650～1 000℃,可用来制造黄铜、钛及镍合金以及某些钢铁材料的热挤压模具。当模具本身的温度上升到 650℃以上的高温状态时,一般的热作模具钢都会软化而损坏,但这些高温合金仍能保持高的强度和硬度。A－286 合金经热处理后可被有效硬化,常用于热挤压黄铜的模具,其使用寿命可达铬系热作模具钢的 2 倍。常用镍基高温合金的工作温度可达 800～1 000℃,可用于挤压耐热钢零件或挤压钢管的凹模或芯棒等。钴基高温合金在 1 000℃以上可保持很高的强度和抗氧化能力。S－816 合金经固溶处理和时效后,具有比镍基高温合金更好的耐热疲劳抗力,故用于热挤压模具可获得较高的使用寿命。

(四) 难熔金属合金

通常将熔点在 1 700℃以上的金属称为难熔金属,其中如钨、钼、钽、铌的熔点在 2 600℃以上,其再结晶温度高于 1 000℃,可长时间在 1 000℃以上工作。在热作模具制造中应用的主要是钼基合金和钨基合金,其中 TZM 和 Anviloy 1150 两种合金尤其受到关注。TZM 合金的成分为:w_{Mo}＞99%、w_{Ti}＝0.5%、w_{Zr}＝0.08%、w_C＝0.03%。Anviloy 1150 合金的化学成分为：$w_W=95\%$、$w_{Ni}=3.5\%$、$w_{Nb}=1.5\%$。

这类材料的特点是熔点很高，高温强度较大，耐热性和耐蚀性好，有优良的导热、导电性能，膨胀系数小，耐热疲劳性好，不黏合熔融金属，塑性也比较好，便于加工成形。其缺点是在$500℃$以上易氧化，在再结晶温度以上将发生脆化，此外价格昂贵。它们主要用于制作在较高温度下的模具，如铜合金、钢铁材料的压铸模和钛合金、耐热钢的热挤压模等，可获得良好的使用效果。

（五）压铸模用铜合金

钢铁材料压铸时，高温金属液体（$1\,450\sim1\,580℃$）迅速压入模腔，模腔最高工作温度可达$1\,000℃$以上，形成瞬时很高的温度梯度。铜合金因导热性好，能将压铸件的热量很快散发出去，使模具的温升和内部的温度梯度大为降低，从而降低了模具的应变和应力，使其强度足以承受压铸时的压力，同时也减轻了热疲劳作用。此外，铜合金弹性模量低，热膨胀系数较小，不会发生相变，故所制作的模具在工作过程中性能及尺寸稳定。模具型腔可用精铸、压铸或冷挤压等多种工艺加工成形，制造周期短，成本低。

用于压铸模的铜合金有铍青铜合金、铬锆钒铜合金和铬锆镁铜合金。其中，铬锆钒铜合金的化学成分为：$w_{Cr}=0.5\%\sim0.8\%$，$w_{Zr}=0.2\%\sim0.5\%$，$w_V=0.2\%\sim0.6\%$，杂质的质量分数$\leq0.35\%$，其余为铜。铬锆镁铜合金的化学成分为：$w_{Cr}=0.25\%\sim0.6\%$，$w_{Zr}=0.11\%\sim0.25\%$，$w_{Mg}=0.03\%\sim0.1\%$，其余为铜。上述铜合金的热处理工艺为固溶处理与时效。用这些铜合金制作的用于钢铁件的压铸模，其使用寿命常常远高于各种热作模具钢。

（六）进口热作模具钢简介

目前在我国模具加工制造业中，有些模具是采用的进口模具钢加工制造的。表11-6～表11-10是国内市场销售的热作模具钢的牌号、性能及用途简单介绍。

表11-6　国内市场销售的美国热作模具的钢牌号、性能及用途介绍

牌　号	牌　号　简　介
H10	美国H系列热作模具钢的标准钢号（AISI/SAE，ASTM）。该钢具有较好的热强性和热疲劳性能，又有良好的耐磨性能，适合制作热挤压模。近似钢号：中国4Cr3Mo3SiV（GB）、德国1.2365（W-Nr.）、俄罗斯3Х3Мф（ГОСТ）等
H11	美国H系列热作模具钢。该钢在中温条件下具有良好的韧性、较好的热强性、较好的热疲劳性能和一定的耐磨性，适合制作铝合金压铸模、热挤压模等。近似钢号：中国4Cr5MoSiV（GB）、德国1.2343（W-Nr.）、法国X38CrMoV5（NF）、日本SKD6（JIS）等
H13	美国H系列热作模具钢，在我国广泛使用。该钢具有较高的硬度和较好的热强性，在中温条件下具有很好的韧性、热疲劳性能和一定的耐磨性。适宜制作热锻模、热挤压模以及非铁合金的压铸模等。近似钢号：中国4Cr5MoSiV1（GB）、德国1.2344（W-Nr./材料号）、法国X40CrMoV5（NF）、日本SKD61（JIS）、俄罗斯4Х5МфС（ГОСТ）等
H21	美国H系列热作模具钢，在我国广泛使用。该钢在高温下（$650℃$）具有较高的强度和硬度，但其韧性和塑性较差，常用于制作高温下高应力、高耐磨性的大型顶锻模、热压模、平锻机用热锻模。近似钢号：中国3Cr2W8V（GB）、德国1.2581（W-Nr.）、法国X30CrMoV9（NF）、日本SKD5（JIS）、瑞典2730（SS）等

表 11-7　国内市场销售日本热作模具钢的牌号、性能及用途介绍

牌号	牌号简介
DAC	通用热作模具钢,日本日立金属(株)的厂家牌号。相当于日本 SKD61(JIS)。属于用途广泛的热作模具钢。近似钢号:中国 4Cr5MoSiV1(GB)、美国 H13(AISI)等
DAC3	高韧性热作模具钢,日本日立金属(株)的厂家牌号,专利产品。该钢具有比 DAC 更好的韧性,适用于防止裂纹产生的高硬度挤压模、热冲压模等
DAC10	高强度热作模具,日本日立金属(株)的厂家牌号,专利产品。具有良好的耐磨性和抗热疲劳性能,适用于精密压铸模、热冲压模等
DAC40	铝挤压模具钢,日本日立金属(株)的厂家牌号,专利产品。该钢具有比 DAC 更好的高温强度,用于铝合金压模、热冲压模等
DAC45	铝合金压铸模用钢,日本日立金属(株)的厂家牌号,专利产品。用于要求高耐磨性的热冲压模,以及要求高耐蚀性的铝硅合金压铸模
DAC55	高强韧性热作模具钢,日本日立金属(株)的厂家牌号,专利产品。用于压铸模、热挤压模
DBC	热作模具钢,日本日立金属(株)的厂家牌号,相当于日本 SKD62(JIS)。通常用于热冲压模
DH21	铝压铸模用钢,日本大同特殊钢(株)的厂家牌号。出厂退火硬度≤229HBS,钢的抗热疲劳开裂性能好,模具使用寿命较高,主要用于铝合金压铸模
DH2F	易切削预硬化模具钢,日本大同特殊钢(株)的厂家牌号。属 SKD61 改良型。预硬化后硬度 37~41 HRC。钢的韧性良好,用于形状复杂、精密的热作模具,如铝、锌压铸模、铝材料挤压模,也用于塑料模具
DH31S	大型压铸模具钢,日本大同特殊钢(株)的厂家牌号。钢的淬透性好,抗热疲劳开裂性和抗热熔损性均良好。出厂退火硬度≤235HBS,用于铝、镁压铸模,铝材热挤压模,以及热剪切、热冲压模等
DH42	铜压铸模用钢,日本大同特殊钢(株)的厂家牌号。出厂退火硬度≤235HBS,用于铜合金压铸模和热挤压模
DHA1	通用热作模具钢,日本大同特殊钢(株)的厂家牌号。钢的淬透性高,抗高温回火软化性和抗热熔损性均良好,抗热疲劳性和耐高温冲击性能优良。该钢主要用于热锻模,热挤压模和铝、铜合金的压铸模。近似钢号:中国 4Cr5MoSiV1(GB)、德国 1.2344(W-Nr./材料号)、日本 SKD61(JIS)、美国 H13(AISI)等
DM	锤锻模用钢,日本日立金属(株)的厂家牌号,近似于日本 SKT4(JIS)。可预硬化处理,出厂退火硬度≤241HBS
DHC	高强度热作模具钢,日本日立金属(株)的厂家牌号。近似于日本 SKD5(JIS),常用于热冲压模具
MDC MDC-K	高强度热作模具钢,日本日立金属(株)的厂家牌号。MDC 钢近似于日本 SKD8(JIS)。MDC-K 钢为专利产品,是 MDC 的改良型,改善了韧性和高温强度
YXR3 YXR33	兼用于冷、热作模具钢的钼系高速钢,日本日立金属(株)的厂家牌号,专利产品。YXR33 具有比 YXR3 更优良的韧性
YDC	高强度热作模具钢,日本日立金属(株)的厂家牌号。近似于日本 SKD4(JIS)
YEM YEM-K	高强度热作模具钢,日本日立金属(株)的厂家牌号。YEM 钢相当于日本 SKD7(JIS),常用于热锻模。YEM-K 钢为专利产品,是 YEM 的改良型,提高了高温强度和韧性

表 11-8　国内市场销售德国热作模具钢的牌号、性能及用途介绍

牌　号	牌　号　简　介
GS-334EFS GS-344ESR	通用压铸模具钢,德国蒂森克鲁伯公司的厂家牌号。属于 H13 型。一般使用硬度 47～51 HRC。用于锌、铅、锌合金压铸模。GS-334ESR 为电渣重熔钢
GS-344HT	铝镁合金压铸模用钢,德国蒂森克鲁伯公司的厂家牌号。该钢具有较好的热稳定性,并有良好的韧性,一般使用硬度 45～49 HRC
GS-344M	铝镁合金压铸模用钢,德国蒂森克鲁伯公司的厂家牌号。是 H13 的改良型,可采用电渣重熔。钢中提高钼含量,具有更好的高温性能,一般使用硬度 46～52 HRC
GS-365	铜压铸模用钢,德国蒂森克鲁伯公司的厂家牌号。近似于美国 H10（AISI）,一般使用硬度 38～45 HRC
GS-714	锻造用模具钢,德国蒂森克鲁伯公司的厂家牌号。美国 6F3 的改良型,该钢具有良好的韧性和抗热冲击性能,一般使用硬度 38～52 HRC,用于锻造模具、热冲压模等
GS-885	铜压铸模用钢,德国蒂森克鲁伯公司的厂家牌号。美国 H10 的改良型,钢中增加 3% 的钴,比 GS-365 具有更好的高温性能,一般使用硬度 38～45 HRC
GS-999	高级锻造用模具钢,德国蒂森克鲁伯公司的厂家牌号。其特点是高钼含量、高耐磨性,模具使用寿命长,一般使用硬度 41～50 HRC
GSW-2344	通用压铸模用钢,德国德威公司的厂家牌号,属于 H13 类型。出厂退火硬度≤210HBS,用于铝、锌合金压铸模

表 11-9　国内市场销售瑞典热作模具钢的牌号、性能及用途介绍

牌　号	牌　号　简　介
8407	通用热作模具钢,瑞典 ASSAB（一胜百）商品牌号。用于锤锻模、挤压模、压铸模,也用于塑料模具。近似钢号:中国 4Cr5MoSiV1（GB）、美国 H13（AISI）等
QRO-90	热作模具钢,瑞典 ASSAB（一胜百）厂家牌号,为专利钢种。其特点是高温强度高,导热性好,抗热冲击和抗热疲劳。用于铝、铜合金压铸模及热挤压模、热锻模等

表 11-10　国内市场销售奥地利热作模具钢的牌号、性能及用途介绍

牌　号	牌　号　简　介
W300 ISODISC	热作模具钢,奥地利 Bohler（百禄）公司的厂家牌号。近似于美国 H10（AISI）。该钢采用真空电弧重熔,出厂退火硬度≤229HBS,用于铝、锌、镁合金压铸模,热冲压模等
W302 ISODISC	热作模具钢,奥地利 Bohler（百禄）公司的厂家牌号。近似于 H13 型。该钢具有良好的高温强度、耐磨性和抗热疲劳性能,出厂退火硬度≤235HBS,用于铝、锌合金压铸模,热冲压模等,也用于塑料模具
W303 ISODISC	热作模具钢,奥地利 Bohler（百禄）公司的厂家牌号。该钢具有良好的高温耐磨性能,出厂退火硬度≤229HBS,用于要求精密加工的压铸模、热挤压模等

（续表）

牌　号	牌　号　简　介
W321 ISODISC	热作模具钢,奥地利 Bohler(百禄)公司的厂家牌号。该钢为美国 H10（AISI）的改良型,钢中增加 2.8% 的钴,具有较好的高温性能,出厂退火硬度≤230HBS,用于铜合金压铸模、热冲压模,如手表壳冲模等

二、实践与研究

　　模具材料所呈现出来的性能,不仅与模具材料的成分有关,与模具材料的热处理工艺也有密切的关系。3Cr2W8V 钢是高合金热作模具钢,试分组讨论钢中合金元素的作用,钢所具有的性能,它可制作热挤压模和压铸模,当它制作这两种模具时,其热处理工艺有哪些不同？ 目的是什么？ 当热挤压的材料为铜合金时,其工作温度在 700℃以上,仍然用 3Cr2W8V 钢制作热挤压模吗？

三、拓展与提高

热作模具的复合热处理

　　为了使热作模具获得合理的性能和满意的使用寿命,一方面要重视热作模具材料的选择,另一方面还应重视模具热处理工艺的合理性和热处理新工艺的开发。下面简要介绍一些提高热作模具使用寿命的热处理新工艺——热作模具的复合热处理。

（一）复合强韧化处理（双重淬火法）

　　复合强韧化处理是将模具的锻热淬火与最终热处理淬火回火相结合的处理工艺,它是在模具毛坯停锻后用高温淬火及高温回火取代原来的球化退火（预备热处理）,所以又称双重淬火法。经此复合处理后,钢中碳化物细小而分布均匀,基本上消除了常规工艺难以消除的带状碳化物。例如,3Cr2W8V 钢经 1 200℃的锻热固溶淬火（可将终锻后的锻件立即返回锻造炉中加热,到温后油淬）后,可使以带状、网状、链状分布的各种合金碳化物充分溶入基体中,一次碳化物的大小可由 50~90 μm 降至 8~13 μm,碳化物级别不大于 2 级。经 720~730℃高温回火后,可获得高度弥散析出的合金碳化物及强韧性高的索氏体组织。最终热处理时可根据模具使用要求而采取常规淬火工艺或高温淬火。3Cr3Mo3W2V、5Cr4W5Mo2V 钢等皆可采用这种复合强韧化处理,对于克服模具早期断裂失效,改善耐热疲劳性等有明显的帮助,同时缩短了生产周期,节约了能源。

（二）复合等温处理

　　5CrNiMo、5CrMnMo 钢按常规淬火时,为了防止变形开裂,出油温度通常为 150~200℃,仅略低于钢的 Ms 点,此时工件的心部仍处于过冷奥氏体状态。在随后及时进行的回火过程中,这样的心部组织有可能转变为上贝氏体组织,使热锻模的韧性变差,使用寿命不高。针对这一问题,采用如图 11-1 所示的复合等温处理可取得明显效果。其方法是将工件先油淬至 150℃左右（或在 160~180℃的硝盐中分级淬火）之后,再转入 280~300℃的硝盐中等温 3~5 h 后空冷。这样处理后模具的表层组织为马氏体与下贝氏体,心部组织为下贝氏体。最后按所需硬度在规定的温度下回火。

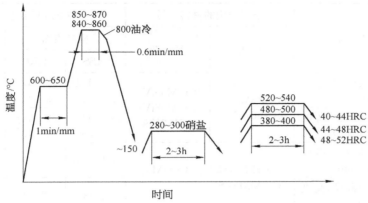

图 11-1 5CrNiMo、5CrMnMo 钢的复合等温处理工艺

任务三 热作模具的选材

热作模具的选材和冷作模具选材一样,在考虑模具的使用性能和工艺性能以及经济性的前提下,还要考虑模具的服役条件、失效形式等因素。本任务主要研究热作模具的选材和常选用的一些材料。

一、相关知识

(一) 热锻模选材

热锻模是在高温下通过冲击力或压力使炽热的金属坯料成形的模具,包括锤锻模、压力机锻模、热镦模、精锻模和高速锻模等。

锤锻模在工作中受到高温、高压、高冲击负荷的作用。模具型腔与高温坯料相接触产生强烈的摩擦,使模具本身温度高达 400~600℃,锻件取出后模腔还要用水、油或压缩空气进行冷却,如此受到反复加热和冷却,使模具表面产生较大的热应力。因此锤锻模易产生磨损和热疲劳断裂。锤锻模材料应具有较高的高温强度和韧性,良好的耐磨性和耐热疲劳性,由于锤锻模尺寸比较大,还要求锤锻模用钢具有高的淬透性。在选择锤锻模材料和确定其工作硬度时,主要根据锻模种类、锻模大小、锻模形状复杂程度、生产批量要求以及受力和受热等情况来决定。表 11-11 列出锤锻模材料选用的举例,以供参考。

表 11-11　锤锻模材料的选用举例及其硬度要求

锻模种类	工作条件	推荐选用的材料牌号		热处理后要求的硬度值			
		简　单	复　杂	模腔表面		燕尾部分	
				HBS	HRC	HBS	HRC
整体锻模或嵌镶模块	小型锻模(高度<275 mm)	5CrMnMo、5SiMnMoV	4Cr5MoSiV、4Cr5MoSiV1、4Cr5W2VSi	387~444[①]364~415[②]	42~47[①]39~44[②]	321~364	35~39
	中型锻模(高度275~325 mm)			364~415[①]340~387[②]	39~44[①]37~42[②]	302~340	32~37
	大型锻模(高度325~375 mm)	4CrMnSiMoV、5CrNiMo、5Cr2NiMoSi		321~364	35~39	286~321	30~35
	特大型锻模(高度375~500 mm)			302~340	32~37	269~321	28~35
嵌镶模块模体	特大型锻模(高度375~500 mm)	ZG50Cr 或 ZG40Cr				29~321	28~35
堆焊锻模	模体　特大型锻模(高度375~500 mm)	ZG45Mn2				269~321	28~35
	堆焊材料　特大型锻模(高度375~500 mm)	5Cr4Mo、5Cr2MnMo		302~340	32~37		

注：① 用于模腔浅而形状简单的锻模。
② 用于模腔深而形状复杂的锻模。

燕尾是锻模固定在锤头的部位,直接与锤头接触,其硬度不应高于锤头,燕尾的根部存在较大的应力集中,因而硬度也不宜太高。因此燕尾硬度应低于模具型腔硬度,对燕尾进行专门的回火。

燕尾可采用单独加热回火和自行回火的方法。单独加热回火是在保证模腔达到硬度要求后,再用专用电炉或用盐浴炉来对燕尾部分单独进行回火加热。自行回火方法是将淬火加热后的锻模整体淬入油中一段时间后把燕尾提出油面停留一段时间,依靠其本身的热量使温度回升,如此反复操作 3~5 次即可。

热镦模、精锻模和高速锻模的工作条件比一般锤锻模更恶劣,而与热挤压模相接近。工作时,受热温度更高,受热时间更长,工作负荷更大,所以这类热锻模用钢与热挤压模材料相同。表 11-12 为其他类型热锻模的材料选用举例,仅供参考。

表 11-12　其他类型热锻模的材料选用及硬度要求

锻模类型或零件名称		推荐选用材料牌号	可代用的材料牌号	要求的硬度	
				HB	HRC
摩擦压力机	凸模镶块	4Cr5MoSiV1、4Cr5W2VSi、3Cr2W8V、3Cr3Mo3W2V、3Cr3Mo3V	5CrMnMo、5CrNiMo、4CrMnSiMoV	390~490	
	凹模镶块			390~440	
	凸、凹模镶块模体	40Cr	45	349~390	
	整体凸、凹模	5CrMnMo、5SiMnMoV	8Cr3	369~422	

（续表）

锻模类型或零件名称		推荐选用材料牌号	可代用的材料牌号	要求的硬度	
				HB	HRC
摩擦压力机	上、下压紧圈	45	40、35	349～390	
	上、下垫板和顶杆	T7	T8	369～422	
热锻模压力机锻模	终锻模镗镶块	4Cr3Mo2NiVNb、 5CrNiMo、4CrMnSiMoV、4Cr5MoSiV、4Cr5W2VSi、3Cr3Mo3V	5CrMnMo、5SiMnMoV	368～415	
	顶锻模镗镶块			352～388	
	锻件顶杆	4Cr5MoSiV、4Cr5W2VSi、3Cr2W8V	GCr15	477～555	
	顶出板、顶杆	45	40Cr	368～415	
	垫板			444～415	
	镶块固紧零件	45、40Cr	40Cr	341～388 368～415	
精密锻造或高速锤锻模		4Cr4Mo2WVSi、 4Cr5MoSiV、4Cr5W2VSi、4Cr5MoSiV1、5Cr4W5Mo2V、4Cr3Mo2NiVNb	3Cr3Mo3V、5CrNiMo、4CrMnSiMoV		45～54
热矫正模		8Cr3	5CrMnMo、4CrMnSiMoV	368～415	
冷矫正模		Cr12MoV	T10A		56～60
整体热精压模		4Cr5W2VSi、3Cr2W8V	5CrMnMo		52～58

（二）热挤压模选材

热挤压模具所受的冲击载荷比热锻模小，对冲击韧度与淬火性的要求不及热锻模高，但它们工作时，与炽热金属接触的时间比热锻模长，工作温度最高可达 $800\sim850℃$，因反复加热冷却而引起的热疲劳损坏现象也更为严重。因此，要求挤压模具材料具有较高的耐热疲劳性和热稳定性，并且还要求具有较高的热强性。

选择热挤压模具材料时，主要应根据被挤压金属的种类及其挤压温度来决定，其次也应考虑到挤压比、挤压速度和润滑条件等因素，以提高模具的使用寿命。表 11-13 为热挤压模具材料的选用，以供选用材料时参考。

表 11-13 热挤压模具工作零件常选用材料

模具工作零件	挤压材料	推荐模具材料
凹模	轻金属及其合金	4Cr5MoSiV1、3Cr2W8V、4Cr3Mo3W2V、4Cr5MoSiV
	铜及其合金	3Cr2W18V、4Cr3Mo3W2V、5Mn15Cr8Ni5Mo3、5Cr4Mo2W2SiV、4Cr14Ni4W2Mo
冲头	轻金属及其合金、铜及其合金	5CrNiMo、4CrMnSiNiV、4CrMoSiV、4Cr5MoSiV1、3Cr2W8V

（续表）

模具工作零件	挤压材料	推荐模具材料
冲头头部	轻金属及其合金、铜及其合金、钢	4Cr5MoSiV1、3Cr2W8V、Cr14Ni25Co2V
管材挤压芯棒	轻金属及其合金、铜及其合金、钢	3Cr2W8V、4Cr3Mo3W2V
管材穿孔芯棒	轻金属及其合金、铜及其合金、钢	4Cr5MoSiV1、3Cr2W8V、4Cr3Mo3W2V

由于新型模具材料 RM2 钢、GR 钢、HM1 钢、012Al 钢、CG－2 钢等与 3Cr2W8V 钢相比，既有较高的硬度、强度，又有较高的韧性，所以用新型热模具钢代替 3Cr2W8V 制作轴承套圈挤压模具，其寿命大为提高。

（三）压铸模选材

压铸模用钢用于制造压力铸造和挤压铸造模具。根据被压铸材料的性质，压铸模可分为锌合金压铸模、铝合金压铸模、铜合金压铸模。根据压铸模使用条件和失效形式，压铸模的性能要求是较高的耐热性和良好的高温力学性能，优良的耐热疲劳性，高的导热性，良好的抗氧化性和耐蚀性，高的淬透性等。

目前常用的压铸金属材料主要有锌合金、铝或镁合金、铜合金和钢铁等四大类，它们的熔点、压铸温度、模具工作温度和硬度要求都各有不同。由于压铸金属的压铸温度愈高，压铸模的磨损和损坏就愈快，因此，在选择压铸模材料时，首先就要根据压铸金属的种类及其压铸温度的高低来决定，其次还要考虑生产批量大小和压铸件的形状、重量以及精度要求等。表 11－14 列出了压铸模成形部分零件的材料选用举例，可供选用时参考。

表 11－14　压铸模成形部分零件常选用的材料

工作条件	推荐材料的牌号		代用牌号	要求的硬度 HRC
	简单的	复杂的		
压铸铅或铅合金（压铸温度＜100℃）	45	40Cr	T8A、T10A	16～20
压铸锌合金（压铸温度 400～450℃）	4CrW2Si、5CrNiMo	3Cr2W8V、4Cr5MoSiV、4Cr5MoSiV1	4CrSi、30CrMnSi、5CrMnMo、Cr12、T10A	48～52
压铸铝合金或镁合金（压铸温度 650～700℃）	4CrW2Si、5CrW2Si、6CrW2Si	3Cr2W8V、4Cr5MoSiV、4Cr5MoSiV1、3Cr3Mo3W2V、4Cr5W2VSi	3Cr13、4Cr13	40～48
压铸铜合金（压铸温度 850～1 000℃）	3Cr2W8V、4Cr5MoSiV、4Cr5MoSiV1、3Cr3Mo3W2V、4Cr5W2VSi、3Cr3Mo3Co3V、YG30、TZM 钼合金、钨基粉末冶金材料			37～45
压铸钢铁材料（压铸温度 1 450～1 650℃）	3Cr2W8V（表面渗铝）、TZM 钼合金、钨基粉末冶金材料、铬锆钒铜合金、铬锆镁铜合金、钴铍铜合金			42～44

注：成形部分零件主要包括型腔（整体式或镶块式）、型芯、分流锥、浇口套、特殊要求的顶杆等。型腔、型芯的热处理，也可先调质到 30～35 HRC，试模后，进行氮碳共渗至大于等于 600HV。

（四）热冲裁模选材

热冲裁模主要有热切边模和热冲孔模等，根据热冲裁模的工作条件，热冲裁凹模的主要失效形式是磨损和崩刃，凸模的主要失效形式是断裂及磨损，为此热冲裁模应具有高的耐磨性、良好的强韧性以及加工工艺性能。推荐使用的钢种有 5CrNiMo、4Cr5MoSiV、4Cr5MoSiVl 和 8Cr3 等。其中 8Cr3 钢是使用较多的钢种。

在生产中，8Cr3 钢制凹模的硬度为 43～45 HRC。如被冲材料为耐热钢或高温合金，其硬度还应增高，但不宜超过 50 HRC。凸模的硬度在 35～45 HRC 之间。表 11 - 15 为热冲裁模具常选用的材料。

表 11 - 15　热冲裁模常选用的材料

模具类型及零件名称		推荐选用的材料牌号	可代用的材料牌号	要求的硬度	
				HBS	HRC
热切边模	凸模	8Cr3、4Cr5MoSiV、5Cr4W5Mo2V	5CrNiMo、　5CrMnMo、5CrMnSiMoV		35～40
	凹模				43～45
热冲孔模	凸模	8Cr3	3Cr2W8V、6CrW2Si	368～415	
	凹模	8Cr3		321～368	

二、实践与研究

根据表 11 - 16 热作模具的选材、热处理与使用寿命的关系。仔细分析，说明模具的选材和热处理与模具使用寿命之间的关系，在选材和热处理工艺设计时应注意什么？

表 11 - 16　热作模具的选材、强化处理与使用寿命的关系

模具	材料	原热处理工艺	失效方式与寿命	现热处理工艺	失效方式与寿命
热冲头	3Cr2W8V钢	1 050～1 100℃淬火，630℃回火两次，45～47 HRC	200～350件，软化变形和开裂	1 275℃加热，300～320℃等温淬火，46～48 HRC	1 500～2 200件，不再开裂
热挤压模具	3Cr2W8V钢	1 050℃淬火，620℃回火两次，45～48 HRC	1 200件，早期开裂	1 200℃淬火，680℃回火两次，40～45 HRC	3 300件，变形和疲劳
锤锻模	5CrMnMo钢	860～880℃淬火，燕尾油淬空冷，480℃回火，32～35 HRC	2 500件，燕尾开裂	880℃加热，450℃等温淬火，480℃回火	6 000～1 万件，燕尾不再开裂
精锻齿轮模具	4CrMoSiV钢	48 HRC	半轴：715～1 700件。行星：2 530～2 400件	半轴：改用 5Cr4W5Mo2V钢，1 140℃淬火，600～610℃回火两次，49 HRC。行星：改用 3Cr3Mo3W2V 钢，1 120℃淬火，550℃回火两次，48 HRC	1 449～3 427件，5 349～5 475件

三、拓展与提高

(一)锤锻模的材料与热处理工艺选用实例

1. 材料的选用

图 11-2 为锤锻模的上模示意图。该模具受力性质比较复杂,主要承受冲击力、压力和多项拉压应力,此外还承受反复的加热、冷却和激烈的摩擦作用。

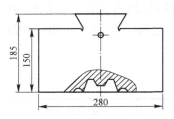

图 11-2　锤锻模的上模示意图

锤锻模通常由于型腔磨损严重,型腔模壁断裂,表面热疲劳龟裂和燕尾开裂而失效。为此,锤锻模不仅要具有高的强韧性,还需要有较高的高温强度、耐热疲劳和耐磨性能。锤锻模常用的材料主要有 5CrMnMo、5CrNiMo、5Cr4Mo、5CrMnSiMoV、3Cr2W8V、4Cr5MoVSi 等。因该模具高度不足 200 mm,属于小型锻模,且内腔也比较简单,所以可选用 5CrMnMo 钢制造。

2. 热处理工艺的制定

选用 5CrMnMo 钢制造锤锻模上模的工艺路线是:下料→锻造→等温退火→机械加工→淬火+回火→精加工或电加工→检验入库。

1)退火工艺　工件锻造后,通常采用等温退火工艺,主要目的是消除内应力,降低硬度,获得球粒状珠光体组织,为后面的淬火处理作组织准备。

等温退火工艺过程为:将锻件毛坯置于箱式炉内,随炉加热,为了防止升温过快造成应力过大,升温速度应≤30℃/h,加热至 750℃,保温 130 min,然后停电随炉冷却至 680℃,再保温约 4 h,再次停电随炉冷却至 500℃左右,出炉空冷。退火后硬度为 200～240 HBS。

2)淬火工艺　淬火加热可用箱式电阻炉。为了避免模具型腔面氧化脱碳,热锻模加热时应装盘保护,如图 11-3 所示。料盘用 5～6 mm 钢板焊成,保护剂由质量分数为 90% 的铸铁屑和 10% 木炭碎末混合物组成,在盘面上方用耐火泥或黄泥密封。预先将电阻炉升温到 650℃,并空炉保温 30 min,使炉内温度达到均匀,再将装箱后的热锻模装于电阻炉内,随炉升温到 850℃,保温 380 min,出炉在空气中预冷至 780℃,入油冷却(油温为 30～70℃),油冷时间按公式 $t = V/S$(min)计算(式中,V 为模具体积,mm^3;S 为模具外表面面积,mm^2),模具出油后表面温度应为 150～200℃,此时表面油渍只冒青烟而不着火,应尽快回火,不许空冷至室温再回火,否则易开裂。

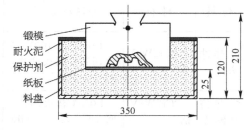

锻模
耐火泥
保护剂
纸板
料盘

图 11-3　热锻模装箱示意图

3)回火工艺　锤锻模的回火包括模腔和燕尾两个部分。由于燕尾的根部会引起应力集中,因而硬度不宜过高,通常燕尾的硬度应低于模腔的硬度。第一次回火是将淬火后的锤锻模按图 11-3 所示重新装箱,置于箱式炉中加热至 490℃,保温 150 min 后出炉空冷或油冷,注意不能冷到室温,冷到 200℃左右立即趁热装炉对燕尾进行第二次回火。第二次回火通常用专用电炉或盐浴炉对模具燕尾部分单独进行回火加热,同时采取适当的冷却措施防止模腔温度高于第一次回火温度,以确保模腔的硬度不降低。燕尾回火温度为 600℃,保温 50 min 后油冷至 150～200℃出油空冷。经两次回火后,模腔的硬度约为 45 HRC,燕尾的硬度约为 37 HRC。

(二)压铸模的材料与热处理工艺选用实例

1. 材料的选用

图 11-4 为压铸铝合金零件的压铸模示意图。当熔融的铝合金液被压进型腔时,型腔的表面温度可达 600℃左右。为了防止铝合金液粘附在型腔上和型腔温度过高,工作时必须对模具型腔频繁地涂抹防粘涂料,由此造成形腔表面温度的反复升降。铝合金零件压铸模的失效形式主要是粘模、侵蚀、热疲劳、磨损等。因此要求该模具材料的碳质量分数不能过高,以确保其良好的导热性和耐热疲劳性,同时须加入较多的铬、钨、钼、钒等合金元素,提高其回火稳定性、耐热疲劳和抗磨损等性能。铝合金制件压铸模常用的材料主要有 4CrW2Si、5CrW2Si、3Cr2W8V、3Cr3Mo3W2V、4Cr5MoSiV1、4Cr5W2VSi、3Cr13 等。因该模具厚度小于 100 mm,但型腔较复杂,故应选用 3Cr2W8V 钢制造。

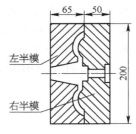

图 11-4 压铸模示意图

2. 热处理工艺的制定

选用 3Cr2W8V 钢制造压铸模的工艺路线是:下料→锻造→等温退火→机械加工→淬火＋高温回火→精加工→光整加工→离子硫氮共渗→检验入库。

1)等温退火工艺 将锻件安装于箱式炉中加热至 850℃,保温 150 min,随炉冷却至 730℃再保温 180 min,再随炉冷却至 500℃,然后出炉空冷至室温。等温退火后其硬度为 220～250 HBS。

2)淬火工艺 压铸模淬火采用盐浴炉加热。预先准备三个不同温度的盐浴炉,分别是 550℃的分级盐浴炉(盐浴的成分为:$\omega_{NaCl}=21\%$,$\omega_{BaCl_2}=31\%$,$\omega_{CaCl_2}=48\%$);850℃中温盐浴炉(盐浴的成分为:$\omega_{BaCl_2}=50\%$,$\omega_{KCl}=50\%$);1 130℃的高温盐浴炉(100%BaCl_2)。将工件扎好后,先置于 550℃的分级盐浴炉中预热 25 min,然后迅速转入 850℃的中温盐浴炉中再预热 18 min,随后转入 1 130℃的高温盐浴炉中保温 12 min,取出投入 550～600℃的分级盐浴炉中进行冷却,停留时间为 16 min,待内外温度一致后,取出放入预先加热到 260℃的硝盐中($\omega_{NaNO_3}=45\%$,$\omega_{KNO_3}=55\%$)继续冷却,停留时间为 20 min,取出空冷,淬火后硬度为 50～55 HRC。

3)回火工艺 将淬火后的工件置于箱式炉中进行两次高温回火,回火加热温度为 20℃,保温时间为 90 min,用油冷却。为了降低内应力,最后再安排一次低温回火,加热温度为 160～200℃,保温时间 1 h,回火后硬度为 44～46 HRC。

4)离子硫氮共渗工艺 经过精加工后的工件,采用离子氮化炉设备加热至 550℃,共渗剂体积分数之比为 φ_{SO_2}：$\varphi_{NH_3}=1:10$,真空度为 266.64～399.96 Pa,共渗时间 2 h,表层组织为 FeS、Fe_3O_4、$\varepsilon-Fe_2N_3$、$\gamma'-Fe_4N$ 及 α 相等,渗层硬度高于 1 000 HV。实践证明,3Cr2W8V 钢铝合金压铸模经离子硫氮共渗处理后,型腔的耐磨性和抗咬合性得到明显提高,模具寿命比未经共渗时提高 2～4 倍,产品的表面光亮度也有明显的提高。

思考与练习

1. 热作模具钢是怎么分类的?写出常用的热作模具钢材料的牌号。

2. 常用锤锻模用钢有哪些钢种? 试比较 5CrNiMo 和 5Cr2NiMoVSi 钢的性能特点、应用范围的区别。

3. 试简述低合金热作模具钢 8Cr3 的成分特点和热处理特点。

4. 有哪些基体钢可用于制作热作模具,其性能特点是什么?

5. 热挤压模的预先热处理方法有哪些,各用于什么场合?

6. 与其他热作模具相比,压铸模的工作条件、对材料的性能要求有什么不同?

7. 选择压铸模材料的主要依据有哪些?

8. 有哪些铜合金可以制造压铸模? 与热作模具钢相比有哪些优点?

9. 下列钢号是哪个国家的? 它可用我国什么牌号近似表示?

H10；H21；DHA1；8407。

项目十二　　塑料模具材料

 案例导入

　　某模具厂用 T10 钢制造胶木模,经 790℃淬火、160℃回火后硬度为 60~62 HRC。使用几天后发现棱角处出现裂纹。检查发现棱角处的硬度为 58~60 HRC。经 270~280℃补充回火一次,模具硬度为 55~57 HRC,将模具修磨后,继续使用一个月,压制工件超过万件,未发现异常现象。以上说明了 T10 钢胶木模的回火温度不应低于 250℃。因此,制造模具除正确选用材料外,还应采用合适的热处理工艺,才能提高模具的综合力学性能,延长使用寿命。

　　在模具工业中,除冷作模具和热作模具得到广泛的应用外,塑料制品现已广泛应用于手工农业生产、交通、通信、医疗卫生和人们的日常生活中。这些制品绝大多数需要用模具生产,因此,对塑料模具的性能要求越来越高,模具结构也日趋复杂,制造难度更大,生产周期更长,制造成本升高。本项目主要研究塑料模具钢及其热处理,并对塑料模具的零部件的选材作一些研究。

任务一　塑料模具的分类、工作条件、失效形式及性能要求

【学习目标】
　　1. 了解塑料模具的分类及服役条件。
　　2. 掌握塑料模具的失效形式和塑料模具材料应有的性能要求。
　　3. 具有根据塑料模具材料应有的性能要求解决实际问题的能力。

　　塑料模具的使用寿命与模具的服役条件及失效形式有着密切的关系。不同的工作条件,不同类型的模具,其失效形式各不相同,所以模具的性能要求也不同。本任务研究塑料模具的分类、服役条件、失效形式和塑料模具材料应有的性能要求。

一、相关知识

(一)塑料模具的分类

根据塑料件的原材料性能和成型方法,可把塑料模分为两大类。

1. 热固性塑料模

主要用于成型热固性塑料制品,即将粉末状热固性塑料加工成型。包括热固性塑料压缩模、热固性塑料传递模和热固性塑料注射模三种类型。其中压缩模应用最多,注射模应用较少。常用的热固性塑料有酚醛塑料(即胶木)、氨基聚酯、环氧树脂、聚邻苯二甲酸二烯丙酯(PDAP)、有机硅塑料等。

2. 热塑性塑料模

主要用于热塑性塑料制品的成型,包括热塑性塑料注射模、热塑性塑料挤出模和热塑性塑料吹塑成型模。其中注射模应用最多。这类模具是将黏流态的塑料加工成型。热塑性塑料主要有聚酰胺、聚甲醛、聚乙烯、聚丙烯、聚碳酸酯等。这些塑料可通过再次加热,再软化成型。

(二)塑料模具的服役条件

热固性塑料模具的工作温度一般在 $160 \sim 250℃$,模腔承受的单位压力大,一般为 $160 \sim 200 MPa$,工作中型腔面与流动粉料间发生摩擦,使型腔面易磨损,并承受一定的冲击负荷和腐蚀作用。该类模具压制各种胶木粉制作制件时,在原材料中加入一定量低的粉末填充剂,在热压状态下成型,所以热负荷、机械负荷都较大,而填充剂致使模腔磨损也严重。

热塑性塑料模具的工作温度一般在 $150℃$ 以下,承受的工作压力和磨损较热固性塑料模小,当成型聚氯乙烯、氟塑料及阻燃的 ABS 塑料制品时,会分解出 HCl、SO_2、HF 等腐蚀性气体,对模具型腔面产生较大的腐蚀。这类塑料模具在加热成型时一般不含固体填料,所以如型腔时射流润滑,对模腔磨损小。如果含有玻璃纤维填料,则大大加剧对流道和型腔面的磨损。

(三)塑料模具常见的失效形式

1)磨损、腐蚀失效 主要表现为模具表面拉毛,粗糙度变高而失去光泽。尤其是固态物料进入型腔时加剧磨损,HCl、HF 会使模面产生腐蚀磨损,当磨损超差时,将导致模具失效。

2)塑性变形失效 模具在持续受热、受压条件下工作,会产生塑性变形引起模具型腔表面起皱、凹陷、麻点、棱角堆塌等缺陷而造成失效。

3)断裂失效 塑料模多数形状复杂,存在许多凹槽、薄边等,这些部位易造成应力集中,当韧性不足时,就会导致开裂。合金工具钢回火不足时,存在较大内应力也会引起断裂失效。

(四)塑料模具材料的性能要求

塑料模具主要以磨损、腐蚀、变形和断裂的形式失效,塑料模具的材料应具有下列性能要求。

1. 对材料的使用性能的要求

1)较高的硬度、耐磨性和耐蚀性 对塑料模具材料这些性能要求主要取决于被加工塑料的性质和塑料制品所要求的表面质量。当被加工塑料中含有硬质填料时,对材料的硬度、耐磨性要求高；当塑料成型过程中有腐蚀性物质析出时，要求材料的耐蚀性好。一般来说，热固性塑料中多含固体填料，且其交联反应时，往往有化学气体等物质放出，这要求材料同时具有较高的耐磨、耐蚀性能。

当塑料制品需有很高的表面质量时，模具表面的轻度损伤就足以导致失效，需要对模具表面重新抛光才能继续使用。这就对模具材料的耐磨性提出很高的要求。

2）较高的强度、韧性和疲劳强度　对模具材料这些要求主要取决于模具的工作压力、工作频率、冲击负荷和模具本身的尺寸和复杂程度。

热固性塑料注射模的工作压力大（100～170 MPa），要求材料的强度高；移动式压缩模和压注模经常受到冲击、碰撞，要求材料有较高的韧性；尺寸较大、形状复杂的模具应力状态复杂且应力集中较大，要求材料具有综合好的性能；注射模的工作频率较高，要求材料有较高的疲劳强度。

3）一定热强度和热疲劳强度　当模具在较高的温度下工作时，保证模具不变形，在交变的热负荷作用下，保证模具不发生疲劳断裂。

2. 对材料的工艺性能的要求

塑料模具大多要求精度高、表面质量高，从而导致它的加工制造难度和费用较大，因而对材料工艺性能的要求非常突出。

1）良好的切削加工性　塑料模具型腔的几何形状大多比较复杂，型腔表面质量要求高，模具材料便于切削。尤其是不少塑料模具需要预硬化处理，即预先处理达到35～45 HRC的硬度要求，经机械加工后，不再进行热处理，以保证尺寸精度和表面粗糙度要求。这就要求材料在较高硬度的状态下仍具有良好的切削加工性。

2）良好的抛光性和光蚀刻性能　对于塑料制品表面要求呈镜面光泽时或要求表面有精细花纹、图案时，便要求模具材料具有良好的抛光性能和光蚀刻性能。良好的抛光性能和光蚀刻性能要求材料的冶金质量高，非金属夹杂物少，组织均匀细致，硬度较高而且均匀。

3）良好的热处理工艺性和表面处理工艺性　塑料模具的高精度，要求材料的热处理工艺简单，变形小。要求耐磨、耐蚀的模具，要求材料能采用表面处理工艺改善表面的相应性能，并且不会对整体性能带来不利影响。

4）其他加工性能　对采用冷挤压加工型腔的模具，要求材料退火后塑性好，变形抗力小；对大型复杂模具，要求材料具有良好的焊补性能，以便局部损伤能够方便地修复；对采用电加工成型的模具，要求材料的电加工硬化层薄，内应力小，电加工时不出现炸裂现象。

塑料模的加工制造费用较高，一般占总成本的75%左右，而材料费用和热处理费用各占10%左右。因而，比较重要的塑料模具，在保证使用性能的前提下，应优先选用工艺性能好的材料，而材料的价格因素居次要地位。

二、实践与研究

（1）参观塑料模具加工产品的过程，根据生产过程，讨论模具材料应具有的性能。仔细观察废旧模具出现的失效形式，讨论它的失效原因。

（2）根据模具工作条件分析表12-1模具的失效现象与产生原因（模具性能要求不足）。

表 12-1 塑料模具的失效形式和原因

模 具 失 效	产 生 原 因
模具在高温下工作产生变形	
模具表面龟裂现象	
模具内表面有很多坑和麻点	
模具成型件产生断裂	

三、拓展与提高

塑料模具零件分类

塑料模具的失效,实际上是组成塑料模具的零部件的失效,所以塑料模具的选材,也就是模具零部件的选材。这就要求对塑料模具的零部件在模具中的服役条件和作用有一定的认识。塑料模具的零件可分成两类,即工作零件和结构零件。

工作零件是指对塑料制品的几何形状、尺寸及其精度起决定作用的零件,所以也叫成形零件或零件的成形部分。如凹模、型芯、镶块、成形杆、成形环等。成形零件工作时直接与塑料熔体接触,要承受熔融塑料流的高压冲刷、脱模摩擦等,因此成形零件不仅要求正确的几何形状、较高的尺寸精度和较低的表面粗糙度值,而且还要求有合理的结构和较高的强度、刚度及较好的耐磨性。

结构零件主要包括模架、支承零部件和合模导向机构,对这部分零件主要起支承作用和导向作用,它们需要具有较高的强度、硬度和刚度,一定的塑性韧性。

制作成形零件的材料通常选用专用塑料模具钢,结构零件的材料通常选用一般的满足材料性能的机械用钢。

任务二 塑料模具材料与热处理

【学习目标】

1. 了解塑料模具钢的分类。
2. 掌握各种塑料模具钢的特性及应用。
3. 了解国内销售的进口塑料模具钢的性能和应用情况。
4. 了解塑料模具的选材原则及常选用的材料。
5. 具有辨别各种塑料模具材料的基本性能和用途的能力。

塑料模具钢是塑料模具材料中的主要部分,国内的塑料模具钢的发展很快,在国内市场上出现大量的进口塑料模具钢。本任务主要研究塑料模具钢的特性及热处理工艺以及应用,并对进口塑料模具的性能特点和用途作简单的介绍。

一、相关知识

（一）塑料模具钢的分类

塑料模具钢按钢材的特性和使用时的热处理状态进行分类可分成碳素塑料模具钢（也称为非合金塑料模具钢）、预硬化型塑料模具钢、渗碳型塑料模具钢、时效硬化型塑料模具钢、耐腐蚀型塑料模具钢、淬硬型塑料模具钢。塑料模具钢的类别和牌号见表12-2。

表12-2　塑料模具用钢分类

类　型	钢　种（牌号）
碳素塑料模具钢	SM45、SM55、SM50 等
预硬化型塑料模具钢	3Cr2Mo（P20）、3Cr2NiMo（P4410）、5CrNiMnMoVSCa、40Cr、42CrMo、8CrMn、4CrMnBSCa、Y55CrNiMnMoVS、Y20CrNi3MoAl1S、B20H、8Cr2S、40CrMnNiMo（718）等
渗碳型塑料模具钢	20Cr、12CrNi3A、SM1CrNi3、0Cr4NiMoV（LJ）、20CrMnTi、20CrMnMo
时效硬化型塑料模具钢	SM2CrNi3MoAl1S、25CrNi3MoAl、1Ni3MnCuAl（PMS）、18Ni9Co、06Ni16MoVTiAl、06Ni6CrMoVTiAl 等
耐腐蚀型塑料模具钢	2Cr13、4Cr13、0Cr16Ni4Cu3Nb（PCR）、1Cr18Ni9、SM4Cr13、SM3Cr17Mo、SM2Cr13、9Cr18、9Cr18Mo、1Cr17Ni2 等
淬硬型塑料模具钢	SM4Cr5MoSiV、SM4Cr5MoSiV1、SMCr12Mo1V1 等

除了上述钢种外，新型塑料模具钢已被开发使用，并有资料报道，用球墨铸铁经正火后制造塑料模型芯、型腔，其大大减少了模具成形的机械粗加工，且使用效果很好。

（二）塑料模具钢的成分、性能和热处理

1. 碳素塑料模具钢的特性和热处理

碳素塑料模具钢在钢号前加 SM 符号以区别于优质碳素结构钢，这类钢与优质碳素结构钢相比，钢中的 S、P 实际含量低，钢材的纯净度好，且碳含量的波动范围窄，力学性能更稳定，加工性能好。这类钢适宜于制造形状简单的小型塑料模或精度要求不高、使用寿命不需要很长的塑料模。常用的碳素塑料模具钢中典型的有 SM45、SM50、SM55 三种，其化学成分见表12-3。

表12-3　碳素塑料模具钢化学成分（质量分数）　　　　（%）

钢　号	C	Si	Mn	S	P
SM45	0.42～0.48				
SM50	0.47～0.53	0.17～0.37	0.50～0.80	≤0.030	≤0.030
SM55	0.52～0.58				

1）SM45 钢的特性和热处理　SM45 钢属优质碳素塑料模具钢，与普通优质 45 碳素结

构钢相比,钢中的 S、P 含量较低,钢材的纯净度高。其价格低廉、来源方便,切削加工性能好,但其淬透性差。制造较大尺寸模具时,一般用热轧、热锻的退火态或正火态,由于硬度低,耐磨性差,可以采用调质处理获得一定的硬度及强韧性。SM45 钢适于制造属于中、低档次的中、小型模具。

SM45 钢的预备热处理和最终热处理工艺规范见表 12 - 4。

表 12 - 4　SM45 钢的热处理工艺规范

项　目	退火	正火	高温回火(再结晶退火)	淬火	回火
加热温度/℃	820~840	830~880	680~720	820~860	500~650
冷　却	炉冷	空冷	空冷	水冷或油冷	空冷

2) SM50 钢的特性和热处理　SM50 钢属碳素塑料模具钢,其化学成分与高强中碳钢-50 钢接近,但钢的纯净度更高,碳含量的波动范围更窄,力学性能更稳定。该钢含碳量稍高,因此切削性能好,焊接性和冷变形加工性较低。经热处理后具有高的表面硬度、强度、耐磨性和一定韧性,一般在正火或调质处理后使用。SM50 钢适合制造形状简单的小型塑料模具或精度要求不高,使用寿命不需要很长的塑料模具。

SM50 的热处理工艺规范见表 12 - 5。

表 12 - 5　SM50 钢的热处理工艺规范

项　目	退火	正火	淬火	回火
加热温度/℃	810~830	820~870	820~850	随需要而定
冷　却	炉冷	空冷	水冷或油冷	空冷

3) SM55 钢的特性和热处理　SM55 钢属碳素塑料模具钢,其化学成分与高强中碳钢-55 钢接近,但钢的纯净度更高,碳含量的波动范围更窄,力学性能更稳定。该钢经热处理后具有高的表面硬度、强度、耐磨性和一定韧性,一般在正火或调质处理后使用。该钢切削性能中等,焊接性和冷变形加工性较低。SM55 钢适合制造形状简单的小型塑料模具或精度要求不高,使用寿命不需要很长的塑料模具。

SM55 钢的预备热处理和最终热处理工艺规范见表 12 - 6。

表 12 - 6　SM55 钢的热处理工艺规范

项　目	退火	正火	高温回火(再结晶退火)	淬火	回火
加热温度/℃	770~810	810~860	680~720	790~830,水冷 820~850,油冷	400~650
冷　却	炉冷	空冷	空冷		空冷

2. 预硬化塑料模具钢特性和热处理

预硬化型钢就是供应时已预先进行了热处理(淬火、回火),并使之达到模具使用态硬度,该类钢含碳量一般在 0.3%~0.5% 之间,含有一定量的 Cr、Ni、Mo、V 等元素。这类钢的特点是在硬度 30~40 HRC 的状态下可以直接进行成形车削、铣削、钻孔、雕刻、精锉等项加工,精加工后可直接交付使用,这就完全避免了热处理变形的影响,从而保证了模具的制造精度。如需进一步提高模具表面硬度,可施行火焰淬火或渗氮处理等。

广泛采用的预硬化型塑料模具专用钢有 P20 系列钢 SM3Cr2Mo、SM3Cr2NiMnMo,其中 SM3Cr2Mo 钢源于美国的塑料模具钢 P20,所以习惯上称为 P20,为弥补 P20 类型钢的不足,在此基础上添加 Ni 元素,或提高 Mo、Mn 等元素的含量,并改进冶炼加工,与 P20 一起称为 P20 系列钢。

塑料模具成型的切削加工量大,其切削加工性能显得十分重要,因此,为了改善预硬化钢的切削加工性能,在保证原有性能的前提下,加入易切削元素及变质剂,如 S、Ca、Re 等来改善钢的切削性能,成为易切削预硬型塑料模具钢。

通过添加 S 元素,虽在低、中速切削条件下具有良好的切削性能,但由于 MnS 在热变形时会沿变形方向伸长,增加钢的各向异性,显著降低钢的横向塑、韧性;而采用 S-Ca 复合系和喷射冶金技术,能够大大改善 MnS 的形态和分布,从而改善钢的各向异性。易切削预硬型塑料模具钢较多,典型的牌号有 5CrNiMnMoVSCa（5NiSCa）、Y55CrNiMnMoVS（SM1）、8Cr2MnWMoVS（8Cr2S）钢。这类钢与常见的预硬型塑料模具钢相比,其含碳量相应提高,并加入一定量易切削元素 S 或 S-Ca,预硬化后硬度虽高达 35～45 HRC,但仍能直接切削加工制模,且有高的耐磨性。在较好的硫化物形态与分布时,并不会影响钢的镜面抛光性。往往用于制造大、中型塑料模。几种典型的预硬化塑料模具钢的成分见表 12-7。

表 12-7　预硬化塑料模具钢的化学成分(质量分数)　(%)

牌　号	C	Si	Mn	Cr	Mo	V	S	P	其他
3Cr2Mo	0.28～0.40	0.20～0.80	0.60～1.00	1.40～2.00	0.30～0.55		≤0.030	≤0.030	
3Cr2NiMnMo	0.32～0.40	0.20～0.80	1.10～1.50	1.70～2.00	0.25～0.40		≤0.030	≤0.030	
5CrNiMnMoVSCa	0.50～0.60		0.80～1.20	0.80～1.20	0.30～0.60	0.15～0.30	0.06～0.15		
40Cr	0.37～0.45	0.17～0.37	0.50～0.80	0.80～1.10			≤0.030	≤0.030	Cu≤0.30 Ni≤0.25
42CrMo	0.38～0.45	0.17～0.37	0.50～0.80	0.90～1.20	0.15～0.25		≤0.030	≤0.030	Ni≤0.30
8Cr2MnWMoVS	0.75～0.85	≤0.40	1.30～1.70	2.30～2.60	0.50～0.80	0.10～0.25	0.06～0.15		W 0.70～1.10
Y55CrNiMnMoVS	0.55	0.30	1.00	1.00	0.40	0.20	0.12		Ni 1.30

1) 3Cr2Mo(P20)钢的特性与热处理　3Cr2Mo 钢是国际上较广泛应用的预硬型塑料模具钢,其综合力学性能好,淬透性高,可以使较大截面的钢材获得均匀的硬度,并具有很好的抛光性能,表面粗糙度低,用该钢制造模具时,一般先进行调质处理,硬度为 28～35 HRC(即预硬化),在经冷加工制造成模具后,可直接使用。这样既保证模具的使用性能,又避免热处理引起模具的变形。因此该钢宜于制造尺寸较大、形状复杂、对尺寸精度与表面粗糙度要求较高的塑料模具和低熔点合金压铸模。

3Cr2Mo 钢的预先热处理可进行等温退火、高温回火,最终热处理可进行淬火、回火。

等温退火:加热温度为 840～860℃,保温 2 h;等温温度 710～730℃,保温 4 h,炉冷至 500℃以下出炉空冷,硬度≤229HBS。

高温回火:加热温度为 720～740℃,保温 2 h,炉冷至 500℃以下出炉空冷。

淬火:淬火加热温度为 850～880℃,油冷。

回火:回火温度 580～640℃,保温后空冷。

2) 3Cr2NiMnMo(718)钢的特性与热处理 3Cr2NiMnMo 钢,在国内市场上又称 3Cr2NiMo 钢,简称 P20＋Ni,不是我国研制的钢号,而是国内市场上流行的,国际广泛应用 的塑料模具钢。其综合力学性能好,淬透性高,可以使较大截面的钢材获得均匀的硬度,并 具有很好的抛光性能,表面粗糙度低,用该钢制造模具时,一般先进行调质处理,硬度为 28～ 35 HRC(即预硬化),再经冷加工制造成模具后,可直接使用。这既保证大型或特大型模具的 使用性能,又避免热处理引起模具的变形。该钢适宜制造特大型、大型塑料模具、精密塑料 模具,也可用于制造低熔点合金压铸模。

3Cr2NiMnMo 钢的预先热处理可进行等温退火、高温回火,最终热处理可进行淬火、回火。

等温退火:加热温度为 840～860℃,保温 2 h;等温温度 690～710℃,保温 4 h,炉冷至 500℃以下出炉空冷。

高温回火:加热温度为 690～710℃,保温 2 h,炉冷至 500℃以下出炉空冷。

淬火:淬火加热温度为 830～870℃,油冷或空冷。

回火:回火温度 550～650℃,保温后空冷。

3) 5CrNiMnMoVSCa 钢的特性与热处理 5CrNiMnMoVSCa(5NiSCa)钢通过添加 S－Ca 复合易切削元素,并采用喷射冶金技术,改善了硫化物的形态、分布,因而进一步改善 钢的各向异性。该钢有较高的淬透性、高韧度,预硬态(42 HRC)仍具有好的切削加工性,而 且具有良好的抛光性和焊补性,有良好的渗氮和渗硼性能。适用于型腔复杂的塑料注射模、 压缩模或变形要求极小的大型塑料成型模,也可用来制造透明塑料模。另外,该钢也可以渗 氮或镀 Cr、Ni 进一步提高表面硬度和抗蚀性。

5CrNiMnMoVSCa(5NiSCa)钢的热处理:

预先热处理。等温退火,加热温度 760～780℃,保温 2 h,等温温度 670～690℃,保温6～ 8 h。炉冷到 530℃出炉空冷,硬度为 217～220HBS。

最终热处理。淬火,加热温度 860～880℃,保温,油冷。回火,加热温度 550～650℃,空冷。

4) 40Cr 钢的特性与热处理 40Cr 钢是机械制造业用的较为广泛的钢种,调质处理后具 有良好的综合力学性能,良好低温冲击韧度和低的缺口敏感性。钢的淬透性良好,这种钢除 调质处理外,还适用于渗氮和高频淬火处理,切削加工性能好,该钢适合制造中等塑料模具。

40Cr 钢的热处理工艺规范见表 12－8。

表 12－8 40Cr 钢的热处理工艺规范

项　目	退火	正火	高温回火	淬火	回火	氰化	回火
加热温度/℃	825～845	850～880	680～700	830～860	400～650	830～850	140～200
冷　却	炉冷	空冷	空冷	油冷	油冷或水冷	油淬	空冷
硬度(HB)	≤207	≤250	≤207			按需要	HRC≥48

5）42CrMo 钢的特性与热处理　　42CrMo 钢属于超高强度钢,具有高强度和韧性,淬透性好,无明显的回火脆性。调质处理后有较高的疲劳极限和抗多次冲击的能力,低温冲击韧性好。该钢适宜制作要求具有一定的强度和韧性的大、中型塑料模。42CrMo 钢的热处理工艺规范见表 12-9。

表 12-9　42CrMo 钢的热处理工艺规范

项　目	正火	高温回火	淬火	淬火	回火	感应淬火	回火
加热温度/℃	850～900	680～700	820～840	840～880	450～670	900	150～180
冷　却	空冷	空冷	水冷	油冷	油冷或空冷	乳化液	空冷
硬度(HB)		≤217				HRC≥53	HRC≥50

6）8Cr2MnWMoVS 钢的特性与热处理　　8Cr2MnWMoVS 钢是塑料模具和冷作模具兼用的易切削预硬化型新型钢种,其成分设计采用了高碳少量多元合金化原则,以硫作为易切削元素。其特点是钢中含碳量高,主要是为了使淬火后钢的基体中具有一定的碳,并保留一定量细小而弥散的残留碳化物,既可抑制淬火加热时奥氏体晶粒的长大,又同时保证模具具有一定的耐磨性。钢中加入 Cr、W、Mo、V 能够提高淬透性,细化奥氏体晶粒,并形成合金化合物,从而提高钢的耐磨性。由于预硬态硬度高(40～42 HRC),耐磨性好,更适于制造硬质塑料模具,不足之处是抗腐蚀性稍差。该钢常用于制造塑料模具的成形零件、冷冲裁模具的工作零件。该钢的热处理工艺规范见表 12-10。

表 12-10　8Cr2MnWMoVS 钢的热处理工艺规范

项　目	等温退火	等温退火	预硬淬火	回火	淬火	回火
加热温度/℃	790～810(4～6 h)	790～810(2 h)	860～880	620	860～900	550～650
冷　却	炉冷(550℃)/空冷	炉冷(700～720℃)/空冷	空冷或油冷	空冷	油冷或空冷	空冷
硬　度(HB)	240	207～229	62～63 HRC	44～46 HRC	62～64 HRC	40～48 HRC

7）Y55CrNiMnMoVS(SM1)钢的特性与应用　　Y55CrNiMnMoVS 钢为预硬化型易切削塑料模具钢,其特点是预硬状态下交货,预硬硬度为 35～40 HRC,在此硬度下仍具有较好的切削加工性,模具切削加工后不再进行热处理而直接使用,该钢具有低粗糙度、高的淬透性、较好的耐蚀性能等优点,用于制作大型镜面塑料模及模架、精密塑料橡胶模等。

3. 渗碳型的塑料模具钢的特性与热处理

渗碳型塑料模具钢的含碳量都在 0.1%～0.25% 范围内,退火后硬度较低,具有良好切削加工性能,切削加工后的模具进行渗碳处理后再进行淬火、低温回火,不仅具有较高的强度、较好的塑性韧性,而且模具的表面具有高硬度、高耐磨性和良好的抛光性能。该类钢主要制作要求耐磨性良好的塑料模具。其中碳钢用于型腔简单、生产批量较小的小型模具;合金钢用于型腔较为复杂、承受载荷较高的大、中型模具。

用作塑料模具的渗碳钢有 SM1CrNi3 钢、20Cr 钢、12CrNi3A 钢、20Cr2Ni4 钢、20CrMnTi 钢、20CrMnMo 钢、0Cr4NiMoV（LJ）钢等。典型的 20Cr 钢、12CrNi3A 钢、

SM1CrNi3 钢、0Cr4NiMoV (LJ)钢的化学成分见表 12-11。

表 12-11　渗碳型塑料模具钢的化学成分(质量分数)　　　　　　　　(%)

牌　号	C	Si	Mn	Cr	Ni	Mo	V	S	P
20Cr	0.18~0.24	0.17~0.37	0.50~0.80	0.70~1.00				≤0.030	≤0.030
12CrNi3A	0.10~0.17	0.17~0.37	0.30~0.60	0.60~0.90	2.75~3.25			≤0.030	≤0.030
SM1CrNi3	0.05~0.15	0.10~0.3	0.35~0.75	1.25~1.75	3.25~3.75			≤0.030	≤0.030
0Cr4NiMoV (LJ)	≤0.08	≤0.20	≤0.30	3.5	0.50	0.40	0.12	≤0.030	≤0.030

1) 20Cr 钢的特性与热处理　20Cr 钢比相同含碳量的碳素钢的强度和淬透性都明显提高,油淬到半马氏体硬度的淬透性为 $\phi20~23$。这种钢淬火、低温回火后有良好的力学性能,低温冲击韧性好,回火脆性不明显。渗碳时钢的晶粒有长大的倾向,所以要求二次淬火以提高心部的韧性,不宜降温淬火。该钢适用于中、小型塑料模具,为了提高型腔内的硬度和耐磨性,模成形后需对其进行渗碳处理,然后再进行淬火后低温回火,从而保证模具表面具有高硬度、高耐磨性,而心部具有良好的韧性。对寿命要求不高的模具可直接进行调质处理。

20Cr 钢的热处理工艺规范见表 12-12。

表 12-12　20Cr 钢的热处理工艺规范

项　目	退火	正火	高温回火	淬火	回火	渗碳
加热温度/℃	650~680	870~900	700~720	860~880	240~330	890~910
冷　却	炉冷	空冷	空冷	油冷或空冷	油冷或空冷	
硬度 HB	≤170	≤270	≤179		≤250	

项　目	一次淬火	二次淬火	回火	渗碳	淬火	回火
加热温度/℃	860~890	780~820	170~190	890~910	根据需求感应加热	150~170
冷　却	油冷或水冷	油冷或水冷	油冷或空冷			空冷
硬度 HB			58~62 HRC			58~65 HRC

2) 12CrNi3A 钢的特性和热处理　12CrNi3A 钢属于合金渗碳钢,含碳量较低,加入镍、铬合金元素,以提高钢的淬透性和渗碳层的强韧性,尤其是镍,在产生固溶强化的同时,明显增加钢的塑、韧性。与其他冷成形塑料模具钢相比,该钢的冷成形性属于中等。另外它在退火后硬度低、塑性好,既可以采用切削加工的方法制造模具,也可以采用冷挤压成形的方法制造模具。

12CrNi3A 钢的热处理:

预先热处理。退火工艺,670～680℃加热,炉冷,退火后的硬度＜229HBS。正火工艺,880～940℃加热,空冷。

最终热处理。渗碳及淬火、回火工艺,加热温度为900～920℃。淬火①,加热温度为860℃,油冷;淬火②,加热温度为760～810℃,油冷。回火温度为160～180℃,表面硬度为58～62 HRC。

3)SM1CrNi3 钢的特性和热处理　在淬火和低温回火或高温回火后都有良好的综合力学性能,钢的低温韧度好,缺口敏感度小,切削加工性能好。此外钢的碳含量比12CrNi3A 钢低,退火后硬度低,抗冷塑性变形能力低,有利于采用冷挤压成形制造模具。

SM1CrNi3 钢的热处理:

预先热处理。退火工艺,加热 670～680℃,炉冷,退火硬度≤229HBS。正火工艺,加热温度880～940℃,空冷。淬火工艺,加热温度860℃,油冷。回火工艺,200～600℃,按需要制定。

最终热处理。渗碳工艺,加热 900～920℃,渗碳时间按渗层厚度要求而定。渗后淬火,加热温度860℃,油冷,或加热温度760～810℃,油冷,硬度≥60 HRC。

4)0Cr4NiMoV(LJ)钢的特性和热处理　LJ 钢冷成形性与工业纯铁相近,该钢冷挤压成型后进行渗碳、淬火、回火,使模具表面获得高硬度和高耐磨性,而心部具有较好塑性和韧性,用于制作高精度、高镜面、型腔复杂的塑料模具。LJ 钢主要用来替代10、20 钢及工业纯铁等冷挤压成形的精密塑料模。由于渗碳淬硬层较深,基体硬度高,不会出现型腔表面塌陷和内壁咬伤现象,使用效果良好。

LJ 钢的热处理:退火工艺,加热 880℃,保温 2 h,随炉缓冷至(冷速约 40℃/h)650℃后出炉空冷,退火硬度 100～105HBS,可顺利地进行冷挤压成形。

固体渗碳工艺:930℃加热 6～8 h,渗后在 850～870℃油淬,再进行 200～220℃的低温回火 2 h,热处理后表面硬度 58～60 HRC,心部硬度为 27～29 HRC,热处理变形微小。LJ 钢渗碳速度快,渗层深度比 20 钢深 1 倍。

4. 时效硬化型塑料模具钢的特性和热处理

时效硬化钢是指含碳量低、合金度较高的钢,经高温淬火(固溶处理)后,钢处于软化状态,其组织为单一的过饱和固溶体。将此固溶体进行时效处理,即加热到某一较低温度并保温一段时间后,固溶体中就会析出细小弥散的金属化合物,从而造成钢的强化和硬化。该钢能够避免或减少模具零件热处理变形和提高模具零件的精度保持性,适用于制造形状复杂、高精度、长寿命的塑料模具零件。

该钢制造的模具零件在固溶处理后变软,便于切削加工,然后再时效硬化,获得所需要的综合力学性能。值得注意的是如固溶处理硬度降得很低时,也可采用冷挤压成型法来制作复杂型腔的模具。此类钢往往采用真空冶炼或电渣重熔,钢的纯净度高,所以镜面抛光性能和光蚀性能良好。

时效硬化型塑料模具钢有马氏体时效硬化型和析出硬化型两大类。该钢牌号有SM2CrNi3MoAl1S 钢、25CrNi3MoAl 钢、1Ni3MnCuAl(PMS)钢、18Ni9Co 钢、06Ni16MoVTiAl钢、06Ni6CrMoVTiAl 钢。其中典型的 SM2CrNi3MoAl1S 钢、25CrNi3MoAl 钢、1Ni3MnCuAl(PMS)钢的成分见表 12-13。

表 12-13　时效硬化型塑料模具钢典型钢种的化学成分(质量分数)　　　　(%)

牌　号	C	Si	Mn	Cr	Ni	Mo	Al	S	P	其　他
SM2CrNi3Mo Al1S	0.20~0.30	0.20~0.50	0.50~0.80	1.20~1.80	3.00~4.00	0.20~0.40	1.00~1.60	≤0.030	≤0.030	
25CrNi3MoAl	0.20~0.30	0.20~0.50	0.50~0.80	1.30~1.80	2.50~3.00	0.20~0.40	1.00~1.60	≤0.010	≤0.030	
1Ni3MnCuAl (PMS)	0.06~0.20	≤0.35	1.40~1.70		2.8~3.40	0.20~0.50	0.70~1.20	≤0.030	≤0.030	
06Ni16MoVTi Al	≤0.06	≤0.50	≤0.50	1.30~1.60	5.00~6.50	0.90~1.20	0.15	≤0.030	≤0.030	Ti 1.0, V 0.08~0.16

1) SM1Ni3Mn2CuAlMo (PMS)钢的特性和热处理　SM1Ni3Mn2CuAlMo (PMS)钢属低合金析出硬化钢,一般先电炉冶炼再经电渣重熔后,钢质纯净。该钢热处理后具有综合好的力学性能,淬透性好,热处理工艺简便,热处理变形小,镜面加工性能好,并有好的氮化性能,电加工性能和焊补性以及图案蚀刻性好。锻造空冷后不需退火,即可进行机械加工。适宜于制造高镜面的塑料模具和高外观质量家用电器塑料模具。

SM1Ni3Mn2CuAlMo (PMS)钢预先热处理为退火,加热温度为 750~770℃,保温 2~4 h,炉冷到 600℃出炉空冷。最终热处理为固溶处理后时效处理,它们的工艺参数由模具的需要的性能决定。

2) 25CrNi3MoAl 钢的特性和热处理　25CrNi3MoAl 钢是时效硬化型塑料模具钢,该钢经过固溶处理后得到板条马氏体组织,硬度可达 48~50 HRC,再在 650~680℃范围内回火,由于马氏体中析出碳化物,降低硬度,材料就可以进行切削加工而支持模具最后再进行时效处理,由于钢在时效时发生 NiAl 的脱溶,而得到强化,从而保证模具的性能。该钢适宜制造复杂、紧密的塑料模具。

25CrNi3MoAl 钢的热处理是固溶处理后回火,再进行时效处理。

3) SM2CrNi3MoAl1S 钢的特性和热处理　SM2CrNi3MoAl1S 钢和 25CrNi3MoAl 钢的化学成分基本相同,该钢是析出硬化型塑料模具钢。SM2CrNi3MoAl1S 钢是我国研制的时效硬化型易切削塑料模具钢,时效时通过析出硬化相 Ni_3Al 而硬化,性能比 1Ni3MnCuAl (PMS)钢和 25CrNi3MoAl 钢好,供应时硬度 38~42 HRC。该钢还具有一定的耐蚀性和良好的抛光性,可达镜面程度。由于含有较高的 Al、Cr、Mo 等合金元素,该钢渗氮、氮碳共渗、氧氮化等均能获得良好的效果,由于 S、Mn 的配比适当,可加工性也优于 PMS。该钢适用于照相机等光学制品以及玩具、文具、线路板等塑料件模具的成形零件。

SM2CrNi3MoAl1S 钢的热处理是 900℃固溶,520℃时效。

4) 06Ni16MoVTiAl 钢的特性和热处理　06Ni16MoVTiAl 钢属于低镍马氏体时效钢,价格比 18Ni 类马氏体时效硬化钢低得多。06Ni6CrMoVTiAl 钢的突出优点是热处理变形小,时效处理后的变形量仅为 0.02%~0.05%,并且纵、横方向变形量相近,这是高碳钢和易切削钢所不及的。固溶处理后硬度为 25~28 HRC。在此硬度时的切削性能和抛光性能都很好。经过机械加工成形及钳工修理和抛光后进行时效处理,时效后的硬度为 43~48 HRC,变形在 0.05%之内,此时具有良好的综合力学性能和一定的耐蚀性能,并且可以渗氮、镀铬。

用此种钢制造模具,容易机械加工,热处理工艺简单,操作方便,模具使用寿命长。在机械加工前,必须经固溶处理,以降低硬度,便于加工。机械加工成型后,再进行时效处理,以达到所要求的使用性能。固溶处理时,采用不同的冷却方式对固溶处理和时效处理后的硬度有影响。固溶处理时冷却速度越快固溶状态下硬度越低,但时效处理后硬度值却越高。这是因固溶处理时快速冷却时硬化相来不及析出,只能在时效处理时析出。该钢适于制造精度比较高又必须淬硬(>40 HRC)的精密塑料模具,并可简化模具制造工艺,节约 20%～40%工时,寿命比 40Cr、T10 钢塑料模提高 2 倍以上。

5. 淬硬型塑料模具钢特性与应用

对于负荷较大的热固性塑料模和注射模,除了型腔表面应有高耐磨性之外,还要求模具基体具有较高强度、硬度和韧性,以避免或减少模具在使用中产生塌陷、变形和开裂现象。这类模具可选用淬硬型塑料模具用钢来制造。常用的淬硬型塑料模具钢有碳素工具钢(如T7A、T10A)、低合金冷作模具钢(如 9SiCr、9Mn2V、CrWMn、GCr15、7CrSiMnMoV 钢等)、Cr12 型钢(如 Cr12MoV 钢)、高速钢(如 W6Mo5Cr4V2 钢)、基体钢和某些热作模具钢等。这些钢的最终热处理一般是淬火和低温回火(少数采用中温回火或高温回火),热处理后的硬度通常在 45～50 HRC 以上。其中,碳素工具钢仅适于制造尺寸不大,受力较小,形状简单以及变形要求不高的塑料模,利用其淬透性低的特点来制造要求表面耐磨而心部有一定韧性的凹模是十分适宜的;低合金冷作模具钢主要用于制造尺寸较大、形状较复杂和精度较高的塑料模;Cr12MoV 钢适于制造要求高耐磨性的大型、复杂和精密的塑料模;W6Mo5Cr4V2 钢适于制造要求强度高和耐磨性好的塑料模;热作模具钢适合于制造有较高强韧性和一定耐磨性的塑料模。

另外,GD 钢也是近年新推广使用的一种淬硬型塑料模具钢。由于该钢强韧性高,淬透性和耐磨性好,淬火变形小,成本低,用此钢取代 Cr12MoV 钢或基体钢制造大型、高耐磨、高精度塑料模,不仅降低了成本,而且提高了模具的使用寿命。

典型的淬硬型塑料模具钢有 SM4Cr5MoSiV 钢、SM4Cr5MoSiV1 钢、SMCr12Mo1V1钢,这些钢都是典型的热作模具钢和冷作模具钢,对它们的特性和热处理就不一一叙述了。

6. 耐腐蚀型塑料模具钢的特性及应用

当加工的塑料(如聚氯乙烯、氟塑料、阻燃塑料等)中含有氯、氟等元素时,常常受热分解出 HCl、HF 等强腐蚀性气体,会造成模具表面的侵蚀,模具常采用耐蚀钢制造。为了满足塑料模具钢的特殊要求,在不锈钢的基础上,对不锈钢进一步纯净化处理,形成耐腐蚀塑料模具专门用钢。

耐蚀钢一般也是淬硬型钢,通过淬火、回火来强化,也有预硬化供应的。常见的耐腐蚀型塑料模具钢主要有 SM2Cr13、SM4Cr13、SM3Cr17Mo、9Cr18、1Cr18Ni9 等钢。为了提高耐蚀钢的加工精度,国内又研制了马氏体时效硬化钢 PCR (0Cr16Ni4Cu3Nb)和 AFC－77 (1Cr14Co13Mo5V)钢,这类钢适于制造要求高耐磨、高精度和耐腐蚀的塑料模具。

PCR (0Cr16Ni4Cu3Nb)钢属于析出硬化不锈钢,固溶处理(固溶温度 1 050℃,空冷)获得单一板条马氏体组织,硬度为 32～35 HRC 时可进行切削加工。该钢再经 420～480℃时效处理后,可获得较好的综合力学性能及良好的耐蚀性。推荐时效处理温度为 460℃,时效后硬度为42～44 HRC。PCR 钢适于制作含有氟、氯的塑料成形模具和混有阻燃剂低的热塑性塑料注射模。

（三）其他的塑料模具材料

1. 铜合金

用于塑料模材料的铜合金主要是铍青铜，如 ZCuBe2、ZCuBe2.4 等。一般采用铸造方法制模，不仅成本低，周期短，而且还可制出形状复杂的模具。铍青铜可通过固溶-时效强化，固溶后合金处于软化状态，塑性较好，便于机械加工。经时效处理后，合金的抗拉强度可达1 100～1 300 MPa，硬度可达 40～42 HRC。铍青铜适用于制造吹塑模、注射模等，以及一些高导热性、高强度和高耐腐蚀性的塑料模。利用铍青铜铸造模具可以复制木纹和皮革纹，可以用样品复制人像或玩具等不规则的成形面。

2. 铝合金

铝合金的密度小，熔点低，加工性能和导热性都优于钢，其中铸造铝硅合金还具有优良的铸造性能，因此在有些场合可选用铸造铝合金来制造塑料模具，以缩短制模周期，降低制模成本。常用的铸造铝合金牌号有 ZL101 等，它适于制造要求高导热率，形状复杂和制造期限短的塑料模。形变铝合金 LC6 也是用于塑料模制造的铝合金之一，由于它的强度比ZL101 高，可制作要求强度较高且有良好导热性的塑料模。

3. 锌合金

用于制作塑料模具的锌合金大多为 Zn-4Al-3Cu 共晶型合金，用此合金通过铸造方法易于制出光洁而复杂的模具型腔，并可降低制模费用和缩短制模周期。锌合金的不足之处是高温强度较差，且合金易于老化，因此锌合金塑料模长期使用后易出现变形甚至开裂，这类锌合金适合制造注射模和吹塑模等。

用于塑料模具的锌合金还有铍锌合金和镍钛锌合金。铍锌合金有较高的硬度(150HBS)，耐热性好，所制作的注射模的使用寿命可达几万至几十万件。镍钛锌合金由于镍和钛的加入可使强度、硬度提高，从而使模具寿命成倍增长。

（四）进口塑料模具钢简介

目前在我国模具加工制造业中，有些模具是采用的进口模具钢加工制造的。表 12-14～表 12-18 是国内市场销售的进口塑料模具钢的牌号、性能及用途的简单介绍。

表 12-14　国内市场销售的美国塑料模具的钢牌号、性能及用途介绍

牌　号	牌　号　简　介
420SS	耐腐蚀塑料模具钢，美国 AISI 和 ASTM 标准钢号，属于马氏体型不锈钢。该钢机械加工性能好，抛光性好，具有较高的强度和好的耐磨性。适宜制作承受高载荷、高耐磨性和在耐腐蚀性介质作用下的塑料模具。近似钢号：中国 4Cr13 (GB)、德国 X38C13 (DIN)、法国 Z40C40 (NF)、俄罗斯 40Х13 (ГОСТ)
440C	耐腐蚀塑料模具钢，美国 AISI 和 ASTM 标准钢号，属于马氏体型不锈钢。适宜制作在腐蚀性介质下工作的塑料模具。近似钢号：中国 11Cr17 (GB)、日本 SUS440C (JIS)、俄罗斯 95Х18 (ГОСТ)
P20	预硬化塑料模具钢，美国 AISI 和 ASTM 标准钢号。该钢在我国广泛使用，已纳入我国国标(见 GB/T 1299—2000，3Cr2Mo)，预硬化硬度一般在 30～32 HRC 范围内。适于制作形状复杂的大、中型精密塑料模具。近似钢号：中国 3Cr2Mo (GB)、德国 1.2330 (W-Nr.)、法国 35CrMo8 (NF)等

表 12-15　国内市场销售的德国塑料模具的钢牌号、性能及用途介绍

牌　号	牌　号　介　绍
GS-083 GS-083ESR GS-083VAR	耐蚀塑料模具钢,德国蒂森克鲁伯公司的厂家牌号。属于马氏体型不锈钢,一般使用硬度 48～50 HRC。近似钢号:中国 4Cr13(GB)、美国 420(AISI/SAE)。GS-083ESR 为电渣重熔产品,GS-083VAR 为真空电弧重熔产品
GS-083H GS-083M	GS-083H 为易切削预硬化腐蚀塑料模具钢,出厂硬度 30～35 HRC。GS-083M 为易切削预硬化耐腐蚀镜面塑料模具钢,出厂硬度 32～35 HRC。以上两种钢均为德国蒂森克鲁伯公司的厂家牌号
GS-083H	高级预硬化耐腐蚀面塑料模具钢,德国蒂森克鲁伯公司的厂家牌号,专利产品。出厂硬度 38～42 HRC
GS-162	渗碳塑料模具钢,德国蒂森克鲁伯公司的厂家牌号。该钢近似于美国 P2(AISI/SAE)
GS-162	具有良好的抛光性能
GS-312	易切削预硬化塑料模具钢,德国蒂森克鲁伯公司的厂家牌号。该钢近似于 P20+S,出厂硬度 28～32 HRC
GS-316 GS-316ESR	预硬化耐蚀模具钢,德国蒂森克鲁伯公司的厂家牌号。该钢近似于 3Cr17Mo,具有优良的耐蚀性能,出厂硬度 28～32 HRC。GS-316ESR 为电渣重熔产品,出厂硬度 30～34 HRC
GS-316S	易切削预硬化耐蚀塑料模具钢,德国蒂森克鲁伯公司的厂家牌号。钢中含有 0.06% 的硫,可提高切削性能,出厂硬度 28～32 HRC
GS-318	预硬化耐蚀模具钢,德国蒂森克鲁伯公司的厂家牌号。该钢相当于美国 P20(AISI/SAE)。出厂硬度 28～32 HRC
GS-343EFS GS-343ESR	热压铸和塑料模具用钢,德国蒂森克鲁伯公司的厂家牌号。该钢近似于美国 H11 型,GS-343EFS 具有高的韧性和高温性能。GS-343ESR 为电渣重熔产品,具有高韧性和高强度,一般使用硬度 50～52 HRC
GS-361S	易切削含硫不锈钢,用作塑料模具钢,德国蒂森克鲁伯公司的厂家牌号。该钢可预硬度交货,出厂硬度 28～32 HRC
GS-379	高耐磨塑料模具用钢,德国蒂森克鲁伯公司的厂家牌号。该钢近似于美国 D2 型,一般使用硬度 56～60 HRC
GS-711	高强度预硬化塑料模具钢,德国蒂森克鲁伯公司的厂家牌号。该钢近似于 P20+Ni,具有高等级的表面粗糙度,预硬化硬度 35～38 HRC
GS-738	高级预硬化模具钢,德国蒂森克鲁伯公司的厂家牌号。该钢近似于 P20+Ni,预硬化硬度 32～35 HRC
GS-767	高强度精密塑料模具钢,德国蒂森克鲁伯公司的厂家牌号。该钢近似于美国 6F7(AISI/SAE),一般使用硬度 50～55 HRC,也可以用于冷作模具钢
GS-808VAR	可焊接超级模具钢,德国蒂森克鲁伯公司的厂家牌号。真空电弧重熔产品,具有优良的抛光性能,可预硬化,一般硬度 38～42 HRC
GS-2083	耐蚀塑料模具钢,德国蒂森克鲁伯公司的厂家牌号。该钢为 4Cr13 型不锈钢,具有良好的耐蚀性能,用于制作 PVC 材料的模具等

（续表）

牌　号	牌　号　介　绍
GSW-2311	预硬化塑料模具钢,德国德威公司的厂家牌号。出厂预硬化硬度 31～34 HRC。该钢为 P20 型模具钢,可进行电火花加工,用于制作大中型镜面塑料模具
GSW-2316	耐蚀塑料模具钢,德国德威公司的厂家牌号。该钢属于马氏体型不锈钢,可预硬化,出厂硬度 31～34 HRC,具有优良的耐蚀性能和镜面抛光性能,用于制作镜面塑料模
GSW-2738	耐蚀镜面塑料模具钢,德国德威公司的厂家牌号。该钢为 P20+Ni 型塑料模具钢。可预硬化,出厂硬度 31～34 HRC,硬度均匀,抛光性能好,适于制作大中型镜面塑料模具
P20M	经济型预硬化塑料模具钢,德国蒂森克鲁伯公司的专利产品,类似 P20,一般使用硬度 30～35 HRC

表 12-16　国内市场销售的日本塑料模具的钢牌号、性能及用途介绍

牌　号	牌　号　简　介
G-STAR	耐蚀塑料模具钢,日本大同特殊钢(株)的厂家牌号。该钢可预硬化,出厂硬度 33～37 HRC,具有良好的耐蚀性、切削加工性。可与 S-STAR 钢组成合成耐蚀塑料模具
NAK55/NAK80	镜面塑料模具钢,日本大同特殊钢(株)的厂家牌号。这两种钢均可预硬化至硬度 37～43 HRC,NAK55 的切削加工性能好,NAK80 具有良好的镜面抛光性能。用于制作高精度镜面塑料模具
PXZ	预硬化塑料模具钢,日本大同特殊钢(株)的厂家牌号。出厂硬度 27～34 HRC。该钢具有良好的切削加工性能和焊补性能。用于制作大型蚀花模具及汽车保险杠、仪表面饰板、家电外壳等塑料模具
PX4/PX5	镜面塑料模具钢,日本大同特殊钢(株)的厂家牌号。可预硬化至硬度 30～33 HRC。这两种钢均为美国 P20 改良型。用于制作大型镜面塑料模具及汽车尾灯、前挡板模具,摄像机、家用电器壳体模具等
S45C/S50C/S55C	普通塑料模具钢。日本 JIS 标准钢号。分别近似于我国优质碳素结构钢 45、50、55 钢,常用于模具的非重要部件,如模架等。由于模具用钢的特殊要求,对这类钢生产工艺要求精料、精炼和真空脱气,钢的碳含量范围缩小,控制较低的硫、磷含量,例如在我国冶标(YB/T 107—1997)中将碳素塑料模具钢钢号采用 SM45、SM48、SM50、SM53、SM55 等,以区别于普通用途的优质碳素结构钢
S-STAR	耐蚀镜面塑料模具钢,日本大同特殊钢(株)的厂家牌号。该钢属于马氏体型不锈钢,具有好的耐蚀性、好的镜面抛光性,热处理变形小,用于制作耐蚀镜面精密塑料模具

表 12-17　国内市场销售的瑞典塑料模具的钢牌号、性能及用途介绍

牌　号	牌　号　简　介
618	预硬化塑料模具钢,瑞典 ASSAB(一胜百)厂家牌号,在我国广泛应用。相当于我国的 3Cr2Mo(GB)和美国的 P20(AISI)等

（续表）

牌 号	牌 号 简 介
716	耐蚀塑料模具钢，瑞典 ASSAB(一胜百)厂家牌号，属于马氏体型不锈钢。近似钢号：日本 SUS420J1 (JIS)、美国 420 (AISI)等
718	镜面塑料模具钢，瑞典 ASSAB(一胜百)厂家牌号，在我国广泛应用，相当于市场上俗称的 P20+Ni，可预硬化交货。该钢具有好的淬透性、良好的抛光性能、电火花加工性能和皮纹加工性能。适于制作大型镜面塑料模具、汽车配件模具、家用电器模具、电子音像产品模具
S-136	耐蚀塑料模具钢，瑞典 ASSAB(一胜百)厂家牌号。属于碳高铬型不锈钢，耐蚀性能好，淬火性能好，淬火回火后有较高硬度，抛光性能好。用于制作对耐蚀性和耐磨性要求较高的塑料模具，如 PVC 材料模具、透明塑料模具等

表 12-18　国内市场销售的奥地利塑料模具的钢牌号、性能及用途介绍

牌 号	牌 号 简 介
M202	预硬化塑料模具钢，奥地利 Bohler(百禄)公司的厂家牌号。该钢属于 P20 类型，但碳、锰含量偏高，预硬化硬度 30～34 HRC，可进行电火花加工。用于制作一般要求的塑料模具
M238/ M238 ECOPLUS	镜面塑料模具钢，奥地利公司的厂家牌号。M238 属于 P20+Ni 型塑料模具钢，但碳、锰含量偏高。可预硬化，出厂硬度 30～34 HRC。镜面抛光性能好，可进行电火花加工。M238ECOPLUS 为高级镜面塑料模具钢，其镜面抛光性能、皮纹加工性能更好，用于制作高精度的大中型塑料模具
M300ESR	耐蚀镜面塑料模具钢，奥地利 Bohler(百禄)公司的厂家牌号，电渣重熔产品。该钢属于马氏体型不锈钢，具有良好的耐蚀性能、高的力学强度和好的耐磨性，并有优良的镜面抛光性能，适用于要求耐蚀性和镜面抛光性的塑料模具，以及 PVC 材料的模具
M310ESR	耐蚀镜面塑料模具钢，奥地利 Bohler(百禄)公司的厂家牌号，为电渣重熔产品。该钢属于 4Cr13 型不锈钢，具有优良的耐蚀性、耐磨性和镜面抛光性能。用于制作塑料透明部件及光学产品的模具
M310H ESR	预硬化镜面塑料模具钢，奥地利 Bohler(百禄)公司的厂家牌号，为电渣重熔产品。预硬化硬度 31～35 HRC，具有比 M310 更好的耐蚀性、耐磨性和镜面抛光性能。适于制作磁带盒、光盘盒等塑料模具。近似钢号：美国 420 (AISI)、德国 1.2083 (W-Nr.)
M340 ISOPLAST	高级耐蚀镜面模具钢，奥地利 Bohler(百禄)公司新上市的厂家牌号，具有优良的耐蚀性能和镜面抛光性能。适于制作优质塑料制品和食品工业模具

二、实践与研究

分组讨论表 12-19，对各种钢在应用上的区别进行交流。

表 12-19　各种钢在应用上的区别

钢号或代号	类 别	成分特点	性能特点	热处理方法	应 用
SM50					
3Cr2NiMnMo					

（续表）

钢号或代号	类　别	成分特点	性能特点	热处理方法	应　用
SM1					
12CrNi3A					
LJ					
PMS					
PCR					

三、拓展与提高

塑料模具的表面处理

为了提高塑料模具表面耐磨性和耐蚀性等，常对塑料模具进行适当的表面处理。

塑料模镀铬是一种应用最多的表面处理方法。镀铬层在大气中具有强烈的钝化能力，能长久保持金属光泽，在多种酸性介质中均不发生化学反应。镀层硬度达 1 000HV，因而具有优良的耐磨性。镀铬层还具有较高的耐热性，在空气中加热到 500℃时其外观和硬度仍无明显变化。

渗氮具有处理温度低（一般为 550～570℃）、模具变形甚微和渗层硬度高（可达 1 000～1 200HV）等优点，因而也非常适合塑料模的表面处理。含有铬、钼、铝、钒和钛等合金元素的钢种比碳钢有更好的渗氮性能，用作塑料模时进行渗氮处理可大大提高耐磨性。

适于塑料模的表面处理方法还有氮碳共渗、化学镀镍、离子镀氮化钛、碳化钛或碳氮化钛、CVD 法沉积硬质膜或超硬膜等。

任务三　塑料模具的选材

【学习目标】

1. 了解塑料模具的选材的原则。

2. 了解塑料模具零件选材的方法和各种塑料模具零件常选用的材料。

3. 具有根据塑料模具的使用条件，正确选用热作模具材料的能力。

塑料模结构和形状比较复杂，造价较高，在使用中要保证模具有较长的寿命，更要防止意外断裂破损。因此，合理选用模具钢材品种极为重要。本任务主要研究塑料模具的选材方法和各种塑料模具零件常选用的材料。

一、相关知识

（一）塑料模具选材的原则

塑料模具选材应根据模具生产和使用条件的要求，结合模具的性能要求和其他因素，来选用合乎要求的模具材料,即要遵循在保证满足使用性能和工艺性能的前提下,选用价格低廉的材料,同时考虑被加工材料、生产批量、塑件的复杂性、尺寸精度和表面粗糙度等因素的原则,进行对模具材料的选用。

(二) 塑料模具成形零件的选材

由于塑件材料的种类不同和对塑件的尺寸、形状、精度、表面粗糙度等的不同要求,对塑料模具选用的材料分别提出了不同的性能要求,塑料模具成形零件选材有以下方法。

1. 根据塑料制品种类和质量要求选用

对型腔表面要求耐磨性好,心部韧性要好但形状并不复杂的塑料注射模,可选用低碳结构钢和低碳合金结构钢。

对聚氯乙烯或氟塑料及阻燃的 ABS 塑料制品,所用模具钢必须有较好的抗腐蚀性。因为这些塑料在熔融状态会分解出氯化氢(HCl)、氟化氢(HF)和二氧化硫(SO_2)等气体,对模具型腔面有一定腐蚀性。这类模具的成形件常用耐蚀塑料模具钢。

对生产以玻璃纤维作添加剂的热塑性塑料制品的注射模或热固性塑料制品的压缩模,要求模具有高硬度、高耐磨性、高的抗压强度和较高韧性,以防止塑料把模具型腔面过早磨毛,或因模具受高压而局部变形,常用淬硬型模具钢制造,经淬火、回火后得到所需的模具性能。

制造透明塑料的模具,要求模具钢材有良好的镜面抛光性能和高耐磨性。所以要采用时效硬化型钢制造,也可以使用预硬化塑料模具钢,如 PMS 钢、SM1、SM2 等。

表 12-20 给出了根据塑料制品的种类选用塑料模具材料的举例,供设计模具选材参考。

表 12-20　依塑料品种选用模具成形零件材料

用　　途		代表的塑料及制品		模具要求	使用钢材
一般的热塑性、热固性塑料	一般	ABS	电视机壳、音响设备	高强度、耐磨损	55 钢、40Cr、P20、SM1、SM2、8CrMn
		聚丙烯	电扇叶片、容器		
	表面有花纹	ABS	汽车仪表盘、化妆品容器	高强度、耐磨损、光刻性	PMS、20CrNi3MoAl
	透明件	有机玻璃、AS	电机罩、仪表罩、汽车灯罩	高强度、耐磨损、抛光性	5NiSCa、P20、SM2、PMS
增强塑料	热塑性	POM、PC	工程塑料制件、电动工具外壳、汽车仪表盘	好的耐磨性	8CrMn、65Nb、PMS、SM2
	热固性	酚醛环氧	齿轮	高强度和耐磨性	8CrMn、65Nb、06NiTi2Cr、06Ni6CrMoVTiAl
阻燃型物件		ABS 加阻燃剂	电视机壳、收录机壳	良好的耐腐蚀性	PCR
聚氯乙烯		PVC	电话机、门把手	高强度及耐腐蚀性	38CrMoAl、PCR
光学透镜		有机玻璃、聚苯乙烯	照相机镜头、放大镜	良好的抛光性及防锈性	PMS、8CrMn、PCR

2. 根据塑件的生产批量选用

塑件的生产批量直接影响模具的使用寿命,大批量生产,要求模具材料的耐磨性好、硬度高,模具的使用寿命长,这就要求选用高硬度、高耐磨性的材料,并进行相应的热处理。小批量生产,对模具的硬度和耐磨性要求不高。为了降低成本,可选用廉价的模具材料制造模具。模具成形零件选材与塑件生产批量的关系见表 12 - 21。

表 12 - 21　依据塑件生产批量选用模具成形零件材料

模具的寿命(合格品范围内)/件	选 用 材 料
(10～20)万	45、55、40Cr
30 万	8CrMn、5NiSCa、P20
60 万	SM1、5NiSCa、P20
80 万	8CrMn 淬火、P20
120 万	SM2、PMS
150 万	PCR、LD2、65Nb
200 万以上	65Nb、06Ni7Ti2Cr、06Ni6CrMoVTiAl、25CrNi3MoAl 氮化、012Al 氮化

3. 根据塑料件的尺寸大小及精度要求选用

对大型高精度的注射成型模,当塑料件生产批量大时,采用预硬化钢。模具型腔大,模具壁厚加大,对钢的淬透性要求高,热处理要求变形小。所以,钢材在机加工前进行预硬处理,模具机加工后不再进行热处理,以防止热处理变形。预硬处理的钢既有较高耐磨性,又有高的强度和韧性。

4. 根据塑料件形状的复杂程度选用

对于复杂型腔的塑料注射成型模,为减少模具热处理后产生的变形和裂纹,应选用加工性能好和热处理变形小的模具材料。如果塑料件生产批量较小,可选用碳素结构钢经调质处理,使用效果也很好。

(三)塑料模具结构零件的选材

塑料模具的结构零件主要是模架、支承零件和合模导向零件等,这些零件不直接接触塑件,因而它们的抛光性、耐腐蚀性和表面粗糙度要求都不高。只要能满足性能要求的常用机械材料就可选用,并根据要求进行相应的热处理。表 12 - 22 为塑料模具结构零件选材和热处理要求,供设计选用参考。

表 12 - 22　塑料模具结构零件的选材及热处理

零件类别	零件名称	性能要求	材料牌号	热处理方法	硬　度
模体零件	支承板、浇口板、锥模套	较好的综合力学性能	45	淬火、回火	43～48 HRC
	动定模板、动定模座板		45	调质	230～270HBS
	固定板		45、Q235	调质	230～270HBS
	推件板		T8A、T10A、45	淬火、回火、调质	54～58 HRC 230～270HBS

（续表）

零件类别	零件名称	性能要求	材料牌号	热处理方法	硬　度
浇注系统零件	主流道衬套、拉料杆、拉料套、分流锥	表面耐磨，有时还要耐腐蚀和具有一定的热硬性	T8A、T10A	淬火、回火	50～55 HRC
导向零件	导柱	表面耐磨，心部有较好的韧性	20	渗碳、淬火、回火	56～60 HRC
	导套		T8A、T10A	淬火、回火	50～55 HRC
	限位导柱、推板导柱、推板导套、导钉		T8A、T10A	淬火、回火	50～55 HRC
抽芯机构零件	斜导柱、滑块、斜滑块	较高强度，好的耐磨性和一定耐蚀性，淬火变形小	T8A、T10A	淬火、回火	54～58 HRC
			T8A、T10A	淬火、回火	54～58 HRC
	楔形块		45、40Cr		43～48 HRC
推出机构零件	推杆、推管	较高的强度和一定的韧性、良好的耐磨性	T8A、T10A	淬火、回火	54～58 HRC
	推块、复位杆		45	淬火、回火	43～48 HRC
	挡板		45	淬火、回火	43～48 HRC
	推杆固定板、卸模杆固定板		45、Q235		
定位零件	圆锥定位件	较高的强度	T10A	淬火、回火	58～62 HRC
	定位圈		45		
	定距螺钉		45	淬火、回火	43～48 HRC
支承零件	支承柱	较高的强度和硬度	45	淬火、回火	43～48 HRC
	垫块		45、Q235		
其他零件	手柄	一定强度、塑性、好的耐蚀性	Q235		
	水嘴		45、黄铜		

二、实践与研究

（1）根据塑料模具零件的选材方法，填写表 12-23。

表 12-23　塑料模具零件的选材

塑料及制品		性能要求	材料牌号	热处理方法
聚丙烯	电扇叶片			
AS	汽车灯罩			
PVC	门把手			
聚苯乙烯	放大镜			
ABS	电视机壳（批量 200 万以上）			

（续表）

模具零部件	性能要求	材料牌号	热处理方法
支承板			
导套			
卸模杆固定板			
复位杆			
斜导柱			
楔形块			

（2）让学生收集身边的塑料制品（不同形状、不同材料），研究制造这些塑料制品的模具零件的选材和热处理，并组织讨论。

三、拓展与提高

（一）塑料模具的工作硬度与选材

根据一般塑料模具的工作条件，模具经过热处理应获得适中的硬度和足够的强韧性。实践证明，多数模具的工作硬度在 40～50 HRC，其中形状简单的模具可取 40～45 HRC，型腔复杂的模具可取 45～50 HRC。无填充剂的软质塑料成型模对耐磨性要求不高，其工作硬度可低于 40 HRC。

对要求高耐磨性的模具，其工作硬度可提高至 55～60 HRC。这时，可根据模具对使用性能和工艺性能的要求，分别选择渗碳钢、工具钢、耐蚀工具钢或高耐磨模具钢，经过淬火和低温回火（含碳较低的钢要先渗碳）获得要求的高硬度。或者选用预硬钢、时效硬化钢经相应热处理后，最终采用渗氮、镀铬、镀镍磷合金、在表面沉积碳化物或氮化物等表面硬化处理，以获得更高的表面硬度和耐磨性。

（二）塑料模具材料与热处理工艺选用实例

制造电视机外壳及洗衣机面板盖等大型塑料模具时，由于模具形状相对复杂，模具表面粗糙度要求高，注塑时须承受较大的压力，要求模具材料具有良好的切削加工性能、抛光性能、高的耐磨性及一定的韧性。根据以上要求选用预硬化塑料模具钢 3Cr2Mo（美国牌号 P20）作为模具材料。

3Cr2Mo 热处理工艺如下：

1）锻造　加热温度 1 100～1 150℃，始锻温度 1 050～1 100℃，终锻温度 ≥850℃，锻后空冷。

2）退火　加热温度 850℃，保温 2～4 h，等温温度 720℃，保温 4～6 h，炉冷至 500℃，出炉空冷。

3）淬火及回火　淬火加热温度 860～870℃，油淬，540～580℃回火。预硬态硬度为 30～35 HRC。

4）化学热处理　具有较好的淬透性及一定的韧性，可进行气体渗碳处理，渗碳淬火后使模具表面硬度达 65 HRC。

思考与练习

1. 简述塑料模具材料应具有的基本性能要求。

2. 渗碳型塑料模具钢在渗碳后应如何淬火,为什么?

3. 何谓预硬型塑料模具钢? 简述其成分、性能及应用特点。

4. 何谓时效硬化型塑料模具钢? 简述其性能及应用特点。

5. 淬硬型塑料模具钢应用场合是什么? 常用哪些类型的钢机械淬火?

6. 选择塑料模材料的依据有哪些? 请为下列工作条件下的塑料模选用材料:

   (1) 形状简单、精度要求低、批量不大的塑料模;

   (2) 高耐磨、高精度、型腔复杂的塑料模;

   (3) 大型、复杂、产品批量大的塑料注射模;

   (4) 耐蚀、高精度塑料模具。

7. 塑料模成型零件选材的方法有哪些?

8. 生产透明塑料制品的模具应选择什么模具材料?

9. 对塑料模进行表面处理的目的是什么? 表面处理的方法有哪些?

10. 下列钢号是哪个国家的? 它可用我国什么牌号近似表示?

   M310ESR;M238;618;718;S45C;G5316;440C;P20。

附　　录

附录 1　布氏硬度与压痕直径对照表

压痕直径 D/mm	HBS 或 HBW $D=10$ mm $F=3\,000$kgf	压痕直径 D/mm	HBS 或 HBW $D=10$ mm $F=3\,000$kgf	压痕直径 D/mm	HBS 或 HBW $D=10$ mm $F=3\,000$kgf	压痕直径 D/mm	HBS 或 HBW $D=10$ mm $F=3\,000$kgf
2.40	653	2.86	457	3.32	337	3.78	257
2.42	643	2.88	451	3.34	333	3.80	255
2.44	632	2.90	444	3.36	329	3.82	252
2.46	621	2.92	438	3.38	325	3.84	249
2.48	611	2.94	432	3.40	321	3.86	246
2.50	601	2.96	426	3.42	317	3.88	244
2.52	592	2.98	420	3.44	313	3.90	241
2.54	582	3.00	415	3.46	309	3.92	239
2.56	573	3.02	409	3.48	306	3.94	236
2.58	564	3.04	404	3.50	302	3.96	234
2.60	555	3.06	398	3.52	298	3.98	231
2.62	547	3.08	393	3.54	295	4.00	229
2.64	538	3.10	388	3.56	292	4.02	226
2.66	530	3.12	383	3.58	288	4.04	224
2.68	522	3.14	378	3.60	285	4.06	222
2.70	514	3.16	373	3.62	282	4.08	219
2.72	507	3.18	368	3.64	278	4.10	217
2.74	499	3.20	363	3.66	275	4.12	215
2.76	492	3.22	359	3.68	272	4.14	213
2.78	485	3.24	354	3.70	269	4.16	211
2.80	477	3.26	350	3.72	266	4.18	209
2.82	471	3.28	345	3.74	263	4.20	207
2.84	464	3.30	341	3.76	260	4.22	204

（续表）

压痕直径 D/mm	HBS 或 HBW D=10 mm F=3 000kgf	压痕直径 D/mm	HBS 或 HBW D=10 mm F=3 000kgf	压痕直径 D/mm	HBS 或 HBW D=10 mm F=3 000kgf	压痕直径 D/mm	HBS 或 HBW D=10 mm F=3 000kgf
4.24	202	4.56	174	4.88	150	5.20	131
4.26	200	4.58	172	4.90	149	5.22	130
4.28	198	4.60	170	4.92	148	5.24	129
4.30	197	4.62	169	4.94	146	5.26	128
4.32	195	4.64	167	4.96	145	5.28	127
4.34	193	4.66	166	4.98	144	5.30	126
4.36	191	4.68	164	5.00	143	5.32	125
4.38	189	4.70	163	5.02	141	5.34	124
4.40	187	4.72	161	5.04	140	5.36	123
4.42	185	4.74	160	5.06	139	5.38	122
4.44	184	4.76	158	5.08	138	5.40	121
4.46	182	4.78	157	5.10	137	5.42	120
4.48	180	4.80	156	5.12	135	5.44	119
4.50	179	4.82	154	5.14	134	5.46	118
4.52	177	4.84	153	5.16	133	5.48	117
4.54	175	4.86	152	5.18	132	5.50	116

附录 2　黑色金属硬度及强度换算表（一）

洛氏硬度		布氏硬度 HB30D²	维氏硬度 HV	近似强度 σ_b/MPa	洛氏硬度		布氏硬度 HB30D²	维氏硬度 HV	近似强度 σ_b/MPa
HRC	HRA				HRC	HRA			
70	(86.6)				62	82.2		766	
69	(86.1)		997		61	81.7		739	
68	(85.5)		959		60	81.2		713	2 607
67	85.0		923		59	80.6		688	2 496
66	84.4		889		58	80.1		664	2 391
65	83.9		856		57	79.5		642	2 293
64	83.3		825		56	79		620	2 201
63	82.8		795		55	78.5		599	2 115

（续表）

洛氏硬度		布氏硬度 HB30D²	维氏硬度 HV	近似强度 σ_b/MPa	洛氏硬度		布氏硬度 HB30D²	维氏硬度 HV	近似强度 σ_b/MPa
HRC	HRA				HRC	HRA			
54	77.9		579	2 034	35		323	329	1 100
53	77.4		561	1 957	34		314	320	1 070
52	76.9		543	1 885	33		306	312	1 042
51	76.3	(501)	525	1 817	32		298	304	1 015
50	75.8	(488)	509	1 753	31		291	296	989
49	75.3	(474)	493	1 692	30		283	289	964
48	74.7	(461)	478	1 635	29		276	281	940
47	74.2	449	463	1 581	28		269	274	917
46	73.7	436	449	1 529	27		263	268	895
45	73.2	424	436	1 480	26		257	261	874
44	72.6	413	423	1 434	25		251	255	854
43	72.1	401	411	1 389	24		245	249	835
42	71.6	391	399	1 347	23		240	243	816
41	71.1	380	388	1 307	22		234	237	799
40	70.5	370	377	1 268	21		229	231	782
39	70	360	367	1 232	20		225	226	767
38		350	357	1 197	19		220	221	752
37		341	347	1 163	18		216	216	737
36		332	338	1 131	17		211	211	724

附录3　黑色金属硬度及强度换算表(二)

洛氏硬度 HRB	布氏硬度 HB30D²	维氏硬度 HV	近似强度 σ_b/MPa	洛氏硬度 HRB	布氏硬度 HB30D²	维氏硬度 HV	近似强度 σ_b/MPa
100		233	803	94		201	691
99		227	783	93		196	675
98		222	763	92		191	659
97		216	744	91		187	644
96		211	726	90		183	629
95		206	708	89		178	614

（续表）

洛氏硬度 HRB	布氏硬度 HB30D²	维氏硬度 HV	近似强度 σ_b/MPa	洛氏硬度 HRB	布氏硬度 HB30D²	维氏硬度 HV	近似强度 σ_b/MPa
88		174	601	73	118	128	449
87		170	587	72	116	125	442
86		166	575	71	115	123	435
85		163	562	70	113	121	429
84		159	550	69	112	119	423
83		156	539	68	110	117	418
82	138	152	528	67	109	115	412
81	136	149	518	66	108	114	407
80	133	146	508	65	107	112	403
79	130	143	498	64	106	110	398
78	128	140	489	63	105	109	394
77	126	138	480	62	104	108	390
76	124	135	472	61	103	106	386
75	122	132	464	60	102	105	383
74	120	130	456				

附录4　常用结构钢退火及正火工艺规范

牌　号	相变温度/℃			退　火			正　火	
	Ac_1	Ac_3	Ar_1	加热温度/℃	冷　却	HBS	加热温度/℃	HBS
35	724	802	680	850~880	炉冷	≤187	860~890	≤191
45	724	780	682	800~840	炉冷	≤197	840~870	≤226
45Mn2	715	770	640	810~840	炉冷	≤217	820~860	187~241
40Cr	743	782	693	830~850	炉冷	≤207	850~870	≤250
35CrMo	755	800	695	830~850	炉冷	≤229	850~870	≤241
40MnB	730	780	650	820~860	炉冷	≤207	850~900	197~207
40CrNi	731	769	660	820~850	炉冷<600℃		870~900	≤250
40CrNiMoA	732	774		840~880	炉冷	≤229	890~920	
65Mn	726	765	689	780~840	炉冷	≤229	820~860	≤269
60Si2Mn	755	810	700				830~860	≤254

（续表）

牌　号	相变温度/℃			退　火			正　火	
	Ac_1	Ac_3	Ar_1	加热温度/℃	冷　却	HBS	加热温度/℃	HBS
50CrVA	752	788	688				850～880	≤288
20	735	855	680				890～920	≤156
20Cr	766	838	702	860～890	炉冷	≤179	870～900	≤270
20CrMnTi	740	825	650				950～970	156～207
20CrMnMo	710	830	620	850～870	炉冷	≤217	870～900	
38CrMoAl	800	940	730	840～870	炉冷	≤229	930～970	

附录5　常用工具钢退火及正火工艺规范

牌　号	相变温度/℃			退　火			正　火	
	Ac_1	Ac_{cm}	Ar_1	加热温度/℃	等温温度/℃	HBS	加热温度/℃	HBS
T8A	730		700	740～760	650～680	≤187	760～780	241～302
T10A	730	800	700	750～770	680～700	≤197	800～850	255～321
T12A	730	820	700	750～770	680～700	≤207	850～870	269～341
9Mn2V	736	765	652	760～780	670～690	≤229	870～880	
9SiCr	770	870	730	790～810	700～720	197～241		
CrWMn	750	940	710	770～790	680～700	207～255		
GCr15	745	900	700	790～810	710～720	207～229	900～950	270～390
Cr12MoV	810		760	850～870	720～750	207～255		
W18Cr4V	820		760	850～880	730～750	207～255		
W6Mo5Cr4V2	845～880		805～740	850～870	740～750	≤255		
5CrMnMo	710	760	650	850～870	680	197～241		
5CrNiMo	710	770	680	850～870	680	197～241		
3Cr2W8V	820	1 100	790	850～860	720～740			

附录6　新旧低合金高强度结构钢的标准牌号对照及用途

新标准	旧标准	用　途　举　例
Q295	09MnV、09MnNb、09Mn2、12Mn	车辆的冲压件、冷弯型钢、螺旋焊管、拖拉机轮圈、低压锅炉汽包、中低压化工容器、输油管道、储油罐、油船等
Q345	12MnV、14MnNb、16Mn、18Nb、16MnRe	船舶、铁路车辆、桥梁、管道、锅炉、压力容器、石油储罐、起重及矿山机械、电站设备、厂房钢架等
Q390	15MnTi、16MnNb、10MnPNbRe、15MnV	中高压锅炉汽包、中高压石油化工容器、大型船舶、桥梁、车辆起重机及其较高载荷的焊接结构件等
Q420	15MnVN、14MnVTiRe	大型船舶、桥梁、电站设备中高压锅炉及容器大型焊接结构件等
Q460		可淬火加回火后用于大型挖掘机、起重运输机械、钻井平台等

参考文献

［1］胡赓祥. 金属学. 上海：上海科学技术出版社，1982.
［2］熊惟皓，等. 中国模具工程大典：第二卷. 北京：电子工业出版社，2007.
［3］毛松发. 机械工程材料. 北京：清华大学出版社，2009.
［4］徐永军. 工程材料基础与模具材料. 北京：化学工业出版社，2008.
［5］张鲁阳. 模具失效与防护. 北京：机械工业出版社，2005.
［6］吴兆祥. 模具材料及表面处理. 北京：机械工业出版社，2006.
［7］许德珠. 机械工程材料. 2 版. 北京：高等教育出版社，2001.
［8］王慧，等. 国内外黑色金属材料对照手册. 南京：江苏科学技术出版社，2007.
［9］贾沛泰. 国内外有色金属材料对照手册. 南京：江苏科学技术出版社，2006.
［10］成大先. 机械设计手册：第一卷. 4 版. 北京：化学工业出版社，2004.
［11］戴起勋. 金属材料学. 北京：化学工业出版社，2005.
［12］侯旭明. 工程材料及成型工艺. 北京：化学工业出版社，2003.
［13］刘建超，等. 冲压模具设计与制造. 北京：高等教育出版社，2004.
［14］屈华昌. 塑料成型工艺与模具设计. 北京：高等教育出版社，2005.
［15］李奇. 模具材料及热处理. 北京：北京理工大学出版社，2007.
［16］穆云超. 模具材料及热处理. 北京：机械工业出版社，2010.
［17］陈叶娣. 模具材料的选用与热处理. 北京：机械工业出版社，2012.
［18］徐永礼，雷日扬. 模具材料与热处理. 广州：华南理工大学出版社，2008.
［19］http://supply.jc001.cn/detail/642764.html.
［20］严彪，吴菊清，李祖德，等. 现代粉末冶金手册. 北京：化学工业出版社，2013.